新世界ザル
New World Monkeys
上

アマゾンの熱帯雨林に
野生の生きざまを追う

伊沢紘生

東京大学出版会

New World Monkeys Ⅰ:
Their Wild Lives in Amazon
Kosei IZAWA
University of Tokyo Press, 2014
ISBN 978-4-13-063339-0

フサオマキザル　大きなあくびをして犬歯を誇示する中心オス（一番オス）

フサオマキザル

満足げにカエルを食べるコドモ・オス

苛立って苦虫を噛み潰したような顔をする中心オス

中心オスの接近に、攻撃されないよう泣き面をする周辺オス

乾季が深まると森の中も乾く。今年伸びたまだ柔らかいタケをかじって引っぱがし、なかの冷たい水を飲むコドモ・オス

大きな木の実を口にくわえ思いきりのいい跳躍をする中心オス

フサオマキザル

横枝に腹這いになって午後のひと休みをする周辺オス

群れの吠え声に応酬するハナレザル。興奮して毛が逆立っている

ホエザル

アカンボウを背負うメス。授乳中のため乳房が腫れている

尾でぶら下がってじゃれ合う年長のコドモ

アマゾンの哺乳類

キャンプで放し飼いにしていたオセロットのコドモ（メス）。獲物への注意力は常に研ぎ澄まされていた

木に登って真横から撮影した
フタツユビナマケモノ

樹上で休むコアリクイ

林縁の開けたところでアリ塚を探すオオアリクイ

木の実をかじるアマゾンオオアカリス

キャンプの空地にやって来たアカハナグマのオス

川辺の砂洲に出て来たココノオビアルマジロ

夜中に残飯漁りに現れたウーリーオポッサム

＊バックの写真は空から見た熱帯雨林

三日月湖を泳いで渡るカピバラの親子

川を泳ぐブラジルバク

左：キャンプで放し飼いにしていたカピバラのコドモ・メス「ポンポーニョ」。夕方にキャンプに戻ったあとは、水浴びする私と遊ぶため、いつも先回りして川辺で待っていた。

新世界ザル［上巻］　目次

下巻目次

序章

絢爛たる樹上の世界

ある朝の風景

東の空が白み始めた乾季の早朝、
イチジクの木に採食に来た
クモザルのワカモノ・オス。

地滑りとイチジクの巨木

アマゾン川上流域、細かな起伏のある熱帯雨林の、地滑りが起きて南北に幅三〇メートルほどが垂直にえぐられた、その北端に着く。懐中電灯を頼りに、キャンプから暗い森の中を急ぎ歩いて二〇分ほどだ。五時少し前である。

乾季の夜風のなごりが、うっすら汗をかいた肌に冷たい。熱帯にいて、涼しさを通り越したこの肌寒さはいささか信じ難い。腰を下ろし、長袖シャツの襟を立てる。

「天然見晴し台」と名付けたこの場所は、最近起きた地滑りで、眼前には素晴らしい眺望が開けている。しかし今はまだ、崖下の低地を覆う森のキャノピー（林冠）も、その先、川向こうの広大な低地林のキャノピーも、空が白み始める前の色彩のない世界だ。はるか彼方に横たわるアンデスの峰々の輪郭は、闇に閉ざされて見えない。あたり一帯を、昼夜の交代どきに特徴的な、深い静寂が支配する。

天然見晴し台は東に面していて、その北端に座る私の目の前すぐ左手には、低地林のキャノピーを突き抜けて偉容を誇るイチジクの巨木（巨大喬木）がある。樹高は四〇メートルを超えるだろう。雨傘のように四方八方に広げた無数の枝の中央が、私の座っている高さとほぼ同じだ。どの枝先にも、指の爪ほどの小さくて丸い実がびっしりついている。何年ぶりかのすごい稔りようだ。葉はまだ緑濃く生い茂っているが、私は、その実を食べに交代で次々に訪れる動物たちを、水平方向にはっきり見ることができる。しかも、森の底からでは逆光で地味に見え、背景と区別するのが困難な、かれらが本来持つけばけばしいほどの派手な色彩そのままにだ。樹上を見上げ続けるときの首の痛さも、ここでは全く感じないで済む。

イチジクの木に焦点を合わせた一〇倍の双眼鏡を左手に握る。右膝にフィールドノートを開いて載せ、三色ボールペンの黒を押して右手に持つ。カメラに三〇〇ミリメートルの望遠レンズをセットして左脇に置く。これで準備は完了だ。熱帯雨林特有の圧迫感から解放されるこの場所は、座っていてじつに気持ちがいい。もうすぐ始まるアマゾンの生きものたちの、朝の宴を静かに待つ。

クモザルが来る

イチジクの木の背後、東の空がわずかに白み始める。五時二三分、チャムネシャッケイが三羽、プルルルッと大きな羽音を立てて、近くの木からイチジクに飛び移る。顔が淡い青色で喉の下に赤い肉垂を持つ日本のキジほどの大きさの鳥だが、今はまだ黒いシルエットだ。続いて小鳥が五羽、上空からイチジクに急降下するが、いかんせん芥子粒ほどに小さく、何の鳥かはわからない。

五時三一分、座っている背後の森からざわつきが聞かれ、大きな波が押し寄せるかのように一気に近づく。クモザルは次の瞬間、私のすぐ脇の木からイチジクの木に乗り移る。胴体よりも長い両腕と、腕よりさらに長い尾を巧みに使った、腕渡り（ブラキエーション）と呼ばれる独得の移動の仕方だが、

図 0–1　イチジクの木の枝先で黄色く熟れた実を採食するクモザルのオトナ・メス。

それにしてもなんという速さだろう。背中側の毛の黒があたりのおぼろげな暗さにことのほか際立つ。

ちらっと私を見る。オトナのメスだ。生後間もないアカンボウが脇腹にしがみついている。水平に伸びた太い枝に座る。周囲を見回す。立ち上がって、今度は四つ足で枝先へ移動する。尾でぶら下がる。空いた両手で小枝をたぐり寄せる。黄色く熟れた実を小枝から口で直接取る（図0–1）。

少しして、オーイという人の叫び声にも似たクモザルの声が、左手背後の森から聞かれる。そして左手からも右手の森からも、眼下の低地林からも、次々にクモザルがやって来る。六時をちょっと回ったところだ。彼方の山々の輪郭を鮮明にしながら、太陽が顔をのぞかすが、イチジクの木の真裏だ。したがって私からは逆光になり、木に乗り移るクモザルが誰と誰なのか、すぐには識別できない。数は大小合わせて一二頭。しかし、皆がてんでんばらばらに枝先にぶら下がっては、

図 0–2　私の様子を見に来たクモザルのオトナ・オス。

そこでしばし食べ続けるので、何番目のサルはどの枝先へ行ったかを記録しておけば、日がまともに当たった一瞬の機会を捉えて、いつの場合もその個体が誰なのか、あとから復元が可能である。

六時二八分、ひときわ恰幅のいいクモザルが到着する。この群れで一番強いオスだ。わざと大きな音を立てて、私の背後の木からイチジクに思い切り跳躍し、続いて腕渡りで枝から枝へ猛スピードで一周する。オトナのオスがよくやる示威行動（デモンストレーション）である。そうしてから、木の中ほどの幹に背をもたせ掛け、水平の枝に両足を投げ出し、上目使いに上方で採食中のメスやコドモの様子をうかがう。少しの間を置いて、二頭のオトナのオスが来る。三番目に強いオスは、一直線に動いて一番強いオスのすぐ近くに座る。二番目に強いオスはイチジクに乗り移ったすぐの枝先で、早速採食を始める。眼下の森のキャノピーを揺らせながら、さらに五頭が登って来る。うち三頭はアカンボウを持っている（図

図 0–3　木登り上手なイタチの仲間のタイラ。

0–2)。

　その間にも、頭部が薄い水色のナキシャッケイが二羽で、クロボシゴシキドリは三羽、ハシジロチュウハシとカオグロルリサンジャクは群れて飛来し、いずれもいっとき、やかましく鳴き、せわしなく実をついばんでいく。私からは藪に隠れて姿は見えないが、イチジクの木の真下から、イノシシに近縁なクビワペッカリーの唸り声を二回聞く。茶褐色の土の露出した地滑りの中ほどを、ネコほどの大きさで濃い灰色をしたタイラ(イタチの仲間)が二頭、背を曲げ伸ばしする走り方で、イチジクに向かって横切っていく。だが、しばらく待っても、木登り上手なタイラが樹上に姿を見せることはなかった。きっとクモザルや鳥が落とした熟れた実を拾い食いするだけで満ち足りたのだろう(図0–3)。

　七時三〇分、早朝からこれまでに、熟れた実を食べに来たクモザルはアカンボウを除いて二一頭である。そのうち、食べ終わって木から立ち去ったのは一六頭、まだ残っているのはオス三頭と、最後にやって来た母と娘の二頭だ。かれらの、実を口に運ぶ速さも鈍っている。クモザルの群れの朝の〝ラッシュアワー〟はどうやら終わったようだ。

ギャア・ギャアと野太い声を発しながら、二羽のコンゴウインコが寄り添い、こちらへ真一文字に飛来する。今は繁殖期だからオスとメスの番《つがい》に違いない。乾季が深まりつつある一二月の末、さわやかな青い空を背に、近づくコンゴウインコの金属的な光沢を持つ緋と紺青が、朝日をまともに浴びてきらめく。濁声を帳消しにして余りある、ほれぼれする艶やかさだ。キガシラコンドルが四羽、上空をゆったりと旋回する。眼下の森のどこかで動物が死んでいるのだろうか。

ホエザルが来る

そのとき、イチジクの背後の木の枝先が微妙に揺れる。伸ばした腕の長く赤い毛の先が、逆光で白金色になびく。のそりとホエザルが姿を現す（図0-4）。

ホエザルはクモザルと違い、群れの全員がいつもひとまとまりで生活する。眼下の低地林に棲む、尾の先端部の毛が白化したオスのいる七頭の群れだ。先頭はオトナのメス。すぐ続いて残りの六頭が、メスと全く同じルートを伝って、一本の長く伸びた枝の先を慎重にたぐり寄せながらイチジクに乗り移る。そして、残りのクモザルがいるのとは反対側の枝へ、背を丸め、顎を突き出し気味に、手足を屈めたこそこそした歩き方で向かい、そこで全員がかたまって採食を始める。肩から背にかけての毛

図 0–4　藪の中で蔦の若葉を求めるホエザルのオトナ・オス。

が黄金色で、あとは全身の毛が赤い。イチジクの木にそこだけ大きな赤い花が咲いたようだ。

食べ方をつぶさに観察すると、クモザルのように熟れた黄色い実を選って食べている様子はない。尾を枝に巻きつけて体を固定し、枝をたわめて、熟れているかいないかに頓着せず、細枝に重なり合うようにびっしりついている実がなくなるまで、黙々と食べ続ける。

残っていたクモザルのうち、一番強いオスが肩を怒らせてホエザルに接近し、両腕を二度、三度と屈伸させて威嚇する。クモザルに比べるとホエザルは、オトナのオスでも大きさは三分の二程度だ。ホエザルの何頭かがちらっとかれを見やる。そのあと、かれは元いた枝に戻り、しかしそこで再び休むことはせず、一気にてっぺんまで登って、やって来たと同じ私のいる背後の森へ消える。続いてもう三頭が同じ方向へ、樹々の枝を大きく揺らしながら去る。

八時三五分、さっきからイチジクと重なり合う隣りの

図 0-5 偉そうに私を見下ろすウーリーモンキーのオトナ・オス。胸毛が黒くて長い。

木の若葉を食べ続けて、もう満腹したのだろう、ホエザルの全員がイチジクの木に戻り、水平の枝に腹這いになって休息に入る。強い直射日光をまともに浴びて暑くはないのだろうか。それとも木のてっぺんは、アンデス下ろしの乾いた風が吹き抜けているのだろうか。

気だるいいっときが流れる。最後まで残っていたクモザルの二番目に強いオスが立ち去る。アカノドカラカラ、ハゲクビカザリドリ、マエカケカザリドリ、アマゾンクロタイランチョウ、ハグロドリ、フエフキタイランチョウ、ソライロフウキンチョウなど、色彩豊かな熱帯の鳥たちが、忙しく入れ替わり立ち替わり訪れる。私が座っている場所にも、イチジクの木を越えて高く昇った太陽がまともに照りつけ始める。時折のそよ風もとっくに止んでいて暑く、汗が頬を滑り背中を伝う。夜明け前のあの肌寒さが嘘のようだ。まとわりつく疎ましい小さい虫たちの数も増えた。

ウーリーモンキーが来る

先ほどから、私の右手斜面の森で葉擦れの音とチュルルルッとまろやかで澄んだ鳴き声が聞かれ、音と声が近づいて来る。

休んでいたホエザルがのそりと起き上がる。背伸びして、また一列で枝伝いに慎重に下り、眼下の低地林にすうっと吸い込まれるように姿を消す。ウーリーモンキーと違って本当に物音ひとつ立てないサルだ。

ウーリーモンキーの群れの先陣がイチジクに到着する。ホエザルよりひとまわりは大きい。枝を揺らし、思い思いに駆け上ってはせわしげに枝先をたぐる。だが、夜の間に熟れた実はもう残り少ないのだろう、ほぼ同じルートで続々とやって来るどのサルも、枝先を次々にたぐるわりに、口に入れる回数は少ない（図0-5）。

ウーリーモンキーは全身がウールのようなごく短い灰色の毛で覆われていて、胸毛だけが黒くて長い。大きさはクモザルとほぼ同じだが、手足や尾が筋肉のかたまりのように太く、腹もでっぷりしている。そんないかつい感じの一一頭のしんがりについて、なんと、ほっそりしたクモザルの若いメスが来る。このサルの顔に私は見覚えがない。若いメスのハナレザルだろう。枝を登って行くが、運悪くそこに恰幅のいいウーリーモンキーのオトナのオスがいて、激しく追われ、慌ててイチジクから隣りの木に落下するように飛び下りる。

図 0-6　あたりを警戒するフサオマキザルのオトナ・オス。

全身が鮮やかなピンク色の四羽と灰色の七羽がひとつにまとまって、正面手前の低地林の境目を低く飛ぶ。シヨウジョウトキの成鳥と若鳥の一団だ。濃緑の樹海を背景にした成鳥の深いピンク色には幻想的な美しさがある。境目にはここからは見えないが川があり、トキは川に沿って上流へ向かっているのだ。そしてトキが向かう先の上空には、黒で縁どられた純白の翼と体で、長い尾がツバメのように二股に分かれたツバメオトビが六羽、たがいに交錯しながら戯れるように舞っている。

フサオマキザルとリスザルが来る

根を詰めた観察でいささか疲れた。もう九時を回っている。空腹も覚える。キャンプを出るとき、眠気覚ましに熱いコロンビアコーヒーを三杯、立て続けに飲んだきりだから無理もない。ウーリーモンキーの群れは二〇分ほど慌ただしく採食しただけで、もういない。イチジク

図 0–7　茂みの中で昆虫を探すリスザルのオトナ・オス。

の木には黄色地の腹に二本の黒い横縞の入ったフタオビチュウハシが二羽、日陰になった左端の枝で休んでいるのみだ。再び実が黄色く熟れるには、日中の強い日差しを浴び続けたあとの、夕方を待たねばならない。私は、イチジクからクモザルがいなくなったときを、朝昼兼用の食事をとりにキャンプに戻る時間と決めている。

フィールドノートにボールペンを挟み、ズボンのポケットに入れる。望遠レンズをつけたカメラをそのままナップザックに戻す。立ち上がって両手を腰に当て背筋を伸ばす。座り続けて腰が凝ってしまった。

むっとした空気があたりに漂うなか、イチジクの木の背後、低地林の樹々にかすかな揺れを認める。サルだ。もう一度座り直す。

フサオマキザルとリスザルの混群がやって来る。フサオマキザルはキャンプで餌づけして長年調査している一頭の群れである。私から四〇メートルほど離れているが、ひと目で誰なのかわかる。オトナのオスと若いメスが下の茂みからイチジクの木を駆け上る。リスザルもフサオマキザルと一緒に頻繁にキャンプに顔を出す五〇頭前後の群れに違いない。ずんぐりした体型のフサオマキザル二頭に続いて、すらりとしたリスザル三頭が駆け上る。それにしてもフサオマキザルは、餌場で間近に見るのと違ってなんとも小さく、先ほどまでいたクモザルやウーリーモンキーに比べれば三分の一程度、ホエザルに比べても半分ほどの大きさしかない。さらにリスザルは、フサオマキザルの半分もないから、肉眼では米粒ほどにしか見えない（図0-6、7）。

くすんだ茶褐色をしたフサオマキザル二頭と、全身が灰色がかった明るい黄色で尾の長いリスザル三頭の、計五頭のほかは、地滑りした直下の藪をざわつかせながら、どんどん右手（南東の方角）へ移動していく。樹上の五頭も、何粒か実を口に入れただけで、すぐに駆け下りる。相変わらずじっとしていることの嫌いなサルたちだ。熟れた実がほとんど食べ尽くされたこの時刻は、巨木の枝先に残るわずかな熟れた実を求めるより、藪に潜む好物の虫探しをする方がずっと楽なのだろう。

自然の粋な計らい

さてと、キャンプに戻るとするか。双眼鏡を首に掛け、ナップザックを背負う。天然見晴し台から細い尾根伝いに作った観察路に抜ける。木漏れ日の幾筋かがやっと届く森の底は、とくに乾季の朝は心地良い涼しさがある。木漏れ日でそこだけスポットライトを浴びた下生えの、手のひらサイズの葉の上には、黒地に二本の白い横縞の入ったエボシツノゼミが二匹、昨日と同じ場所に同じ格好で止まっている。

そのすぐ先、低木の横枝では、鳥とは思えぬほど頭でっかちなアカガオオガシラが、見るともなくこちらに愛くるしい顔を向けている。メタリックなオレンジ色の太いくちばしと明るい赤褐色の頭部、それに純白の腹部に胸の黒い横一本線が特徴的だ。

フィールドノートは今朝も一冊近くを費やした。ボールペンの三色を重ね合わせて使っても、記録することがあまりに多かった。それは、充実した観察のできた誇らしい証しといっていい。

食事のあとは、今回から重点的に調査しようと決めたクモザルが、イチジクの木に戻って来る夕刻まで、いつものように森を広く歩こう。そして、実を食べに来なかったクモザルについても、どこで誰と何をしているか調べよう。キャンプで餌づけして調査しているフサオマキザルの群れは、先ほどリスザルと一緒にキャンプから遠のく方向へどんどん移動して行ったから、今日は餌場に顔を出すことはないだろう。

それにしても、日常ひとつにまとまって行動せず、群れの仲間が集まったり離れたりを頻繁に繰り返す、つかみどころのない社会を持つクモザル、運良く出会ってもキャノピーを腕渡りの高速移動で、あっという間に姿をくらましてしまうクモザル、そんなサルの調査を開始して早々、キャンプから近い一本のイチジクの木にかれらの大好物の果実を鈴なりに稔らせてくれ、しかも観察しやすいようにすぐ手前を、調査に先だって地滑りさせておいてくれた自然の粋な計らいに、どれほど感謝の気持ちを表したらいいのだろう。

　これまで、ここ、コロンビア中部のマカレナ調査地で行ってきたホエザルやフサオマキザルの調査も、いくつもの幸運《つき》に恵まれて予期せぬ成果を上げることができた。マカレナ調査地での新たな研究対象、クモザルの調査もきっと成功するに違いない。

第1章

アマゾンでの調査二〇年

新世界ザルを追って

空が夕焼けに染まる中、
大河カケタ川をカヌーで下る。

アマゾンの熱帯雨林

南米大陸の中央部を西から東に流れて大西洋に注ぐアマゾン川は、河口から源流のひとつマラニョン川の水源まで約六〇〇〇キロメートルあり、流域面積は七〇〇万平方キロメートルにおよぶ。そこには世界最大の熱帯雨林が発達している。

日本の国土の二〇倍近い広大な流域のほとんどは平坦地で、河口から約一五〇〇キロメートル上流にある流域最大の都市ブラジルのマナウスまでは、どんな大きな船でも航行できる。また、三〇〇〇トン前後までの船なら、マナウスからさらに二〇〇〇キロメートルほど上流にあるペルーの大都市イキトスまでも航行できる。

アマゾン川はかつては太平洋と大西洋を結ぶ水路であり、南米大陸は、きわめて古くて安定した地殻からなる南のブラジル高原（ブラジル楯状地）と北のギアナ高地（ギアナ楯状地）を中心とした二つの陸塊だった。それが新生代（六五〇〇万年前から現在）に入ってからのアンデス山脈の激しい隆起によって、水路の西側（太平洋側）が遮断され、巨大な湖が出現した。西に向かって扇を開いた形状の巨大湖は、やがて二つの陸塊の間を東に向かって出口を求め、現在見るような大河になったと考えられている。

アマゾン川には大きな支流だけでも約二〇〇あり、全長一六〇〇キロメートルを超える支流も一七ある。それらを含め、すべての支流は本流の左岸（北側）か右岸（南側）に注ぐが、アマゾン本流が赤道に近い位置にあることで、北側の支流では北半球の夏の降雨によって水位が高くなり、南側の支流では南半球の夏、すなわち北半球の冬に水位が高くなる。このように、北のアマゾンと南のアマゾンでは気候条件が逆転している。

アマゾンの熱帯雨林は世界でもっとも生物多様性に富んだ地域のひとつである。ただ、私たちが住む温帯地域のようには、生物の成長に必要な養分（栄養塩類のことで、窒素やカルシウム、マグネシウム、燐、カリウムなど）が生物と土壌との間をゆっくりとは往き来（循環）していない。熱帯では養分のほとんどは生物の体内にあって、土壌中に蓄積される前に再び生物に吸収されてしまう。すなわち、生物と地表面の間を速い速度で往き来し、温帯に普通の、養分が十分蓄積された黒土層は見られない。

熱帯雨林はこのような特徴を持つため、牧場や農場として大規模に伐採されると、生物と地表面との間で行われている養分の往き来が断ち切られてしまう。その際に地表面に残ったわずかな養分も、強い直射日光の高熱でまたたく間に分解され、豪雨によって洗い流される。このことからわかるように、うっそうとした樹々に覆われたアマゾンの熱帯雨林は、多種多様な生物が暮らす豊かな地域であると同時に、驚くほどの脆弱さをあわせ持つ地域なのである。

新世界ザルとは

南北アメリカ大陸のうち、北米には現在サル類（霊長類）は生息していない。サル類が棲むのは中

表 1-1　サル類（霊長類）の一般的な分類。

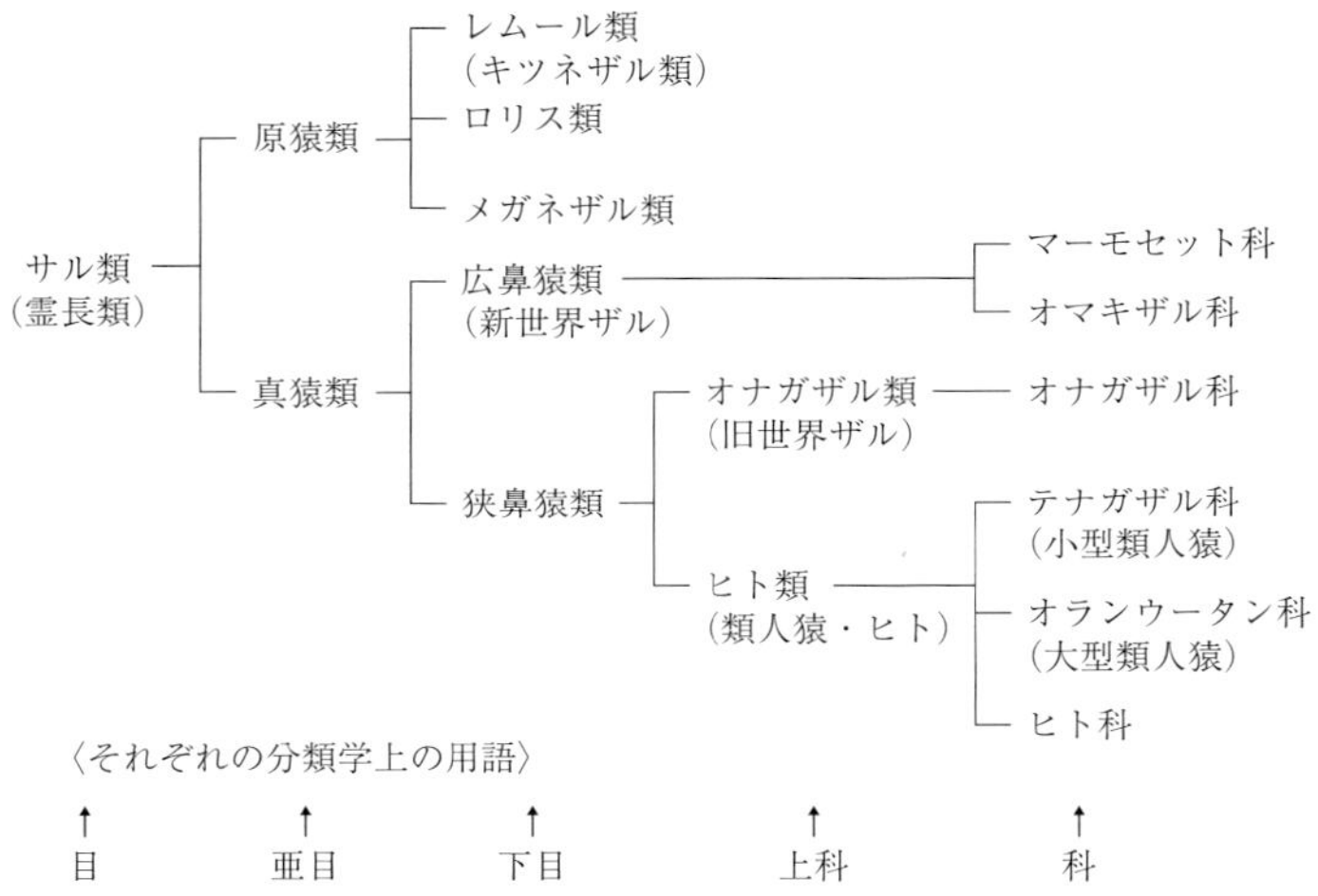

南米の熱帯雨林を中心とした地域である。それらを一括して「新世界ザル」と呼ぶ。この名称は、大航海時代のコロンブスによる発見以来、南北アメリカ大陸が新世界と呼ばれたことに由来する。

また、新世界ザルという呼び名は「旧世界ザル」という呼び名と対をなしている。旧世界ザルとはサルらしいサルである真猿類のうち、アジア・アフリカに棲む類人猿を除くサル類を指す。ちなみに「真猿類」は、あまりサルらしくないサル「原猿類」と対をなす（表1-1）。

新世界ザルと旧世界ザルは生息する大陸を異にするだけではない。前者は共通して鼻孔が広くて離れ、外側に向いているのに対し、後者は鼻孔が狭くて接近し、下方に向いているという、外見上も明確な違いがある。この特徴から、分類学的には新世界ザルを「広鼻猿類」、旧世界ザルを「狭鼻猿類」と呼ぶ。ただ、この分類にしたがうと、

図 1–1　広鼻猿類と狭鼻猿類の鼻孔の違い。
a：広鼻猿類（フサオマキザル）、b：狭鼻猿類（ニホンザル）。

狭鼻猿類には類人猿とヒトも含まれる（図1-1）。

広鼻猿類（新世界ザル）と狭鼻猿類という真猿類の二大系統は、南米大陸とアフリカ大陸が大陸大移動で分離して以降、相互の交流は全く考えられないから、およそ四〇〇〇万年という地質年代学的時間を、たがいに完全に隔離された状態で異なる進化の道筋を歩んできた。その間、南米大陸はアジア・アフリカほど激しい気候変動に見舞われなかったから、新世界ザルは熱帯雨林の樹上をもっぱらの棲みかとしてゆっくり進化していった、ないし長い時間をかけて森林の樹上に馴染みきってしまったサルたちだといえる。

世界のサル学の流れ

一九五〇年代から一九六〇年代にかけては、人類進化の解明を目的にした「サル学」が日本や欧米で勃興し、サル学がその後大きな飛躍を遂げるにいたる先駆的な、熱気溢れる時代だった。第二次世界大戦による混乱がひとまず終息し、世の中が平穏を取り戻し、経済も戦後の復興へと向かい始めていた時代背景の中で、人類進化を解明しようという、およそ実利を離れた学問へも関心が向くほどには、人々の心に余裕が生まれていたからだろう。もちろんその根底には、人間とは何かという問いかけや、戦争そのものやナチズムを生んだ人種差別論などへの深い反省があったことは確かだが。

ところで当時までに、人類の祖先の化石はアジアやアフリカで発見されていて、人類進化の舞台が旧大陸であることははっきりしていた。現存するサル類の中で、類縁関係からヒトにもっとも近い類人猿を見ても、チンパンジーやボノボ（ピグミーチンパンジー）、ゴリラはアフリカに生息し、オランウータンやテナガザルはアジアに生息するが、中南米に類人猿はいない。したがって、サル学初期の研究対象がアフリカの類人猿を中心に、ヒトと系統を同じくする狭鼻猿類へと向かうのは必然だった。私も大学院時代の五年間、先兵の一人として東アフリカの無人の原野で野生チンパンジーを追った。

では、どうして人類進化の解明のためにサル類を野外で研究するのか。それは、サル学（霊長類学ともいい自然人類学の一分野）と同時進行的に、同じ目的で、自然に密着して生きる先住民族の文化人類学的研究が再開されていたことと密接に関係する。ヒトの祖先はいつ、どこで、どのようにして起こり、いかなる過程を経て今日の私たちを誕生させたのかという問いのうち、化石に残らない過去の生態や行動や社会を復元するには、両方の研究成果を比較考察するのがもっとも有効な方法と考えられたからである。

勃興期のサル学は、ニホンザルやチンパンジーをはじめ狭鼻猿類のいくつもの種について、群れの大きさ（群れサイズ）や群れの構成員の性・年齢構成、その空間配置といった、社会のある一時期の断面的な構造を明らかにしていった。しかし、先住民族の研究と比較するのに、そのような社会構造を知るだけでは十分でない。オスとメスはそれぞれどのような生涯を送るのか、一生のうちでオス同士やメス同士、オスとメスはいかなる関係を結ぶのか、それらのうちどの関係が種ごとの社会の基本となっているかなど、長い時間をかけた調査でしか明らかにし得ない、世代を超えて種に普遍的な構

表 1–2　新世界ザルの一般的な分類。

真猿類	広鼻猿類（新世界ザル）	マーモセット科	マーモセット亜科	ピグミーマーモセット属
				マーモセット属
				タマリン属
				ライオンタマリン属
			ゲルディモンキー亜科	ゲルディモンキー属
		オマキザル科	オマキザル亜科	オマキザル属
			リスザル亜科	リスザル属
			クモザル亜科	クモザル属
				ウーリーモンキー属
				ウーリークモザル属
			ホエザル亜科	ホエザル属
			サキ亜科	サキ属
				ウアカリ属
				ヒゲサキ属
			ヨザル亜科	ヨザル属
			ティティ亜科	ティティ属
	狭鼻猿類（旧世界ザルと類人猿・ヒト）			

注）最右欄のそれぞれの属に含まれる種については、第2章以下で取り上げるサルごとに提示してある。

造こそが重要なのである。そのための、群れの構成員一頭一頭を識別（個体識別）し、識別した構成員を継続して調査する体制も、日本をはじめアジア・アフリカのあちこちのフィールドで整えられていった。

初期サル学と新世界ザル

このような初期サル学の熱気と趨勢の中で、新世界ザルは残念ながら等閑に付された。それには、ヒトを生んだ狭鼻猿類とは系統が異なるということのほかにも、いくつか理由がある。ひとつは、当時、人類進化は森林からサバンナへの進出という図式の中で語られていて、それに対し新世界ザルは、すべてが森林の樹上生活者であり、森林から出た種はなく、地上を生活の場とする種もいないからである（表1-2）。

また新世界ザルには、小鳥が囀るような甲高い金属音的な声で鳴く、手のひらサイズのごく小さなタマリンやマーモセットの仲間や、てんめん性（物をつかむ能力）を持つ尾を五本目の手足のように自由に使い、樹上を高速移動するアクロバットまがいのクモザル、頭が禿げ上がって赤鬼のような形相をしたウアカリなど、狭鼻猿類を通して培われた私たちのサルに対する全体的な印象からはほど遠い、珍奇なサルが多い。このようなことも研究対象にされにくかった理由にはあったと思われる。

それよりなにより、見通しの悪い熱帯雨林での野外研究、とくに多くの種が高くて厚いキャノピー（林冠部）を生活の場とする新世界ザルの長期調査はとうてい無理であり、同時に、一年じゅう高温多湿で毒虫や毒蛇や熱帯特有の病気が多く、生活環境の面でもきわめて劣悪だと考えられていたことによる。

なぜ新世界ザルを研究するのか

私がアマゾンで調査を開始した一九七一年当時は、新世界ザルについて、群れサイズや性・年齢構成などもっとも基礎的な情報すら、ごくわずかな種でしか知られていなかった。

しかし、人類進化に関してサル類の野外研究から手掛かりを得ようとすれば、系統的位置づけを離れても、熱帯雨林の樹上で多様な生活様式を獲得した新世界ザルを避けては通れないだろう。なぜなら、熱帯雨林こそサル類を誕生させ、進化させた元々の環境であり、ヒトや類人猿を含む狭鼻猿類の多くの地上生活者は、形態や生理面だけでなく、生態や行動上の諸特性も樹上生活者だった祖先から確実に受け継いでいるからである。それに、新世界ザルは樹上という生活空間で発展させた進化のひとつの極限を示しているに違いないから、その多様性を明らかにしたうえで狭鼻猿類の地上生活者と比較すれば、地上という生活空間を通してしか生み出しえなかった社会構造上の特性は何かも抽出できるのではないだろうか。

平行進化について

新世界ザル（広鼻猿類）は生態面で見れば似たもの同士で、生息環境も大まかにいえば熱帯雨林の樹上に限られるというのが、多様性に富んだ狭鼻猿類と比較した場合の特徴である。しかし、両者の間には、共通の祖先から進化したほかの生物の系統群と同様に、形態面での平行進化現象と呼び得る具体例をいくつも見ることができる。たとえば、新世界ザルであるウアカリと旧世界ザルであるニホンザルおよび類人猿やヒトでは尾が短いか、なくなっている。新世界ザルのクモザルと旧世界ザルのコロブスでは前肢の親指が退化し、いぼ状ないし欠落している。新世界ザルのホエザルと類人猿のシアマンギボン（フクロテナガザル）は特異な共鳴・増幅装置を進化させ、地球上の動物の中でももっとも大きな声を発する。新世界ザルのタマリンと旧世界ザルのグエノンでは、顔や頭部を中心に体毛の色に多様な変異が見られる。すべての新世界ザルと類人猿チンパンジーやオランウータンで尻だこがない。新世界ザルのクモザルやウーリーモンキーとヒトだけが哺乳類に共通した特徴であるペニスの骨（陰茎骨）を持たない。新世界ザルのクモザルやウーリーモンキーと類人猿のテナガザルで前肢と肩甲骨が特殊化し、腕渡り（ブラキエーション）という特異な移動様式をとる、などなどだ。

これらは形態面から見たものだが、生態や行動の面でも社会構造に関しても、きっと多くの平行進化現象が見られるに違いない。私はアマゾンでの調査で、ぜひこの点も明らかにしたいと思った。おそらくその中には、これまで議論されてきた人類進化を考えるうえでの重要な特性も含まれているはずである。もしそうだとしたら、それを一足跳びに狩猟採集を生業とする先住民族が持つ類似の特性と比較するのでなく、なぜそのような平行進化現象が異なる二つの系統で見られるかを、まずはサル類の中できちんと比較検討し議論するのが正統な手続きだと考えられるからだ。

広域調査と集中調査

私が日本モンキーセンターで調査隊を組織し、アマゾンを訪れた最初は一九七一年である。まだ群れサイズや構成といった基礎的な社会構造すらわかっていない新世界ザルが非常に多かったから、差し当たってはそれを少しでも減らしたいと思った。そのためには、できるだけ多くの種が同所的に棲んでいる地域を探し出すことが必要だ。

初めて双発の疲れたＤＣ３機（第二次世界大戦で活躍した米軍機で一九四五年に製造が中止されている）でアマゾン川上流域を縦断したとき、眼下に眺めた果てしなく続く緑のじゅうたんに感動は覚

図 1–2　プトマヨ川の旅ではアマゾンカワイルカ（ピンクイルカともいう）によく出会えた。一方カケタ川には、大きな急流があるためと思われるが生息していない。

えたものの、この広漠たる樹海の中から、どうしたら調査に適した一点を見つけ出すことができるのか、不安の方がはるかに大きかった。当時すでに人跡未踏の原生林、すなわち、人から危害を加えられた経験を持たない野生動物の暮らす森など、その存在すら危ぶまれていたからである。

そこに棲むサルの人に対する警戒心が強ければ、高い樹々の枝伝いにひたすら逃げていく後姿ばかりを、厚い葉の生い茂りの中に垣間見るだけで終わってしまい、研究成果など何も期待できないだろう。一九七一年、一九七三年、一九七五年と一〇カ月ずつ、一年おきに三回行った初期の調査では、多種類のサルが同所的に棲んでいて、人への警戒心も強くない場所を求めて、当時のアマゾン川流域でも人口密度が比較的低いといわれていたコロンビアのアマゾン川上流域、プトマヨ川（ブラジルに入ってイカ川と名を変える）やカケタ川（同様にジャプラ川と名を変える）流域などを旅して広域調査を行ったし、それぞれの年に最適と判断された森では、半年前後の集中調査を実施した。なお、なぜこのように一年おきかというと、当時の文部省科学研究費・海外学術調査が会計年度を越えて申請できなかったことによる（図1-2）。

ここでいう「広域調査」とは、情報収集で立ち寄った民家に居候し、そこの主人が熟知する背後の森を案内してもらったり、持参のビニールシートで雨露をしのぐだけの野営をして奥の森に分け入ったりという、一カ所で四〜五日間、サルの生息状況や人を怖れているかどうかなどの調査を繰り返しながら、広い地域を見て回ることをいう。一方「集中調査」とは、良好な森が見つかったとき、川のほとりの木を伐り払って日常生活に支障がない程度の空地を作り、丸太を組み立てヤシの葉で屋根を葺いた簡単な小屋を建てて、森の奥へ向かって何本も観察路を作り地図を作成しながら、腰を据えて調査することをいう。

集中調査を行った森は、一九七一年がコロンビア南部のカケタ川左岸の小さい支流、ペネージャ川の一カ所、一九七三年はペネージャ川の前回の場所と新たな一カ所、一九七五年はペネージャ川の新たな一カ所（以下三つを「ペネージャ調査地」と呼ぶ。巻末の付図のA）と、コロンビア中部、マカレナ山脈の裾野を流れるグァジャベロ川左岸の支流、ドゥダ川の一カ所（以下、「マカレナ調査地」と呼ぶ。巻末の付図のB）である。

人を怖れないウーリーモンキーを探せ

コロンビアのアマゾン川上流域（熱帯雨林がひと続きのオリノコ川上流域を含む）には、ウーリーモンキーが広域に分布している。だが一九七〇年代初頭はまだ、アマゾンに棲むネコ科の動物、ジャガーやオセロットの毛皮が欧米や日本に向け輸出されていて、現地でも非常な高値で取り引きされていた。そのため、現金収入の乏しい流域住民の誰もが、とびきりの現金収入を求めて、それらの狩猟に血眼になっていた。

ネコ科の動物の狩猟方法は、私が旅したどこでも共通していた。まず、森の奥深くに分け入って野生動物を狩る。その肉を半径五〇〇メートルから一キロメートルの範囲内のあちこちの木の幹、地上一・五～二メートルの所に括りつける。そうしておいて毎日、日中に見回る。吊るしたどれかの肉に食べられた形跡があると、肉を追加し、吊るした肉の真上に櫓を組んで、夜に櫓の上で待ち伏せする。そして再び肉を食べにやって来たところを、懐中電灯を照らし頭部に照準を合わせて撃つ。頭部以外の箇所を傷つけると毛皮が安く買いたたかれるからだ。

ネコ科の動物の狩猟に、彼らは森を転々とし、粗末な小屋掛けをしては一カ月以上、長いと数カ月も自給自足の生活をする。当然食糧としてサルを撃つし、吊るす餌としてもサルを撃つ。単独生活者が多いアマゾンの哺乳類の中で、サルは日中に行動し騒がしいので発見しやすく、群れで生活するので一度に何頭も撃てるからだ。とくにウーリーモンキーは肉が最高に美味だし、ネコ科の動物の餌と

図 1–3　両手足と尾の屈伸で激しく枝を揺すって威嚇するウーリーモンキーのオトナ・オス。

しても一番だと、広域調査の旅で会った流域住民は異口同音にいった。ウーリーモンキーは新世界ザルの中ではクモザルと並んでもっとも大柄で、二〇～四〇頭のよくまとまった群れを作って生活し、仲間同士で頻繁に鳴き交わすから、どのサルよりも発見されやすい。しかも、人に危害を加えられた経験を持たないウーリーモンキーだと、好奇心が旺盛で、樹上では偉そうに我が物顔に振舞うサルだから、群れの全員が林床にいる人の周囲の樹々に集まって来て、声を張り上げ、枝を激しく揺すり、枝から枝へ跳躍しては大きな音を立てたりと、ひとしきり大騒ぎする。私は一度、流域住民のウーリーモンキー狩りに同行したことがあるが、彼らの銃はブラジル製の安物の散弾銃だったが、あっという間に五頭を撃ち落とした（図1-3）。

　ということは、逆にいえば、ウーリーモンキーがいない森は、ほかのサルもおそらく狩猟された経験を持っているはずだから、人への警戒心が強く、逃げ足が速く、調査地としては不向きということになる。運良くその森にウーリーモンキーがいても、かれらの逃げ足が速かったら、そこもやはりだめだ。

このような体験を通して、私は調査地選びの鍵を手に入れる。〝人を怖れないウーリーモンキーのいる森を探せ〟。ウーリーモンキーが人を怖れていなければ、同所的に生息するほかのすべてのサルも人を怖れていないはずだ。しかも、ウーリーモンキーはアマゾン川上流域に広く分布していながら、いまだ調査されていないサルであり、流域住民による強い狩猟圧に晒されている現状を鑑みれば、このサルをきちんと調べるのは急務ではないか。先に述べた一九七一年からの集中調査地はいずれも、人を怖れないウーリーモンキーの棲む場所だったし、ペネージャ川で集中調査地を三回も替えざるを得なかったのは、私が帰国したあとの留守中に、集中調査で人馴れしたかれらが撃たれてしまったことによる。

すみわけについて

私はこのように、できる限り人手の入っていない、調査に良好な場所探しにこだわった。それには、もうひとつの理由として、かつてのニホンザルやチンパンジーの調査地選びがそうであったように、調査しながら遠くにでも人工物（民家や畑、牧場、道路など）が見えると気が滅入ってやる気をなくすという、私の調査地選びに対する個人的な好みとか執着が働いていたことは確かである。人の手による変質に晒されていない野生の真の姿を、サルたちを育んできた大自然の中で観察したい。それは私がサル学に足を踏み入れた当初からの強い願望であった。

そうして見つけた良好な森では、キャンプを設営し、ウーリーモンキーに比重を置きながらも、基本的にはそこにいるすべてのサルを調査対象にした。ペネージャ調査地には九種のサルがいたし、周辺まで範囲を広げると一二種いた。マカレナ調査地には七種いて、周辺域を含めると一〇種いた。それらのサルが熱帯雨林の樹上でどのような関係を保って生活しているかにも興味があったからだ。

種ごとに見れば、何頭かが集まって群れを作り、群れ間では、はっきりしたなわばりのあるなしにかかわらず、たがいに排他的な関係を持ちながらも、ひとつの「種社会」を形成している。そして、熱帯雨林の樹上という三次元の空間を共に利用する新世界ザルの中で、もし生活形のよく似た、系統的にも近縁な種、たとえばフサオマキザルとシロガオオマキザル、ダスキーティティとエリマキティティ、セマダラタマリンとムネアカタマリンなどが同所的に生息していれば、かれらは具体的にはどのような「すみわけ」をしているのだろう。また、同所的に生息するそれほど類縁関係が近くない種間では、サル同士はたがいに寛容に振舞うのが普通だが、そこでは、食物を異にする、日周活動を異にする、利用する森林の層を異にするといったすみわけが確実に見出されるのか。また、日常的に混ざり合って生活する、「混群」と呼ばれる複数の種の生活のありようとすみわけとはどう関係しているのか。そのような問題意識も私にはあった。

図 1–4 固いヤシの実をタケの節にたたきつけて割るフサオマキザルのワカモノ・オス。

調査の展開

一九七五年に初めて行ったマカレナ調査地での調査では、予期せぬ大発見があった。フサオマキザルが、私たちが素手ではけっして割ることのできない固いヤシの実を、上手に手で割って食べる優れて知的な行動を見せてくれたのだ（図1–4）。

フサオマキザルは大変すばしこいサルで、藪状になっていて人の通り抜けが困難な森を好む。ペネージャ調査地では、藪状の森は、アラドールと現地で呼ばれる（ブラジルではムクイン）目に見えないほど小さいピンク色をしたダニの巣窟で、それを全身に浴びたときの痒さたるや尋常でないし、痒さは一週間以上引かない。無意識に引っ掻いてただれてしまうことも多い。地形が平坦で前方が見通せないこともあって、結局そんな藪で足止めされる形になり、群れの追尾はほとんどできなかった。それが、マカレナ調査地には不思議にアラドールが少なく、細かい起伏に富んだ地形なので、見通しのいい尾根筋から藪状の森を見下ろすことができ、移動方向がわかるので先回りしたりして、群れの追尾がなんとか可能だった。

フサオマキザルの知的な行動をもっと詳しく知りたい。翌一九七六年にはそのための旅費を別途工面して、フサオマキザルに焦点を絞った調査を実施した。成果は予想をはるかに超えるものだった。旅費を別途工面したのは、日本モンキーセンターの内部事情で調査隊を継続して組むことができなくなったからである。一方で同年、京都大学霊長類研究所が文部省科学研究費の申請母体となって新たなアマゾン調査隊が組織され、私はその隊の一員として、小さくて真っ黒なサル、ゲルディモンキーの調査も開始した。

「生きた化石ザル」はいったいどこに

ゲルディモンキーは、新世界ザルの中では形態的に原始的な特徴をいくつも保持していて、「生きた化石ザル」とも呼ばれている。そして、アマゾン川上流域のほぼ全域という広大な分布域を持ち、コロンビアやペルーやブラジルの国立自然史博物館や大学などの研究機関には標本も保存されている。それにもかかわらず、私が旅して回ったコロンビアのどの地域でも、このサルを実際に見たという流域住民にはどうしても会えない、なんとも不思議なサルなのだ。どんなことがあっても発見するぞという心躍る挑戦精神も確かにあった。だがそれ以上に、この「生きた化石ザル」の生態や行動や社会構造から、新世界ザルが熱帯雨林でどのように進化したのか、すなわち、新世界ザル全体の系統進化

図 1–5　手のひらに収まるほどに小さいゲルディモンキーのコドモ・オス。

に関して重要な手掛かりが得られるのではないかという強い予感が私にはあった（図1-5）。

一九七六年に別途実施したマカレナ調査地でのフサオマキザル調査の終了後、および翌一九七七年には、それまでに得ていたゲルディモンキーがいるといういくつかの有力な情報をもとに、ペルーのアマゾン川上流域を広く旅した。しかし、野生の姿を目撃することはできなかった。ただその道中で、ピグミーマーモセットとウアカリを条件の良い場所で短期間ずつだが調査できたのは幸いだった。

一九七八年にはさらに南、ボリビアからの情報を確かめに、自費でボリビア北部の熱帯雨林へ向かった。そして、カヌーで航行できない、川から遠く離れた内陸部の森で、やっとのこと念願を果たしたのだが、そこにたどり着くまでは本当に長い苦難の探索行だった。

帰国後周到な準備をして、私は翌一九七九年、そこに新たなキャンプ（ムクデン調査地。巻末の付図の

C）を設営し、このサルの集中調査を半年間実施した。同時に、ゲルディモンキーと体がほぼ同じ大きさで同所的に棲む二種のタマリン、セマダラタマリンとムネアカタマリンとのすみわけの実態についても調査した。

共時的社会構造と通時的社会構造

以上のような調査を一九七〇年代は続けたが、欧米の、とくに地理的に近いアメリカのサル学者や地元コロンビアやペルー、ブラジルの研究者も新世界ザルに目を向けるようになり、しだいに未知のサルは減っていった。そうしたアマゾンを取り巻くサル学の潮流の中にあって、私は一九八一年に職場を日本モンキーセンターから大学に変えたことで、五年間は新世界ザルの本格的な野外調査に出掛けられなかった。

その間私は、再びアマゾンに戻るとしたら、これまでのような広く旅して多くのサルの「共時的社会構造」を明らかにする調査でなく、どこか一カ所に恒久的な研究基地を建設し、何年も継続して調査できる体制を整えながら、たった一種のサルでもいいから、群れの構成員すべてを個体識別して徹底的に追い、「通時的社会構造」を解明する研究を行うしかないと考えていた。もし共同研究体制が組めれば、同時進行で同所的に生息する別のサルの長期調査も可能になるだろう。

共時的社会構造とは、社会の一時期の断面的な構造であり、群れの構成員にオトナのオスとメスが何頭いるかで三つに区別される。すなわち、オス一頭、メス一頭とコドモという構成なら家族的な

「ペア型」。オス一頭、メス数頭とコドモなら一夫多妻的な「単雄複雌群」（以下、「単雄群」と略す）。オスとメスが複数頭とコドモなら乱婚的な「複雄複雌群」（以下、「複雄群」と略す）である。ほかに四つめとして、オス複数頭、メス一頭とコドモの多夫一妻的な「複雄単雌群」も知られるようになっていた。

それに対し通時的社会構造とは、世代を超えて種に普遍的で基本的な構造のことであり、、種ごとのこの構造の比較から、当時サル類の社会進化を論じていたのが、日本のサル学を当初から牽引した私の恩師、故伊谷純一郎博士（京都大学名誉教授）である。

通時的社会構造から見れば、幾種類かの夜行性で単独で行動する原猿類を除き、とくに真猿類では、どの種にもそれぞれ固有の社会的単位（種の存続を担う繁殖集団としてもっとも小さな単位）としての「基本的単位集団」（以下、「単位集団」と略す）があり、伊谷博士は社会進化を論ずるにあたって、オスとメスの単位集団との関わり方、および単位集団の継承性に注目した。なかでも、とくに注目したのが継承性の保障された社会で、三つあり、それらは、メスは残りオスが生まれた単位集団を出て（「移出」という）ほかの単位集団に加入（「移入」という）すれば、ニホンザルで見るような「母系」の社会、オスは残りメスが生まれた単位集団を出てほかの単位集団に加入すれば、チンパンジーで見るような「父系」の社会、オスもメスも生まれた単位集団を出てほかの単位集団に加入（合わせて「移出入」という）すれば「双系」の社会である。そして伊谷博士は、三つのうち母系と父系がもっとも完成度が高く、したがってもっとも進化した社会だと考えた。なお、継承性とは、一定の土地

（単位集団の行動範囲）と結びついて、単位集団が長い年月にわたって維持されるかどうかということである。

伊谷博士が提出したサル類の社会進化に関する仮説の妥当性は最終章で検討するが、種ごとに固有の通時的社会構造を調べるとは、具体的には、たとえばこういうことだ。

一九七〇年代のペネージャ調査地やマカレナ調査地でも、旅して回ったコロンビアやペルー、ボリビアのアマゾン川上流域でも、私はホエザルの群れに何度も出会い、その度に群れサイズや性・年齢構成を調べた。結果はオトナ・オス一頭、オトナ・メス二～三頭とコドモという四頭から八頭までの群れが非常に多かったが、なかにはオスが二頭いる群れもあったし、一〇頭を超えて数えた群れでは三頭のオスがいることもあった。だが、そのような観察記録をいくら積み重ねても、ホエザルの群れはオトナ・オス一頭の単雄群である場合が多いが、オスが複数いる複雄群の場合もあり、単雄群と複雄群の割合はそれぞれ何パーセントで、その割合は地域によって異なるか否かといった共時的社会構造がわかるにすぎない。群れの一頭一頭を個体識別し、長い年月を通したオスとメスの動向調査やオスとメスとの性的関係の調査を経て初めて、ホエザルの単位集団（群れ）は一頭のオトナ・オスのみが繁殖に関わることや、二頭目のオトナ・オスや三頭目のオトナ・オスの群れ内での位置づけ、オスはすべて生まれた群れを出て、群れのオトナ・オスは他群出身であること、メスは群れを出ることはあるが他群には加入しないといった構造を持つことが明らかになるのである。

それがまさに通時的社会構造であり、オスについてもう少し詳しく見ると、二頭目のオスは、ハナレザルが一定期間群れと行動を共にすることで一頭目の群れの「中心オス」やメスとの敵対的な関係は解消されるが、子孫を残すためのメスとの交尾はできない、そういう「周辺オス」であり、三頭目は群れに追随し始めたばかりで、メスと性的関係を持つことはおろか、群れのどのサルともまだ敵対的な関係にある「追随オス」であったのだ。

マカレナ国立公園

アマゾンで本格的な野外調査のできなかった五年間、私はこのようなことを考え、いろいろな対策を講じてきたが、その間の一九八四年と翌年には、コロンビアとパナマ、ブラジルのいくつかの研究機関を短期間だが訪れた。日本で得ていた最適調査地に関する情報を直接確かめるために森の様子も見に行った。だが、結果はいずれも芳しくなかった。一番の問題は、調査地にするには、周辺域を含めて、人口密度が予想した以上に高かったことだ。

私が長期にわたる継続調査の最適地として頭に描いているのは、そこにいるサルが人を怖れていないことは当然の条件だが、そこに多くの種類のサルがいて、かつ、サルだけでなくアマゾンを代表する哺乳類もおよそ一式揃っていて、鳥類相も豊かな、多様性に富んだ、人手の入っていない原始の熱帯雨林である。一九八四年と翌年に訪れたあちこちの森に私がどうしても納得がいかなかったのは、一九七五年と翌年の調査で、コロンビアの素晴らしいマカレナ調査地をすでに体験してしまった影響も大きかった（図1-6）。

図 1–6　マカレナ調査地の森の眺望。
a：巨木の幹に簡易梯子を括りつけて作った樹上の観察台から内陸部（南西方向）を眺望する、b：地滑りでできた天然見晴し台からドゥダ川の方（南東方向）を眺望する。はるか彼方にうっすらと見えるのがアンデス山脈。左上にわずかに映っているのがイチジクの巨木の枝先で、序章の朝のドラマの舞台である。

図 1–7　手漕ぎのカヌーで小さい川に釣りに行くと、オナガカワウソにときどき出会う。

調査地を含むマカレナ地域とは、地理的にはコロンビアの中部、アンデス山脈のすぐ東側に位置する南北一二〇キロメートル、最高峰一五〇〇メートルの独立した山塊マカレナ山脈と、その裾野に広がる熱帯雨林地帯をいう。マカレナ山脈は二〇世紀になって発見されたことでも有名である。

このマカレナ地域約一万平方キロメートルは、アマゾン川とオリノコ川の分水嶺にあたり、新世界ザル以外にも、ジャガーとオセロットとマーゲイ、ブラジルバク、ミツユビナマケモノとフタツユビナマケモノ、クチジロペッカリーとクビワペッカリー、オオアルマジロとココノオビアルマジロとナナツオビアルマジロ、オオカワウソとオナガカワウソ、ミナミコアリクイとヒメアリクイ、カピバラとパカとアグーチとアマゾンヤマアラシ、マザマジカ、アカハナグマとタイラ、アマゾンオオアカリスとアマゾンコビトリス、ミナミオポッサムとミナミマウスオポッサムなど、両水系を覆う熱帯雨林の哺乳類が生息している(図1-7)。

一方で、マカレナ地域は、マカレナ山脈の山頂部を中心に地形や気候がアンデス地域に類似するため、メガネグマやアンデスネズミをはじめ、アンデスに特徴的な哺乳類も入り込んでいる。また、アンデス山脈の東側北部、コロンビアからベネズエラにかけて広がる、ジャノスと呼ばれる草原と木のまばらな疎開林の混合した植生帯とも隣接し、ピューマやヤブイヌ、オオアリクイ、ワタオウサギ、パンパスジカなど、乾燥地域の動物も前記した哺乳類と同所的に棲む。

私は一九七五年と翌年のマカレナ調査地での集中調査で、これらの哺乳類のうち、標高の高いマカレナ山脈上部にのみ生息するメガネグマとアンデスネズミを除くすべてを、実際に森の中や川辺で目撃している。

植物についても同様で、アマゾン水系やオリノコ水系、アンデス山脈、ジャノスの影響を受け、さまざまな樹種が複雑に混ざり合っているし、この地域に固有の種も多い。またこの地域一帯は、気候が乾燥した時代(北半球の氷河期にあたる)にも森林が残存し続けたともいわれている。

このように、異なった生態学的要素が混ざり合ったマカレナ地域の生態系は、世界でもとくに珍しい自然環境として古くから欧米の研究者の注目を集め、「陸のガラパゴス」とも呼ばれてきた。そして、マカレナ山脈とその東側六〇〇〇平方キロメートル余りが、すでに一九六四年、コロンビアでは初めてで最大の、自然を対象としたマカレナ国立公園として指定されていたのである。

マカレナ国立公園の山脈東側はカヌーの航行を妨げる急流や滝がないこともあって、一九七五年に私が最初に訪れたとき、すでに入植者に溢れ、国立公園の体をほとんど失いかけていたが、山脈の西側には手つかずの森が残っていた。新世界ザルを研究するにあたっては、サル類が進化した元々の自然環境の真っ只中で、サルと同じ空気を吸いながらその環境に私自身が馴染み、そこから新世界ザルのすみわけや系統進化など多くを発想し考えたいというのが、アマゾンでの調査を開始して以来の私の願いである。

私はマカレナ調査地一円の熱帯雨林がどうしても捨て難かった。集中調査したマカレナ調査地には七種のサルがいて、いずれも人を怖れていない。森の中は細かい起伏に富むから、逆光の中で頭上三〇～四〇メートルの高さにいるサルを長時間見上げ続けたり、それによる首の痛さに悩まされることもなく、さまざまな角度から観察できる。コロンビアの首都ボゴタからの交通の便も、ぜいたくをいわなければまあまあだ。長期滞在時の新鮮な食糧として欠かせない魚は川にいたって豊富である。

ところで、コロンビア人であれば、たとえ国立公園内といえども、保護より開発が優先するから、かなり自由に入植できる。だが、いざ外国人が長期で調査に入るとなると、国立公園法に則った大変複雑な手続きを必要とする。私はコロンビアの政府機関や大学や研究所とそのための折衝を続けた。文部省には新たに科学研究費を申請した。

そこはゲリラの支配地だった

マカレナ調査地に戻るとして、そこには大きな問題がひとつあった。情報では、一九七〇年代の終わり頃から、この一帯がコロンビア最大の反政府軍ゲリラ組織FARCの支配下になっていて、とりわけマカレナ調査地のずっと奥（ドゥダ川源流部のアンデス山脈の麓）には一大司令部が置かれていること、ゲリラ組織と無関係ではない麻薬栽培者（コカが中心だがマリファナも）が多数入植し、森を伐り開いて生活しているとのことだった。

なぜそうなったかというと、ゲリラ組織も麻薬栽培者も、もっとも恐れているのが空からの政府軍や警察による小型飛行機やヘリコプターでの襲撃である。その点、マカレナ山脈の西側は地形が複雑で、起伏に富み、気流が安定せず、かつ、まだ熱帯雨林が厚く覆っていて、空から発見されにくいという最大の利点があったからだ。そして、マカレナ地域は、一九八〇年代初頭からは、残念ながら「陸のガラパゴス」としてではなく、世界一の麻薬輸出国コロンビアの最大の麻薬生産地として世界に名を馳せていたのである。欧米からの動植物の研究者は、その頃にはすでに全員がこの地域での調査研究から撤退していた。

しかも、このゲリラや麻薬という深刻な問題に対し、私がコロンビアの首都ボゴタで相談した関係者は、危険だから絶対に行くなとも、安心だから行っていいとも誰一人いわない。都市部に住んでいて、はるか彼方、マカレナ地域の具体的な状況など詳しく知る由もなかったからだろうか。

共同研究計画の推進

私はコロンビアの優れた野外研究者であり一九七六年以来の友人、ロスアンデス大学のカルロス・

メヒア教授と、コロンビアのどこかでサル類の共同研究を行うという、新たな計画を一九八六年に開始することにしていた。だが、どの地域で共同研究を行うか、具体的な地域や場所は未定だった。

コロンビアに着いて諸手続きを済ませたあとの一九八六年八月、私はとりあえずマカレナ村へ向かった。目的地はもちろんドゥダ川右岸のかつてのマカレナ調査地である。ボゴタを出発するに先立って、メヒア教授は「何か身の危険を感じたら、すぐに引き返して来なさい」と険しい表情を浮かべて私に忠告した。彼ほどの野外研究者なら、奥地マカレナの情報もいろいろ持っているのだろう。

これまでと同様首都ボゴタから乗合バスでアンデス越えをする。道中の風景にさほど変化は見られない。ところが、物資補給の基地にしていたマカレナ村はすっかり様変わりしていて、きらびやかな商店が立ち並び、一方で、政府軍兵士が二人一組で何組も、村内を四六時中巡回するというものものしい雰囲気だった。村の周囲の森はすっかりなくなっていた。村からカヌーでグァジャベロ川をずっと遡った先、ドゥダ川の河口にある環境省の国立公園管理事務所はゲリラ兵士の駐屯所になっていた。一軒しか民家のなかったドゥダ川流域にも、いくつもの民家があり牧場と畑が広がっていた。私は目的地に向かって外装エンジン付きのカヌーを走らせながら、その変わりようの激しさに驚愕し、驚愕は不安へと、不安はさらに絶望感へと変わっていった。

そんな状況の中で、全く信じ難いことだが、かつてのマカレナ調査地の森は、〝三年住めばその土地は住んだ人のもの〟というアマゾン川上流域に広く通用している不文律のおかげで、〝日本人の土地（ティエラ・ハポネサ）〟として荒らされずに、そのままの状態で残されていた。日本のテレビ会社の取材協力で一九七七年にも一カ月ここに滞在したから、一九七五年から三年続けて住んだことになるらしい。ウーリーモンキーやフサオマキザルも狩られていなかった。前途多難なことはよくわかっている。それでも私は、ここに恒久調査基地を設ける決断をした。なお、調査基地の位置は北緯二度四〇分、西経七四度一〇分で、海抜は三五〇メートルである（図1-8）。

それからというもの、調査基地の維持や運営に不可欠なコロンビア側の共同研究機関として、ロスアンデス大学と交渉を重ねることになる。そして、私の所属する宮城教育大学と姉妹校提携を結ぶことに成功し、新世界ザルの共同研究計画をメヒア教授と推進した。その後この計画は、鳥類や昆虫や植物に関する研究者を取り込んでいくことで、サル類だけでなく、マカレナ熱帯雨林の総合的な共同研究にまで発展する。恒久調査基地としてのキャンプも、かつてと同じ場所に作ったキャンプのほかに、一九九〇年には直線にして一・三キロメートル下流に鳥類の研究を主目的としたキャンプを設営した。また、この共同研究計画には、世界的にも貴重な、多様性に富んだマカレナ熱帯雨林を保護する取り組みも含まれていて、一九九三年にはさらに、直線にして四キロメートル下流に保護を目的とした熱帯雨林学習センターを開設した。私の個人的な新世界ザル研究のほかに、このような事業を順次展開していくことで、マカレナ調査地の面積は実質的に一〇年前の三倍以上にも拡大できた。

ただ、マカレナ調査地はマカレナ国立公園の西の境界のすぐ外側に位置している。ドゥダ川が西の境界線で、調査地はドゥダ川の右岸にあるからだ。しかし、調査地一円の森を将来にわたって野生の王国として維持管理していくには、どうしても調査地を国立公園に組み入れる必要がある。そのため

地）。この地図は 1986 年にコロンビア国土地理院から入手した航

図 1-8 マカレナ調査地一円の概略図(ドゥダ川と3つの研究・教
空写真をもとに作成した。

にコロンビア環境省や地元の関係諸機関と、調査地を含む西側も国立公園に指定してもらう交渉を地道に続け、一九九〇年にティニグア国立公園の誕生にまで漕ぎ着けた。

現地での信頼関係

とはいっても、調査地を含む一帯はまぎれもなくゲリラの支配下にある。マカレナ村から調査地までの流域には沢山の住民も住んでいる。その両者と信頼関係を確立しなければ、どんな立派な共同研究計画を立ち上げてコロンビア政府から許可を得ても、それは絵に描いた餅に過ぎない。私は流域にある四つの住民委員会およびゲリラ組織との話し合いを繰り返し持ちながら、両者との相互信頼関係の構築に心血を注いだ。

もっと端的にいえば、調査地を含むマカレナ地域では日々戦闘やテロが繰り広げられ、そこはコロンビアにおける内戦の、もっとも激しい最前線のひとつになっていたのである。政府軍の爆撃機が調査地の森の上をかすめ飛ぶこともある。ゲリラの戦闘部隊がカヌーを何艘も連ねて調査地の前のドゥダ川を下っていくこともある。

それでも、ゲリラ組織との信頼関係が少しは前に進んだかなと思えるひとつの出来事があった。一二月のある日暮れどきである。戦闘で顎を撃ち抜かれた一六～一七歳の若いゲリラ兵士がキャンプに担ぎ込まれてきた。戦闘部隊は普段はキャンプにけっして立ち寄らないが、そのときは乾季で川の水量が少なく、川底の倒木も水面から出ていて、治療に緊急を要しながらも、月明かりさえない闇夜ではカヌーの航行が不可能だったからだ。私はキャンプにある薬箱から適切な薬を選び出し、まず外傷の応急手当をした。次に流動食を作り、それに痛み止めと化膿止めの薬を溶かして混ぜ、喉の奥へ直接流し込んだ。そのあとは冷たい沢の水をタオルに浸して患部を冷やし続けた。翌朝、白々明けと共に部隊ははるか上流にある司令部へ出発して行った。一週間後、部隊は川を下って再び近くの最前線へと向かったのだが、キャンプの前で一艘が止まった。そして、私の応急治療を担当医が褒めていたと、生きたオスの七面鳥を一羽、クリスマス用に置いていった。

調査の対象としたサル

継続調査を可能にする体制作りや調査地を取り巻く環境整備をひとつひとつ実行に移しながら、同時に私は、自らが目指す研究も着実に進めていった。それが本業だから当然のことである。

通時的社会構造の解明を目的にしたフサオマキザルとホエザルの同時進行の調査は、翌一九八七年の一〇カ月の長期滞在で軌道に乗せることができた。以後は毎年二回ないし三回、大学の夏期休暇や冬期休暇、春期休暇を挟んだ二カ月前後の調査を二〇〇一年までずっと続けた。私がキャンプにいない期間は、両種について、私と同様に完璧に個体識別した現地助手やロスアンデス大学の卒業研究の学生が個体の変動を記録し続けてくれた。一九九七年からはクモザルを加えた。これら三種に費やした観察時間はいったい何千時間におよぶだろう。なにせ一六年もの歳月をかけたからだ。したがって、次章以降の記述は三種のサルについての研究成果が中心になる。また、継続調査に余裕のできたときは、同所的に生息するリスザルやヨザル、ダスキーティティの予備調査を行い、その生態調査をロスアンデス大学学生の卒業研究へと引き継がせることもした。

一方で、マカレナ調査地にはいないサルで、生息環境を含めどうしても調べたいと思ったサルについては、時間を見つけ、ときにアマゾンを離れ、中米の熱帯雨林やブラジル南東部の大西洋に面した熱帯雨林まで含めた広域調査を実施した。広域調査で対象にした主な種はウアカリ属のサルだが、それらを通して、私は新世界ザル一六属（表1-2参照。二二頁）のうちヒゲサキ属を除くすべての属のサルを、かれらの棲む自然環境の中で直接観察したことになる。一九七〇年代に追ったゲルディモンキーやピグミーマーモセットを含め、本書の後半ではそれらのサルについて書いた。

「きれいな森」と「きたない森」

アマゾンの熱帯雨林は、たとえばペネージャ調査地は平坦で、マカレナ調査地は細かい起伏に富むといった地形的な違いを除けば、景観的にはどこもよく似ている。

陽光がキャノピーを構成する樹々の葉の厚い生い茂りで遮断されて、林床まで届かない森では、森の中は思いのほか透けている。したがって、少しの低木や草本や蔦（木性つる植物でリアナとも呼ばれる）などをマチェテ（刃渡りが六〇～七〇センチメートルの長い山刀）で伐り払うだけで、歩くのにそれほど苦労することはない。アマゾンを広く覆うこのような、下層部や林床に植物が密生していない成熟した森林を、ここでは「きれいな森」と呼ぶ。それに対し、日の光が下層部や林床まで届き、

図 1-9　二種類のきれいな森。
a：雨季にも浸水しないきれいな森、b：雨季に浸水するきれいな森。

低木や蔦や草本が繁茂する森林を「きたない森」と呼ぶ。

私が主に調査してきたアマゾン川上流域ではどこも、一年を通して見ると、雨季と乾季という季節変化がはっきりしていた。雨季と乾季は、おおよそ赤道を挟んで、北のアマゾンと南のアマゾンで逆転しているが、いずれにせよ雨季の半年間は大量の雨が降る。そして、きれいな森の中には土地の低い所があり、土地が低いと、雨季にそこは浸水林になったり巨大な水溜りになる。浸水林は大河の増水やその増水で大河に注ぐいくつもの支流の河口がせき止められることで起こり、巨大な水溜りは樹々の覆いかぶさりで空からは見えない小さい川の増水によって拡大することが多い。きれいな森は歩きやすいといったが、雨季の水浸しになった森では、一歩ごとに深さは違うし、水没して見えない倒木があるし、水中には尾に猛毒の針を持つ淡水エイや、触れると六

図 1–10　きたない森。
a：川沿いの背丈の高いきたない森、b：川沿いの砂洲に生成し始めた背丈の低いきたない森（川の手前。雨季で浸水している）。

五〇ボルトもの強烈な電気を発するデンキウナギが小川から進出していることもあって、追尾しているサルの群れがその方向に移動すればついて行かざるを得ないのだが、けっして気の進むものではない。小川の流れがどこかわからず、夢中でサルを追っていて小川にはまり、全身ずぶ濡れになることもしばしばだ。

きれいな森はこのように、季節的に浸水する「浸水するきれいな森」と、一年を通して浸水しない「浸水しないきれいな森」の二種類に区別される（図1–9）。

一方、きたない森にはさまざまなタイプがある。雨季の大量の雨はアンデス山脈を浸食し、どの川も土砂で濁った茶色い濁流を勢いよく流す。その水流は流れが向かう岸辺をえぐり、反対側に土砂を堆積させる。この繰り返しが、アマゾンのどの川もが著しく蛇行している原因である。

土砂の堆積でできた浅瀬は、乾季になると砂州として水面から顔を出し、じきに、強い光のもとで急速に成長するパイオニア植物が進出して、やがて藪状の背丈の低い森へと遷移する。そこが成熟したきれいな森へと遷移するには長い年月を要し、それまでは雨季の増水時には水に浸かる。

川の流れで岸辺が削られた所では、川に面した森の中に日の光が斜め上方からも横からも差し込むから、そこの下層部や林床には低木や草本が密に生育し、這いずり回る蔦がそれらに絡みつく。川の両側はこうして人の通り抜けが容易でない藪状の森になる。そのような森のうち、川岸がえぐられることによってできる森を「川沿いの背丈の高いきたない森」、反対側の砂洲にできる森を「川沿いの背丈の低いきたない森」とここでは呼ぶ。また、川の蛇行が行き着くところまで行くと、やがて流れが短絡する新たな水路ができ、蛇行部分は三日月湖（半月湖ともいう）となって取り残される。したがって、弧を描く三日月湖の外側の縁《へり》には川沿いの背丈の高いきたない森が、内側の縁には川沿いの背丈の低いきたない森が発達する。湖は雨季には水嵩が著しく増すから、両方の森とも浸水することが多い（図1-10）。

きたない森は、川沿いや三日月湖のほとりに発達するこれら二種類以外にもまだある。熱帯雨林ではごく普通に見られるのだが、きれいな森で巨木や高木が倒れると、絡みつく蔦の影響もあって、周囲の何本もがドミノ倒しのように倒れ、ギャップ（林内の空地）が生じる。そこには日の光が直接差し込むから、当然きたない森が生成する。これを「ギャップに生じたきたない森」と呼ぶ。そこにはときに、背丈が五メートルほどで葉がバナナによく似て大きいヘリコニアの一種が密生することがあ

図 1–11　きたない森。
a：ギャップに生じつつあるきたない森、b：タケ林。

る。起伏のある森では急斜面の地滑りによってもギャップが生ずる（図１–11ａ）。

　現地住民が放棄した焼畑跡地ははるかに規模の大きなきたない森になる。それは「焼畑跡地のきたない森」と呼ぶ。放棄された民家の跡地も同様にそうなるが、ここでは焼畑跡地のきたない森といちいち区別しない。生成するきたない森としては差異がないからである。

　きれいな森が発達した内陸部には、空からは見えない小さい川が無数に流れている。そして川幅が三～四メートルと広ければ、両側には日中の時間帯によって下層部や林床まで日の光が届くので、大きな川の場合と同様に小川沿いにも小規模ながらきたない森が生成する。とくに、小川の合流点一帯がそうなることが多い。それを「内陸部

表 1-3　熱帯雨林の景観的な区別。

- 熱帯雨林
  - きれいな森
    - 浸水するきれいな森
    - 浸水しないきれいな森
  - きたない森
    - 川沿いの背丈の高いきたない森
    - 川沿いの背丈の低いきたない森
    - ギャップに生じたきたない森
    - 焼畑跡地のきたない森
    - 内陸部の小川沿いのきたない森
    - タケ林

の小川沿いのきたない森」と呼ぶ。

以上述べたすべてのきたない森に、もし日本の孟宗竹に背丈も太さもよく似たグアドゥア属のタケが成育し始めると、タケ林はほかの植物の進出を阻むから、日本の里山で見かけると同じ、草本類と少しの蔦ともっぱらタケというきたない森が生成する。ただ、グアドゥア属のタケ林が日本のタケ林と一番異なる点は、どのタケも下方の節という節から水平方向に長く伸びる細い枝が出ていて、その細枝の節々に鉄条網そっくりの三本から五本の毒を持つ鋭い刺がついていることだ。しかも、タケも刺のついた細枝も大変固いから、マチェテで伐り払うのは容易でなく、人の通り抜けはまずもって不可能といっていい。鉄条網を張り巡らしたようなこのタケ林は景観的に見ても特殊であり、熱帯雨林に広く見られるので、ここではほかのきたない森と区別して「タケ林」と呼ぶ（図1-11b）。

なお、熱帯雨林、とくにアマゾンの熱帯雨林に対してジャングルという用語が今でもしばしば使われるが、ジャングルとは、正しくはタケ林を除く五種類のきたない森の総称である。

以上述べた熱帯雨林の景観的な区別を整理したのが表1－3である。なぜこのようなことを行ったかというと、二種類の「きれいな森」と、「タケ林」を含む六種類の「きたない森」の生成過程や変遷が、熱帯雨林の樹上をもっぱら棲みかとする新世界ザルの、分布様式やすみわけ、種分化などを考察する際に大変重要であり、ひいては新世界ザル全体の系統進化を解明するうえでのキーワード（主要概念）になると私は考えているからである。その具体的な内容については次章以下でおいおい述べる。

第2章

樹海に轟く咆哮

ホエザルを追って

胡散臭そうに私を見下ろす
ホエザルのオトナ・オス。

1　本格的な調査に向けて

近くて遠いサル

一九七〇年代、私は外装エンジンを船尾に取り付けたカヌーで、どれほど大河を旅したことか。滔《とう》滔《とう》と流れる大河の水は茶色く濁り、川面には流木が多く、川底に沈んでいて見えない倒木も多い。うっかりそれらに当たると、エンジンのプロペラを痛めてしまう。だから、夜間はよほどのことがないかぎりカヌーを走らせない。

乾季の夜は川中の砂洲で野営することが多かった。砂洲では、落ちているできるだけ真っすぐな棒切れを三本拾い、うち二本を砂地に立て、もう一本を横棒としてその間に括りつける。そして、夜露を防ぐため、横棒の上に二メートル四方のビニールシートをへの字にかぶせる。準備はそれだけ。あとはその下で寝袋（シュラフ）にくるまって横になればいい。一方雨季には、水量が増して砂洲は水没するから、森の中で寝る。その際は、手頃な木と木の間に細い棒を一本水平に括りつける。それにビニールシートをへの字にかぶせて覆いを作り、二本の木の間にハンモックを吊る。乾季と雨季のどちらにしても、野営のための設営作業は二〇分とかからない。日が暮れる前に、雇った現地助手の顔見知りの民家が見つかれば、民家の軒先を借りてハンモックを吊ることもある。いつの広域調査でも、そうやって大河を旅し、狙いをつけた人の住まない支流に分け入った。

アマゾンでは、集落は大きな川のほとりに発達する。アマゾンに住む人々にとっては川が唯一の道路であり、足はカヌーや小型の屋形船である。あるときは川を遡り、あるときは下って、食糧やガソリンが購入できる村から目的の支流に着くまで、大河の旅は四、五日続くことが多い。

出発した村から離れるにつれ、日中、川を縁どる森にサルを見かける頻度も、サルの種類も増えてくる。なかでもよく出会えたのがホエザルとリスザルだ。ホエザルはキャノピー（林冠部）を突き抜けて高い巨木（巨大喬木）のてっぺんで、採食したり休息していることが一番多かった。次が川に面した蔦の絡みついた森で採食していて、近づくカヌーのエンジン音に驚いて逃げていくところだ。そういう状態で発見できるのは、雨季に増水して浸水する川の岸辺や三日月湖のほとりの背丈の高いきたない森である。ほかに、乾季だが、地肌がむき出しになった川岸の崖にいることもしばしばだった。

ホエザルを目撃すると（図2-1）、かれらが何頭の群れで、群れ構成はオス、メス、コドモが何頭ずつかを正確に押さえるため、カヌーを岸に着けて森に入る。しかし、カヌーから数えた頭数を超えて観察できることは少なく、頭数を数えるために森に入ったのに、一頭すら見つからないことも何度かあった。

また、野宿したり民家に泊った翌朝、出発するまでに、寄せては返す波のように朗々と鳴く、ホエザルの大声を遠くに聞くことも多かった。日中も、カヌーを走らせていて聞くことがあったが、頻度が少なかったのは、おそらくエンジン音やカヌーの立てる水飛沫の音にかき消されたり、日中は空気

図 2–1　タケ伝いに移動中のホエザルのオトナ・オス。下顎が発達しているため顔の造作は上半分に収まっている。

が重く気だるい雰囲気があたりに漂っていて、よほど近くからでないと聞こえないせいだろう。

　ホエザルの群れはどんな社会を持っているのか。乾季の真っ昼間に地肌が露出した川岸の崖にいるのはどうしてなのか。ほかのサルと違って、カヌーを走らせていて見つけ、急ぎ森に入っても姿を発見するのが困難なのはなぜだろう。それよりなにより、あんな大声で、唸るように歌うように、吠えるように、ときに一時間以上も鳴き続ける理由はいったいなんなのか。

　集中調査に適した森が見つかると、岸辺の樹々を伐り倒して少しの空地を作り、そこにヤシの葉で屋根を葺いた簡単な小屋を建て、森の奥へ向かって何本も観察路を伐り開く。川旅の目的が、これまで流域住民によって狩猟された経験を持たない、したがって人を見ても逃げないサルたちのいる森探しだったから、探し当てた森での集中調査では、ウーリーモンキーやほかのサルはなんとか追えた。ところが、これまでのどの集中調査地にもホエザルがいて、それ

図 2–2　1986年に建設中のキャンプ。骨組みのまわりにあるのは屋根を葺くためのミルペーヤシの葉。

でもホエザルの群れにはほかのサルのようにはついて行けず、お手上げの状態だった。

そんなことで、ホエザルの生態や行動にいくつもの疑問を抱きながら、やっと本格的な調査に取り組めるようになったのは、かつてのマカレナ調査地に戻って本格的な調査を開始した一九八六年、そこで一頭のオスに出会ってからである。アマゾンで調査を始めてからすでに一六年の歳月がたっていた。

「ボキンチェ」に出会う

一九八六年八月のことだ。かつてのキャンプは朽ち果てていて跡形もない。私は長期継続調査用の、新たなキャンプの設営に忙殺されていた（図2-2）。川辺にあるわずかな平坦地（一五〇平方メートルほど）の木や藪を伐り払って空地を作る。材質が堅くて真っすぐな木を何本も森の奥から伐り出してきて、樹皮を剝き、長さを揃えて建物の骨組みを作る。残った材で調理場と食堂兼用の小屋の骨組みを作る。屋根を葺くミルペーという長くて大きなヤシの葉を、とてつもなく幹が固いそのヤシの木を何本も斧で伐り倒して集める。そんな作業をここに着いてから連日、朝から日暮れまで助手と続けている。周囲の森に響くこうした大工仕事の騒音は相当なものだったはずだ。

この年は本当によく雨が降った。キャンプを建てる作業場も、水浴びするドゥダ川の岸辺も、いたる所が粘土質の泥でひどくぬかるんだ状態だ。服を洗濯しても一向に乾かない。そんな四日目の昼下がり、珍しく木漏れ日が差し、気づくと一頭のホエザルが、川に寄った方の茂みから顎を突き出すようにしてこちらをのぞいているではないか。目が合う。これまでの騒音が気にならなかったのか。私はすぐに目をそらせ、できるだけ見て見ぬ振りをしながら様子をうかがう。一〇分余りじっとしていて、少し動いて、全身が丸見えになる。オトナのオスだ。それにしても何か顔がおかしい。かれはさらに二〇分ほどそこにいて、森の奥に姿を消した。

一週間でキャンプ作りはひとまず完了する。次の日から調査用の観察路作りを開始する。まずは、一九七五年の集中調査の際に作った観察路の復元だ。幸い尾根に沿った観察路はたどれる程度には残っている。しかし、南と西へ向かって真っすぐに伐り開いた道はほとんど塞がっている。私たちは一から、磁石を頼りに真南と真西へ、二手に分かれて道を作る。キャンプの東側はすぐドゥダ川で、その間に南東に向かう尾根があるから、尾根伝いのかつての道を修復するだけでいい。北側はドゥダ川の蛇行によってできた砂洲で、草本や低木が密生しているだけだから、サルはまず使わないだろう。

南道と西道が二キロメートルに達した所で、南道からは直角に西に向かい、西道からは直角に南に

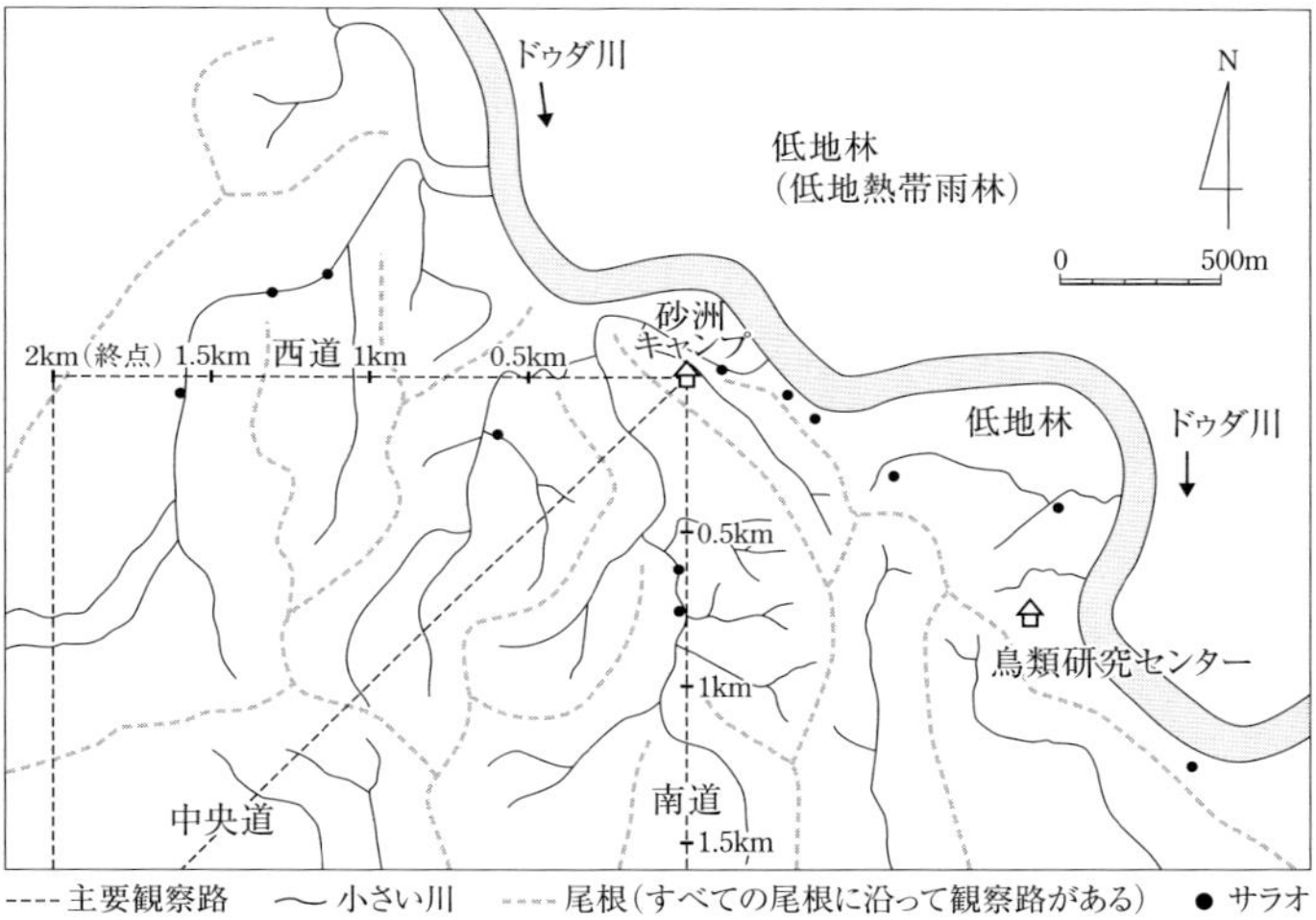

図 2–3　マカレナ調査地の地図。

1. ドゥダ川の流れ（湾曲）は年ごとに変化する。この図は 1987 年時点での図。この図は 1987 年時点で、その後キャンプの前の砂洲は北方向へ拡大した。2. ドゥダ川の川幅は場所ごとに異なるが、この図ではその点を考慮していない。3. 尾根を------印で示したが、すべての尾根上には観察路が設けられている。4. 調査地は最初に真っすぐな観察路、南道と西道を 2 キロメートルまで開き、それを直角に接続させて 2 キロメートル平方の正方形に設定したが（図 1–8 参照。48 頁）、調査対象にしたすべてのサルの群れがドゥダ川沿いの森を頻繁に利用していたため、それに合わせて、調査地はキャンプの北西および南東方向へ拡大されていった。

向かって道を伸ばす。そして、両方を接続させた二キロメートル四方とその周辺をとりあえずの調査地にする。また、その四角の中央にキャンプから真っすぐ南西に向かう中央道を作る（図2-3）。

いずれも、途中には深いV字型の谷や急斜面がいくつもあり、その上、毒のある鋭い刺を持つタケの林があり、折重なった太い倒木があって、行く手を阻む。マチェテ（山刀）と磁石だけを使っての、真っすぐな観察路作りは大変な作業である。そうしながら、一九七五年のときと同様に、サルの種類ごとに群れがいくついて、群れの分布はどうなっているかの調査を並行して実施する。ただ、ウーリーモンキーやクモザル、ホエザル、フサオマキザル、リスザルのどの群れも、調査地内に隙間のないほど密に生息し、群れの遊動域も重複しているようで、同じ群れかどうかを確認（群れの同定）する調査は難航する。

観察路作りは、早朝から一一時頃まで突貫で行い、いったんキャンプに戻る。昼前後は森の中が蒸し風呂のような状態になるからだ。キャンプで朝昼兼用の食事をとり、二時間ほどハンモックやチンチョロ（粗い網目の携帯ハンモック）に揺られて昼寝したあと、二時か三時に再開する。その方がずっと作業効率がいいからだ。

問題は日々の食糧である。マカレナ村で購入した魚や肉の缶詰はあっという間に底をつく。私がここに来る少し前の六月、マカレナ地域一帯を集中豪雨が襲ったという。そのとき川という川が氾濫し、川沿いに作られた料理バナナ畑やユカイモ畑は水に浸ったり激流で削り取られた。被害は甚大だったという。そのため近隣の民家を訪ねても、それらが全く手に入らない。頼みの川魚も、ここ連日の雨でドゥダ川がひどく濁り、夕方や夜に繰り返し挑戦するも思うように釣れない。観察路作りを始めて五日目は、午後の作業を中止し、一一時過ぎにキャンプに戻って、少し遠くの小さな支流まで釣りに行く仕度をしていた。

そのときまた、キャンプ作りをしていたときに見たと同じ場所から、ホエザルの同じオスが、顔をのぞかせているではないか。双眼鏡の焦点を合わす。無表情に私を見つめるかれの、右の口元が縦に

図 2–4　「ボキンチェ」。右の口元の傷で口がいつもだらしなく半開きになっている。

大きく切れ、口がだらしなく半開きになっている。最初に肉眼で見たとき、顔がおかしいと思ったのはそのせいだ。「ボキンチェ」と笑いながら助手がいう。ボキンチェとはスペイン語で口が切れているという意味だそうだ。しばらくして、かれはのそっと動き、姿を消した（図2–4）。

それにしても不思議だ。人に興味があるのか、キャンプが気になるのか。うずくまった姿勢を崩さず、じっと凝視しているだけで、その間食べたり寝たりはしていない。

小さな支流での釣りでは、今回ここに来て初めて、水が澄んで流れの強い川を好むナマズ、タイガーキャッツ（虎斑《とらふ》鯰《なまず》）が釣れる。しかも一〇キログラムを超す大物だ。夕方キャンプに戻ったら、もう一人の助手がニワトリよりも大きな地上性の鳥クロホウカンチョウを仕留めていて、すでに料理を始めていた。今夜は久し振りに豪勢な食事になるな。

調査地のサルの群れ

観察路作りを始めて一週間で、おおよその目処がたつ。私は続きを二人の助手に任せ、サルの調査に専念する。これまでにウーリーモンキー五群、クモザル二群、ホエザル八群、フサオマキザル三群、リスザル二群を識別し、群れごとにひとまず名前を付けたが、不確かなところがいくつも残っているし、いずれの種も、群れがまだいる感じだ。それをはっきりさせたい。ちなみに群れの名前は、それぞれのサルの現地名、チュルコ（ウーリーモンキー）、マリンバ（クモザル）、モノ（ホエザル）、マイセロ（フサオマキザル）、ティティ（リスザル）のアルファベットから、ウーリーモンキーはCR-1から5、クモザルはMR-1と2、ホエザルはMN-1から8、フサオマキザルはMC-1から3、リスザルはTT-1と2とした。

ホエザル八群のうちでは、MN-1群、MN-2群、MN-4群の三つがキャンプのすぐ近くまでやって来る（図2-5）。MN-1群は「ボキンチェ」のいる群れである。「ボキンチェ」がハナレザルではなく群れの一員なのは、観察路作りのときにメスやコドモと一緒にいるのを観察しているから間違いない。

調査に専念して三日後だ。食事のため、ドゥダ川に面した尾根筋の観察路を歩いてキャンプに戻りつつあった正午前、キャンプから二〇〇メートルの地点の観察路上で「ボキンチェ」に出会う。観察路のドゥダ川に面した側は、高さが四〇メートルほどの地肌がむき出しになった崖になっている。か

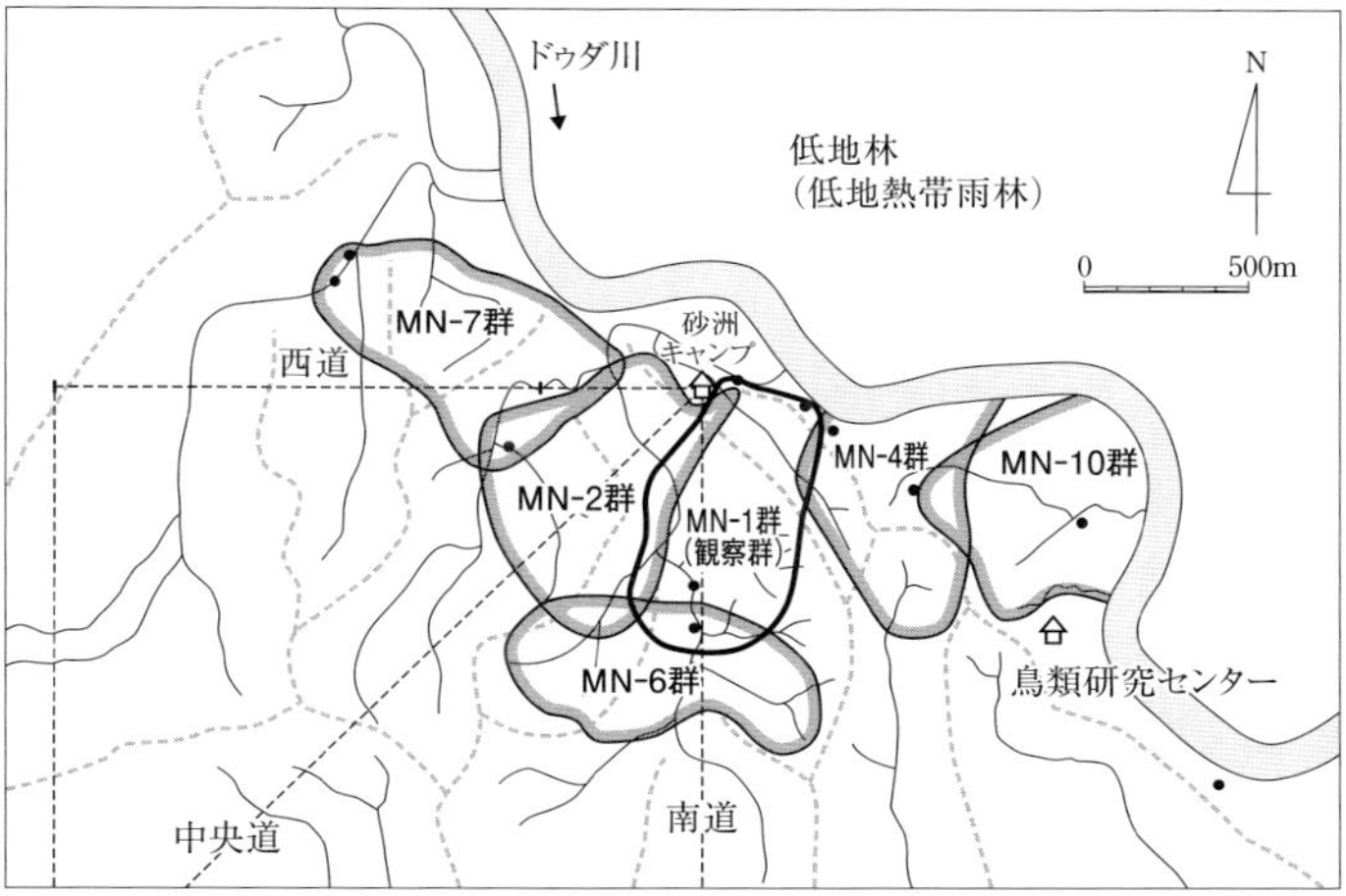

図 2–5　観察群（MN–1 群）中心に、ホエザルの隣接する 6 群の遊動域（1987 年 8 月の時点）。• 印はサラオ。

れの姿がよく見えるよう数歩接近する。かれは、私を見ているだけで逃げない。

そのとき、「ボキンチェ」のすぐ後方、川に面した崖から四頭が登って来る。そこからかれのいる木に乗り移り、かれを追い越して、隣りの高木（キャノピーを構成する木）の、下からは見えない葉の茂みに身を隠す。オトナ・メス二頭、小さいコドモ（オス）とそれより少し大きめのコドモ（メス）で、先頭のメスの腹にはアカンボウがしがみついていた。この観察中、私からはよく見えない二〇メートルほど離れた所を、グッグッグッと低い唸り声を発しながら、樹上に隠れた大柄なサルが二頭いた。

私を警戒したサルの動きに合わせるように、「ボキンチェ」も少し登ったが、途中でまた腰を下ろし、観察している私を見下ろす。

「ボキンチェ」の群れ

ホエザルは新世界ザルの中ではとりわけ神経質なサルである。人への警戒心も強い。林床からはけっして見えない樹々の茂みに逃げ込んだら、一時間でも二時間でも隠れ続けて出て来ない。これが、川旅でカヌーからホエザルを発見して森に入っても、姿を見つけられない理由だったのだ。しかも、逃げ込んだ木の下でじっと待っていると、私からは死角になった枝や蔦（木性つる植物でリアナともいう）伝いに、物音ひとつ立てず、いつの間にか姿を消してしまう。しかも、人が簡単に通り抜けられないいきたない森やタケ林をよく利用するし、雨季になると浸水する森も好む。

だから、そんなホエザルのひとつの群れを私に馴れさせ、一頭一頭を個体識別して継続調査し、通時的社会構造を明らかにするなど不可能だと思っていた。一九七〇年代のペネージャ調査地で、何回も群れの追尾を試みては挫折を繰り返していたからだ。それが「ボキンチェ」だけは違う。かれは私がここに来てから人を十分観察し、危険な存在でないと認識できたからだろうか。これからかれについて森を歩き続ければ、今よりもっと私に気を許してくれるはずだ。そうすれば、かれと一緒にいる仲間のサルも徐々に気を許すようになるだろう。キャンプに来たとき助手に笑いものにされた、怪我で口がだらしなく半分開き、よだれをいつも垂らしている「ボキンチェ」の間抜けな顔が、今の私には悟りを開いた仏様のように見える。

先ほどまでの強烈な空腹感が嘘のように消える。一時間近くが過ぎて群れが移動を開始する。足音を殺して先回りし、頭数を数える。先頭はアカンボウを持ったメス。続いてコドモ・メス、もう一頭のオトナ・メス、コドモ・オス、オトナ・オス、ワカモノ・オス、最後が「ボキンチェ」で、アカンボウを入れて計八頭。数え終わったあと、もう一度先回りして行列を観察するが、やはり八頭だった。決めた。私はロスアンデス大学との共同研究プロジェクトで、この地を恒久的な新世界ザルの研究拠点にしようと目論んでいる。そのためには調査対象のサルを決めなければならない。そして、フサオマキザルの一群をなんとか餌づけし、長期調査ができるようにと努力を重ねている最中だったが、同時進行でホエザルの調査もしよう。調査開始早々の肉体を酷使した超多忙の中で、こんな仏様が私の眼前に現れてくれるとは、なんという幸運か。地域住民やゲリラとのつき合いや食糧の補給など、キャンプにいてやる仕事は山ほどある。しかし翌日から、日中の空いている時間のすべてを、私は「ボキンチェ」の群れ（MN-1群）について歩くことに費やした。

群れに一日ついて歩く

連日目一杯働いている助手に疲れが見える。明日の日曜日は休日にしよう。おそらく彼らは、カヌーでドゥダ川を二〇分ほど遡った先にある小さい支流に入り、そこで魚釣りにうつつを抜かすに違いない。

助手はその日、驚くほど早起きし、三〇センチメートルもあるチジョナ（甲高い声で鳴くものの意）という捕まえると鳴く大ミミズを掘り出し（図2-6）、コーヒーを飲み、ビスケットをポケット

図 2–6　地元の子供も大物釣り用にチジョナを簡単に捕まえてくる。

に突っ込んで、嬉々として出掛けて行った。キャンプは森に囲まれているから、ドゥダ川の川面は見えない。外装エンジンの音が一気に上流へ遠ざかる。「ボキンチェ」の居場所は見当がついている。私は残りのコーヒーを思い切り熱くして二杯飲み、ビスケットを多めにポケットに入れ、一人森へ向かう。

　一五分ほど歩いた所に「ボキンチェ」の群れはいた。かれらはタケ林の、谷側へ斜めに生えたタケの上の、体重でしなって水平になった中央部に、背を丸めてうずくまっている。早朝の六時半である。寝ているのか、休息中なのか。

　かれらはそれからもずっと、ほとんど同じ姿勢のままだった。もぞもぞと動き始めたのは八時一六分、タケ林から移動を開始したのは八時二八分である。

　群れはタケ林を抜け、枝伝いに二本の木を移動し、その木から隣りの木に向かって水平に伸びる太い蔦の中ほどで止まる。八頭全員が体を寄せ合って、来た順に横一列に並ぶ。そして次の瞬間、なんと、一斉に大量の小便をし、続いて、大量の糞を排泄する。誰も表情ひとつ変えない。これほど見事な〝連れしょん〟と〝連れ糞〟を、私は野生動物で見たことがない。糞は緑がかった茶色で、驚くほど太くて長い。それが続けていくつも落下するから、地面をたたく音も半端でない。

終わってすぐ、また一列になって移動し、二〇分後にパンヤ科のセイバ（綿の木の一種）と呼ばれる巨木に登る。そこで一時間半ほど若葉を食べる。食べ終わって、すぐ近くの、葉が生い茂り蔦が絡みついた中に入って休息する。今日はどんなことがあっても見失わないぞ。そう覚悟を決めるが、移動の際に物音ひとつ立てないから要注意だ。わずかな隙間からのぞく毛の赤色に目を凝らし続ける。時間のたつのがなんと遅いことか。二時間以上たって、かれらはやっと腰を上げる。いつ動くかわからないサルを、群がり寄るカやアブなど疎ましい虫を払いのけながら、ひたすら見上げ続けるのは、森を歩いているよりはるかにきつい。

かれらはそのあと、蔦の若葉などをつまみ食いしつつ、ゆっくり一時間ほど移動する。そして、クワ科のマタパロ（締め殺しの木と呼ばれるイチジクの一種）の巨木へ登り、そこで休息に入る。この巨木は古い葉がすっかり落ちて新葉が芽吹き始めている最中だ。透けているから姿が丸見えなので助かる。一番よく見える場所に、丸めるとポケットに入るほどの大きさで軽いチンチョロ（網目の携帯ハンモック）を吊る。それに仰向けに寝そべり、棒切れを手に持って揺らせ続ける。そうすると、揺れが作る風の涼しさを網目越しに背中に受けるし、風で虫も寄ってこない。なんとも快適な観察である。ただ、快適すぎると睡魔が襲う。

午後二時を過ぎて、かれらはのそりとマタパロの枝先へ動き、新葉を食べ始める。最初の三〇分ほ

図 2–7　昼間の休息のあとも、低木の横枝に一列に並んで連れしょん、連れ糞をする。

どは勢いよく食べるが、あとの一時間はのんびりとした食べ方になり、間に休息を挟む頻度も多くなる。そして、全員がひと休みする。

二〇分ほどの短い休息が終わって巨木から下りると、低木の、横に張った枝にまた横一列に並んで、一斉に排尿と排便をする（図2-7）。量は朝ほどではない。そこから、若葉をつまみ食いしながら斜面を斜めに下るように移動し、小さい川沿いのタケ林に着いたのは四時五分である。まだ日は高く、空の抜けたタケ林の中は、午後の太陽が照りつけて蒸し暑い。

まさかここで寝るなんてことはないよな。タケ林の周囲は藪が発達していてカが多く、カは時間とともに増えていく。いつ動くのだろう。朝からビスケット数枚しか食べていない。腹がホエザルの吠え声に似た唸りを連発する。喉も乾いた。小川の水をがぶ飲みする。六時を過ぎる。日が落ち、夜の帳が下り始める。六時半、あたりはもう真っ暗だ。まだ動かない。これ以上

図 2-8　タケ林に朝日が差し込む時間になっても、タケの上に横一列になってうずくまったまま動かない。

は暗くて観察しようがない。群れをそこに置いてキャンプに戻る。

朝に見つけてからこのタケ林まで、群れの移動距離は直線にして三〇〇メートルにも満たない。キャンプでは、釣りから早く戻った助手が、釣ったタイガーキャッツの鍋料理（現地でスダオという）を作って待っていてくれた。

早寝遅起きのサル

翌朝、夜の白々明けを待たずに懐中電灯を持ってタケ林へ急ぐ。かれらがタケ林でそのまま寝たという確証がほしかったからだ。まさかホエザルが闇夜の森を移動することはないだろう。

予想通りかれらはそこにいた。しかも、昨夕と同じ三本のタケの、それぞれ同じ場所でうずくまっている。並んでいる順番すら全く変えずにだ。ということは、昨夕四時過ぎから、ほんのちょっとすら動いていないことになる。どうにも信じ難い。早朝の林床は肌寒いくらいに涼しい。そのせいだろう、疎ましいカなどの虫はいない。ただ、林床の地面や苔むす倒木が夜露で水を含み、座ると尻が濡れるから立ったままでいるしかなく、くつろげないのが難点だ。

タケ林が急速に明るくなる。近くで小型で褐色のサル、ダスキーティティの澄んだ鳴き声を聞く。遠くからクモザルの、人の呼び声に似たオーイという大声を聞く。五〇メートルほど離れた所をウーリーモンキーの群れがチュルルルルーと鳴き交わしながら騒々しく移動していく。鳥たちの声もにぎやかさを増す。しかし、ホエザルはまだ動かない（図2―8）。

かれらがもぞもぞし始めたのは八時五分。移動を開始したのは八時二〇分。昨朝とほとんど変わらない時刻である。そのあと連れしょんと連れ糞をする。それも昨日と同じだ。これで間違いない。昨朝私が観察を始めたとき、かれらはまだ寝ていたのだ。

さらに三日間、私は「ボキンチェ」のいる観察群（MN―1群）にずっとついて歩いた。結果は同じだった。ホエザルは一八〇種とも二二〇種ともいわれる世界中の昼行性のサル類の中で、比類なき早寝遅起きのサルだったのだ。それも、朝八時過ぎに起き、夕方はまだ森の中が明るい四時前後には寝てしまう。

この早寝遅起きは、私には願ってもない朗報といえる。というのは、このときフサオマキザルの群れ（MC―1群）の餌づけにほぼ成功していたが（次章参照）、かれらは逆に遅寝早起きのサルで、早朝と夕方とくに活発に行動し、キャンプのすぐ脇に設けた餌台にやって来るのもその時間帯が多い。

だから、早朝六時前から八時頃まではフサオマキザルの観察をする。そのあとホエザルの泊まり場に行く。日中はかれらについて歩き、四時前後に泊まり場に入ったところでキャンプに戻り、またフサオマキザルの観察をする。そうすることで、この調査地で、私は二種のサル一群ずつを、同時進行で研究できるようになった。

ホエザルは私のこのような日々の調査活動に、もうひとつ朗報をくれた。それは正午を挟んだ真っ昼間の二時間ほど、長い休息をとることだ。

葉っぱ食いのサル（リーフイーター）だから、消化器はセルロースを微生物に分解させるに適った構造をしている。同じ葉っぱ食いの旧世界ザル、アフリカのコロブス類やアジアのラングール類は複胃と呼ばれる三つないし四つにくびれた特殊な胃を持つが、ホエザルは巨大化した盲腸と結腸（大腸の一番前にある）を持つ。いずれにしても、セルロースの分解には時間がかかり、それだけ休息時間も長くなる。私はホエザルの行動を観察しながら、かつて石川県白山北部山域の豪雪の中で調査したニホンカモシカによく似ていると、何度思ったことか。何もしないことが多いから、観察していて退屈極まりないのだ。しかし、ニホンカモシカは夜も行動する。また、コロブスやラングールを調査した研究者からは、かれらが異常なほどの早寝遅起きのサルだとは聞いていない。

観察群の遊動域（行動範囲）は〇・三平方キロメートルほどだ。群れについて行きやすいよう新たな観察路をきたない森に何本も作ってからは、一番遠い地点で昼の休息に入っても、少し急げば二〇分とかからないでキャンプに戻れる。ということは、休息に入ったらキャンプに戻って食事をとり、私もしばし休憩する。そして、移動を開始する前後の時間までにその場所へ戻る。こうしても群れを見失わずにずっと追える。そんな調査がすっかり軌道に乗って、私は、これはまさに〝キセル調査〟だなとひとり苦笑したものだ。

〝アマゾンの声〟

ホエザルの調査を開始して早々、私はアマゾンに来てからずっと気になっていた鳥を、やっと間近で観察する機会を得た。ムジカザリドリで、一度聞いたら忘れられない、ウイー・ウイー・ヨーという三音節の特徴的な大声で囀る。アマゾンのどこにでもいる鳥で、英名では〝アマゾンの声〟(ボイス・オブ・アマゾン)とも呼ばれる。私はそれがどんな鳥か知りたくて、鳴き声を聞いてはこれまで何度も接近を試みたが、声がするのはいつも低木の茂みの中で、気づかずに近づき過ぎて、飛び立つ一瞬しか姿を見ることができないでいた。

図 2–9　アマゾンの声。

それが、ホエザルが休息に入り、私も藪の中の林床に座ってじっとしていると、天気のいい昼下がりにはよく飛来し、近くの低木や蔦に止まって、ひとしきり囀ってくれる。休息中のホエザルは物音ひとつ立てないし、むっとする森の空気はよどんで変に静かだから、声はことのほか響く(図2–9)。

日本のスズメより大きめのこの鳥は、木漏れ日が直接当たれば全身が薄い灰色だが、そうでない茂みの中だと黒っぽく見え、背景のほの暗さにすっかり溶け込んでしまう。なんとも地味な色をした鳥である。これまで声を頼りに慎重に近づいていくら探しても、姿を発見できなかったわけだ。

双眼鏡で大写しになった囀る様子は、声だけでなく、鳴き方も独得で、じつに迫力がある。天を向き、上下のくちばしを九〇度以上開いて、伸ばした首を思い切り肩の方に引きながらウイーという声を発する。それを二回続けて、最後のヨーは引いた首を伸ばしながら発する。これほどまでに力感あふれた鳴き方をする小鳥がほかにいるだろうか。しかも、鳴いて血を吐くホトトギスほどに、口の中は鮮やかな朱色である。

ホエザルの咆哮を差し置いて、ボイス・オブ・アマゾンと呼ばれるわりには、なんと地味な色をした鳥かと、最初に姿をしかと見たときは、熱帯の鳥特有の極彩色を期待した私はいささか裏切られた思いがした。しかしこの鳴きっぷりを見て、全く名前負けしていないと、なぜかほっとしたものだ。それからというもの、声がすると、少し距離があっても、暗い茂みに目を凝らし、首の激しい上下動を探すことで、肉眼でも簡単に発見できるようになった。

2　お前はそれでもサルなのか――平穏で淡々とした日常

ひとつの群れを一一年間追い続ける

ホエザルのひとつの群れを私に馴らし、一頭一頭を個体識別して、朝起き出してから夕方寝に入るまで、連日群れについて歩いて観察する。それを何年も継続する。そうした根気のいる調査を、私は一九八六年八月に開始した。調査はその年一一月まで行っていったん帰国したが、翌一九八七年は五月から一〇カ月間ずっと、以後は毎年春と夏と冬のそれぞれ一～二カ月ほど、年に二～三回キャンプに滞在して続けた。もちろん比較の意味で、隣接する群れの調査も、日本からの研究仲間やロスアンデス大学の卒業研究の学生と共同で実施した。観察群について、私がキャンプを留守にする期間は助手が記録をとった。ホエザルの調査は一九九七年まで、一一年間継続させた。

群れ生活の三つの局面

このように、ひとつの群れを飽きもせず、けっこう楽しみながら延々と追い続けていくうちに、ホエザルの群れ生活には大きく分けて三つの局面のあることがはっきりする。三つとは、平穏で淡々とした日常と、興奮し陶酔する日、血生臭ささえ漂う激動の日々とである。

平穏な日常とは、決まった時間に起き、決まった場所で決まった時間に寝る。日中は葉を食べては長い休息に入り、イチジクなどの果実を食べてはまた休息することを繰り返す。移動ルートも決まっている。声はめったに発せず、毛づくろいもたまにしかしない。いたって静かだ。そんな群れ生活は、観察する私には、良くいえば禁欲的で自己抑制の利いた、悪くいえばものぐさですこぶる怠惰な日常に映る。

二つめの興奮する日とは、隣りの群れやハナレザルに出会ったときで、まずオトナ・オスが毛を逆立て、唾を飛ばし、興奮して、とてつもなく大きな声で吠え始める。じきに仲間の全員が唱和し、各自が自ら発する大声と群れの仲間との一体感に陶酔しているとしか私には思えない状態になる。当然相手も応酬するから、吠え合いは一時間以上途切れなく続くこともまれではない。それによって、直前までの平穏で静かな日常が嘘であったかのような騒ぎになり、規則正しかった生活のリズムが狂う。

三つめの激動の日々とは、中心オスが交代したときで、新しい中心オスがメスをしきりに攻撃しては傷つける。アカンボウを殺す。我が子を失ったメスが発情して交尾する。このような一連の出来事が長いと一カ月ほど続く日々である。その間、群れの仲間関係はぎくしゃくし、群れのまとまりは不安定になる。攻撃や防御の音声、悲鳴などが頻繁に聞かれる。

これら三つの局面におけるホエザルの群れ生活について、順次見ていくことにする。まずは第一の局面、平穏で淡々とした日常である。

群れの構成

調査を始めた当初の観察群の構成は、オトナ・オス二頭、五〜六歳の若いオス一頭、オトナ・メス二頭、コドモのオスとメス一頭ずつ、アカンボウ一頭の計八頭だった。オトナ・オスの二頭は中心オス一頭と周辺オス一頭（「ボキンチェ」）で、群れの日常の空間配置でいえば、「中心オス」はメスとコドモの密なかたまりの中にいて、「周辺オス」はその外側にいる。

群れの大きさや構成は時間の経過とともに変化するものだが、それでも観察群ではこの構成と大幅な違いはなく、一一年間で、群れサイズは六頭から一三頭までで推移した。ただ、構成について、空間配置では周辺オスのさらに外側にいて、中心オスやメスとは敵対的な関係にありながらも群れの動きについて歩く「追随オス」が一頭、加わることがある。この、中心オスや周辺オス、追随オスについては4節で詳しく述べる。

葉っぱ食いのサル

ホエザルは基本的には葉っぱ食いのサル（リーフイーター）である。熱帯雨林でも多くの樹種は年に一回、葉の更新を行う。そのような若い葉を求めて、かれらは移動する。若葉は木の実と比べてはるかに豊富にあり、少しの時間で腹一杯食べられる。とくに、蔦は年じゅう若い茎を伸ばし続け、その細い茎の先に新葉を出す。ホエザルが蔦の縦横に絡みついたきたない森を好む理由のひとつはここ

図 2–10　若葉を貪るように食べるオトナ・メス。

にある（図2–10）。

花やイチジクなどの果実もかれらは好きだ。ただ、群れごとの遊動域が〇・三平方キロメートルほどと狭いので、遊動域に何本かしかないそれらの木が実をつけるのは、年に良くて一回で、それも沢山なる年とならない年がある。またそれらの果実は、調査地に同所的に棲むクモザルやウーリーモンキー、フサオマキザル、リスザルなども好んで食べるから、一本の木の実が鈴なりになったとしても、二～三週間しかもたない。だからホエザルにとって、それらの果実は年に一回か数回しか口にできない特別な食べものといっていい。ほかにミルペーというヤシの実も果肉の部分を食べるし、マメ科の樹木の豆（種子に相当する）も食べる。

移動の仕方と手つき

アジア・アフリカの狭鼻猿類でも中南米の新世界ザルでも、樹上性のサルのほとんどは、木から木への移動の

図 2–11　尾の先から3分の1ほどまでは、内側に毛がなく、皮膚が露出していて、そこでしっかり物をつかむことができる。左がオトナ・オス、右がオトナ・メス。

際、よく跳躍をする。前肢を懸垂のように使った腕渡り（ブラキエーション）という特異な移動様式を獲得したウーリーモンキーでも、一日に何回となく、隣りの木の枝へ勢いよく跳躍して乗り移る。リスザルは移動中ずっと、枝を走っては跳躍し、隣りの木の枝に乗り移って枝を走ってはまた跳躍することを、ひたすら繰り返す。ところがホエザルは、とくにオトナのサルはめったなことでは跳躍しない。平穏な日常の二週間の連日観察で、かれらはたったの一度すら木の枝から枝への跳躍をしなかった。

通常の移動は、隣りの木に接するほど伸びている枝の、枝先ぎりぎりまでゆっくりと動き、てんめん性（物をつかむ能力）のある太い尾の先で、その枝の根元側かすぐ上の枝をしっかりと握る（図2–11）。そうしてから、手を伸ばせるだけ伸ばして隣りの木の枝先をつかむ。次に、つかんだ枝を両手で慎重にたぐり寄せ、尾を離して乗り移る。その間、乗り移った木の枝がわずかに揺れる程度で、物音ひとつしない。どうしても届かないときだけ、尾でぶら下がり、手足で反動をつけて隣りの木の枝先をつかむ。

だから移動ルートはほぼ決まっている。隣りの木の枝が腕を伸ばしたら届き、跳躍しなくてすむ箇所を選んでいるのだ。また、手で枝を握るとき、ホエザルはほかのサル類のように指の対向性（親指とほかの四指が向かい合うこと）が十分でないからだろうが、人差指と中指の間を使う。当然握力は対向性を持つサルに比べると劣るが、それが樹間の跳躍をしたがらない理由ではない。というのは、ホエザルと同じ手の指の使い方をするサキやウアカリ（第6章参照）は逆に、新世界ザルの中ではもっとも跳躍を得意とするサルであり、とくにサキは類いまれな跳躍力の持ち主で、現地では〝宙を飛ぶサル〟（ボラドール）と呼ばれているほどだ。いずれにせよ、このような指の使い方をするのは、真猿類ではホエザルとサキやウアカリの仲間だけだ（表1-1と表1-2参照。一一〇頁と一二四頁）。一方、足の指は多くのサル類と同様の対向性を持ち、枝を握るのは親指と四指の間である。

ところで、手の指の把握力と関係するのか、ひとつ気になったのは、かれらは細めの枝だとしばしば、両手足と尾でぶらさがり、逆さになって移動することだ（図2-12）。こんな格好でゆっくり樹上を移動するのは新世界ザルにはおらず、アマゾンの動物でもナマケモノの仲間とコアリクイぐらいだろう。

日周活動と移動ルート

前夜の泊まり場からその日の泊まり場まで、群れを見失わずについていけるようになると、意外と

図 2–12　ホエザルの、とくに若い個体はよく逆さ歩きをする。

簡単に移動ルートがわかってくる。かれらの日々は、一カ所（一本の木）に一定時間留まって、ずっとその木の若葉や実を食べ続ける集中食い（「採食」）と、ゆっくり移動しながら、通りすがりにある低木の葉や蔦の葉や花を短時間食べたり短時間休んだりする「採食移動」、途中で休んだり食べたりせずに一〇〇メートル前後を一気に動く「急速移動」、うずくまったり腹這いになって、ひとかたまりで一〜二時間過ごす日中の「休息」、それに「夜の泊まり」と、主にはこの五つの活動しかない。

それぞれの活動時間を一日二四時間で示すと、もちろん日によって多少は異なるが、もっとも長いのが夜の泊まりで約一六時間、次が日中の休息で三時間半、あとは採食の三時間、採食移動の一時間、急速移動の三〇分ほどだ。そして、季節の変化に合わせ、泊まり場や集中食いをする採食樹はもちろん、日中に休息する木陰になった涼しい木の枝も決まっていることが多い。したがって移動ルートは、それらを結ぶ、できるだけ直線に近い、かつ木の枝伝いに楽に移動できるルートということになり、時期ごとにほぼ決まっている。

かれらは移動ルートを三日から五日で一周するという、かなり規則正しい生活を送っている。キャンプを維持し続けるにはさまざまな仕事があり、それを処理するため調査を中断したり、午前や午後の半日観察に行けないことがある。それでも、群れのいる場所がほぼ予測できるから、ほかのサルの調査と違って、再び出会うのに探し回る苦労はない。また、食糧の買出しや日本への連絡などで村や街に出なければならず、ときに一週間ほどキャンプを空けることがある。そんなときは、キャンプに戻った日か翌日の夕方、日暮れまでに少し早足で、それまでの四つか五つの泊まり場を見回りさえすればいい。いずれかの泊まり場で必ず発見できるし、次の日の朝からはいつも通りの調査に戻れる。

遊動域は変わらない

群れの規則正しい日周活動によって、どのサルの野外調査でもつきものの、観察対象の群れを探し出すまでの時間の浪費はほとんどなく、じつに効率よく調査は進展したし、群れが利用する地域（遊動域）も正確に把握できた。観察群の遊動域は〇・三平方キロメートル弱（一辺が五四〇メートルの正方形の面積とほぼ同じ）で、同所的に棲むウーリーモンキーやクモザル、フサオマキザル、リスザルと比べて五分の一以下と狭い。アジア・アフリカに棲む狭鼻猿類について、葉っぱ食いのサルはどの種も、果実食いのサルや昆虫を好んで食べる雑食性のサルと比べて一般に遊動域は狭いが、新世界ザルでもその点は同じである。

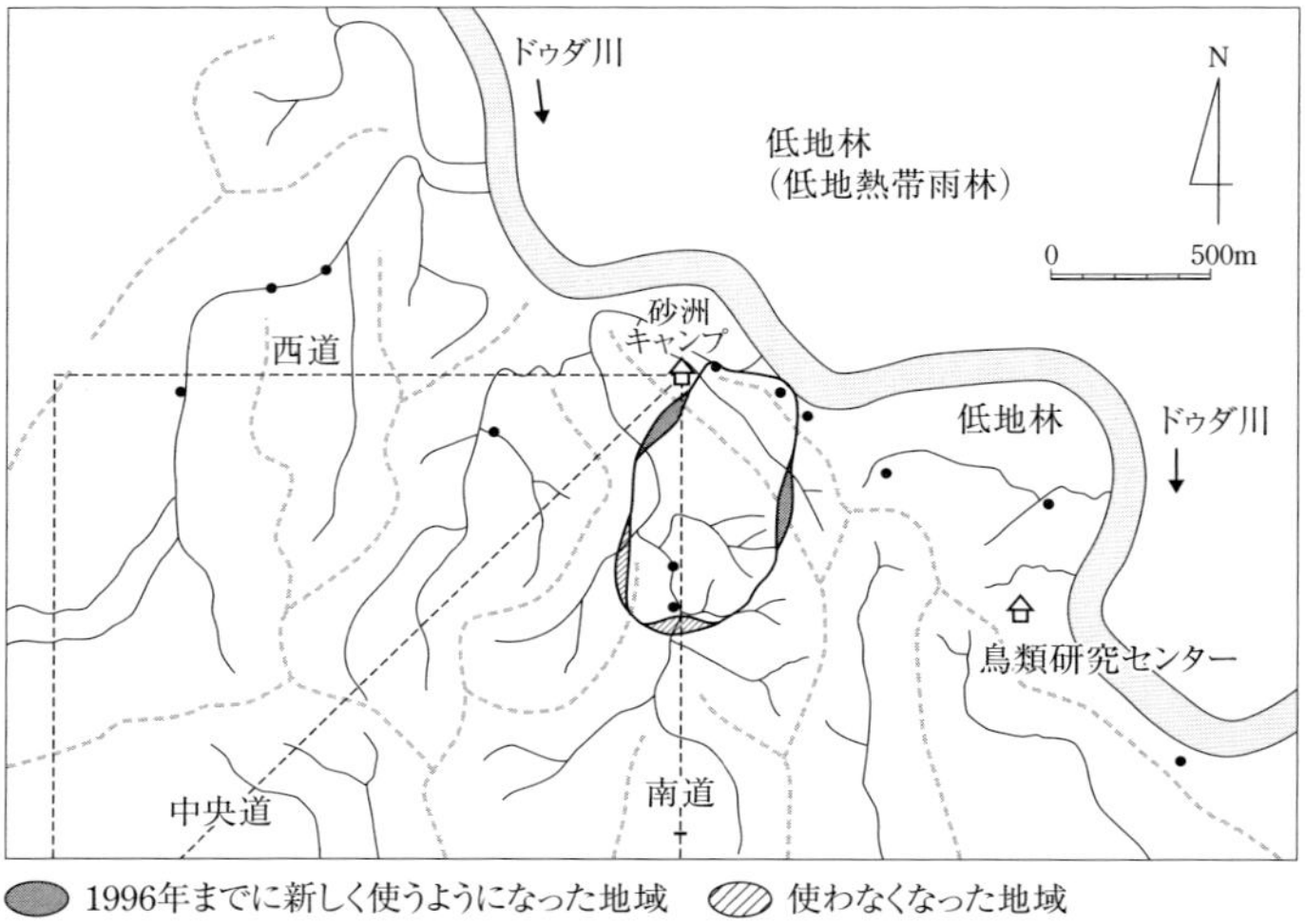

図 2–13　ホエザル観察群の遊動域の変更（1987 年と 1996 年の比較）。

観察群の遊動域やその広さは、一一年間調査して毎年ほぼ同じだった。図2–13は、調査開始翌年の一九八七年と九年後の一九九六年の遊動域を比較したもので、その間に新たに利用するようになった地域と利用しなくなった地域を示した。それぞれの地域は全体の四パーセント前後で、わずかなことがわかる。

また、遊動域は隣接群のそれといくらか重複している。先の図2–5（六九頁）では、一九八七年八月時点での、観察群を中心に隣接する五群の遊動域を示したが、五群の遊動域もこの間に多少の変化があっただけである。

これら固有の遊動域を持つ群れのほかに、オトナのオスとメスを含む二頭から最大五頭までの小さい群れ（以下、「小群」と呼ぶ）が調査地内で目撃される。この小群については、どれくらいの期間、同じ地域に留まり続けるのかよくわからない。なにせ群れが小さいから発見が困難で、警戒心が強いから継続しては追えず、いつのまにかいなくなるのが常だからだ。小群の社会構造上の位置づけなどについては、4節でまとめて述べる。

音声を発しない

ホエザルが遅く起きて、葉っぱや木の実を食い、長時間休息してまた採食し、さっさと早寝する、そうした日常について歩いていて、私はすぐ、あることに気づく。音声を全くといっていいほど発しないのだ。ホエザルは名前の通り、アマゾンの動物のうちで一番の、圧倒的な大声を発する動物である。風の有無や強弱や向き、湿度や森の静かさなどにも左右されるが、それらの条件が最高にいいと、三キロメートルほど遠方まで届く。この声の大きさは、世界中の動物のうちでも東南アジアに棲む小型類人猿シアマンギボン（フクロテナガザル）とおそらく一、二を競うだろう。

そんな声の持ち主だが、吠えないときの日常生活で、音声を発することはめったにない。群れが長い休息に入り、私はチンチョロに揺られていても、聞き耳だけはいつも立てていたのにだ。観察群では二週間の連日観察で、吠え声を含めて一声も発しなかったことが幾度もある。これほどまでに鳴かないサルは世界中でホエザルだけではないか。

余談だが、休息時間が長いホエザルの調査に欠かせないチンチョロがあまりに快適なので、ひとつを日本に持って帰った。そして、蒸し暑い真夏のニホンザル調査に使ってみたが、全くもって役に立たなかった。アマゾンの森にすっかり馴染んでしまうと、とくにきれいな森は、景観的には日本のブナ林やナラ林とそれほど違わないという錯覚に陥る。ところが、いざ休息中のサルの見える位置にチンチョロを吊ろうとしても、木と木の間隔が開き過ぎていて、両側のロープが届かないのだ。ロープを一定以上長くすると、私が乗ると背中が地面に着いてしまう。ニホンザルの群れの動きについて歩きながら、私はあちこちで何回も試みたが、アマゾン並みにすみやかに、具合よく吊れたのは、樹齢がまだ若いスギの人工林だけだった。私はこの空しい努力の果てに、アマゾンでは日本の若いスギ林とほぼ同じ密度で樹々が林立していることを実感した。

音声の種類

3節で述べる吠え声以外の、群れの平静時に発せられる音声は五種類だけである。ひとつは、私にまだ馴れていない最初の頃、私の不用意な接近に対し、喉の奥から発せられる低いグッググッという声で、木の高みへ逃げて行きながら連続して発せられる。発する際に表情の変化はない。この声で近くにいる仲間もそそくさと高みへ一斉に登って行って身を隠すから、仲間に危険を知らせる効果は持つが、単独で行動するハナレザルも発するから、近づき過ぎた私への軽い威嚇が本来の意味だろう。この音声はワカモノ以上であればオスもメスも発する。もちろん観察群が私に馴れてからは、誰も発しなくなった。

この声より少し大きくて強いゴッゴッゴッと聞かれる音声がある。この音声は3節で述べる吠え声の最初に発せられることがほとんどで、この音声だけが発せられる頻度は低い。私はこの音声を、近くにいる体格のいいハナレザルや小群に対して以外は、木の下を通過するイノシシに近縁なクビワペッカリーに対して一回のみしか聞いていない。これは明らかに威嚇の音声だが、かれらが樹上にいて、真下にブラジルバクやクビワペッカリー、クチジロペッカリー、マザマジカなど大型哺乳類のいることが何回もあったにもかかわらず、無反応だった。

三つめは、オトナやワカモノのメスが口の両端を引きつらせ気味に鋭く発する音声で、ひと声のみであり、毛を逆立てて反撃するときのネコのニャーオという唸り声に似ている。オトナ・オスがふいに接近して背中を触ったり、発情したメスがオスにしつこくつきまとわれて枝先に追い詰められたり、採食中に突然傷口を舐められたときなどに発せられる。メスがこの音声を発すると、いつの場合もオスは少し離れる。強い響きを持っていることからも、攻撃的防御の音声といえる。この音声は、群れの平静時には傷を負うサルはめったにいないし、のちに述べるがメスの発情は一年半から二年に一回で、それも三～四日間だけだから、ほとんど聞かれないのは当然だろう。

四つめとして、主にコドモがひどく嫌がることをされたときに発する音声がある。三つめの音声に似ているが、連続して発せられる点が異なる。この音声は唸りを含んで低く、ゥニャーゥー・ゥニャーゥーと聞かれ、いじめられた子ネコの発する声に似ている。その際コドモは逃げながら、ないし頭を懐に抱え込むようにして身を固くし、うずくまりながら発するから、一方的な防御の音声といえる。しかしこの音声も、群れの平静時にコドモがいじめられることはまずないから、聞かれない。

最後のひとつは、アカンボウが独り立ちする前の、生後半年前後から一カ月ほどの期間に限って、母親に対して発せられるむずかる音声である。この声は子ヤギがメェーメェーと鳴く声になんとなく似ている。そして、群れにアカンボウがいても普通一～二頭で、しかも独り立ちする前後のほんのわずかな期間だけだから、この声もめったに聞かれない。

群れの平静時には、ホエザルの音声は以上の五種類で、そのうち群れの仲間内で発せられるのは三種類である。いずれも嫌がったりすねるときの声で、そういった状況は、仲間の全員が親密な関係を保って至近距離にいるか体を触れ合って生活しているので、起こりにくい。だから群れに終日ついて歩いても、まずもってかれらの声を耳にすることがないわけである。すなわち、名前の由来にもなっている長時間大声で吠え続けることで有名なサルなのだが、実際はきわめて無口なサルなのだ。

毛づくろいをしない

ホエザルは大声で吠えるが、それ以外はめったに鳴かない。群れ生活をするサルにしては非常に珍しい。私はかれらが鳴かないことを確かめる調査を延々と続けているとき、もうひとつ、サルらしくない点があるのに気づく。かれらは毛づくろいをほとんどしないのだ。

移動のところですでに述べたが、ホエザルの手の指は、人差し指と中指の間が開いていて、そこで挟むようにして枝などをつかむ。ヒトや多くのサル類では指が対向性を持ち、親指とほかの四本の指の間で物をつかむのと大きな違いだ。そんな指の使い方だから、指先が器用だとはけっしていえない。しかし、それでも両手で毛をかき分け、シラミなどの外部寄生虫が見つかれば、直接口をつけて取ることぐらいは普通にできるはずだ。餌づけされた野猿公苑のニホンザルで、過去の一時期に手足の奇形が頻繁に見られたが、両手の指が全くないサルでも、こぶしで相手の毛をかき分け器用に毛づくろいをしていた。

それなのにホエザルは、群れが平穏なときには毛づくろいをし合うこと(ソシアル・グルーミング)がまずないし、自分の体も毛づくろい(セルフ・グルーミング)しない。疎ましい虫たちの多い熱帯雨林で、手の届く頭や背中や腕や太腿をぼりぼり引っ掻くぐらいはしてもよさそうに思うのだが、それもときたまだ。

その代わりといったらいいのか、かれらは長い休息時、木の枝にうずくまった姿勢で、長い尾を股の間から前方に伸ばし、尾の先端部の内側、皮膚が露出して尾紋(指先にある指紋や手のひらにある掌紋と同様のもの)のある所で、絶え間なく後頭部から前頭部、そして顔から顎まで、自動車のワイパーのように規則正しく撫で回し続けるという行動をとる(図2-14a)。そのうちでも顔を撫で回すことが多いのは、顔に群がり寄る虫がより疎ましいからだろう。逆光の中でホエザルを双眼鏡で見ると、顔のまわりに虫の群がっているのがよくわかる。このような尾の使い方は、サルではホエザルだけである。同じてんめん性のある尾を持つクモザルやウーリーモンキーで、私はこの行動を一度も見ていない。

一方でホエザルは、休息時、水平な枝に腹這いになり、四肢をだらりと下げた姿勢をとることも多い。そのとき尾は、体を支えるために同じ枝かすぐ上の枝に巻きつけられているから、虫除けには使

図 2–14　長い休息時の尾の特異な使い方。
a：虫除けにワイパーのように使う、b：枕として使う（写真はいずれも「ボキンチェ」）。

いようがない。また、水平な太い枝などでの休息では横臥の姿勢をとることも多く、そのときかれらは尾を背中側から前方に持ってきて、枕に使う（図 2-14 b）。腕枕でなく尾枕である。このときも尾は虫除けには使いようがない。

相互の毛づくろいには、皮膚に寄生した虫を取り除くという衛生面と、個体間の親密な関係を支える社会的な面との両方があるが、手ないし手と口を使った、サル類でごく普通の毛づくろいが見られるのは、ホエザルではたとえば二週間続けて観察しても仲間うちで二〜三回であり、それもほんの数秒間、一方がやってそれで終りというじつにあっけないものだった。

このように、声も出さないし毛づくろ

いもしない。ホエザルはそういう風変わりなサルなのである。

体に腫れ物を持つ

雨季に多いが、ホエザルが頻におでこに、喉に首筋に、肩に背中に腰に、ときには尾にまで腫れ物を作っているのをよく見かける。一頭のサルで一番多くて四つだった。

腫れ物は、初めのうちは白っぽい色で小さくて丸い（図2-15）。それがどんどん成長して鉛色になり、一番大きいと一〇〇円硬貨ほどになる。そして真ん中に穴が開く。穴は黒っぽく見える。穴が開いたあとは急速に腫れ物は縮んで小さくなり、消える。腫れ物ができ始めてから消えるまでは三週間前後である。

かつてのペネージャ調査地では、初めホエザルの群れをこの腫れ物で識別し、そのサルがいるかいないかで同一群か別の群れかの判定に使ったことがある。そこのホエザルは用心深く、出会ってもすぐに藪に入り込んだり高木のてっぺんに登ってしまう。そうされると、起伏のない低地熱帯雨林だから、林床からはもう姿が全く見えない。このような観察の連続で、姿を双眼鏡でしかと捉えられるのは、逃げて行くほんのわずかな時間だけである。それでも、腫れ物が大きいと、少々遠くても大変目立つので、腫れ物の正体を知らないまま、これはいけるとほくそ笑んだものだ。

ところが、一週間が過ぎ二週間が過ぎ、調査地で群れに出会う回数が増えてくると、いくらノートを整理しても、腫れ物の大きさや位置や数が幾通りもあり過ぎて、どの群れかわけがわからなくなり、

図 2–15　シロアリの巣を食べるヌンチェ（肉バエ）を持ったオトナ・オス。ヌンチェは左耳の下に白く見える。

それで止めた苦い経験がある。

腫れ物の正体と治療法

腫れ物の正体は肉バエ（現地ではヌンチェという）というハエの一種で、哺乳類の皮膚の中に卵を産みつける習性を持つ。卵は皮膚の中でかえって幼虫になる。幼虫は寄主の体液を吸って急速に成長する。そして最大で一・五センチメートルほどに育ったあと、羽化して体外に出る。ヌンチェが羽化して去ったあと、皮膚の腫れ物は、幼虫は体液を吸うだけで寄主の細胞を痛めつけてはいないから、幼虫を包んでいた皮膚が急速に盛り上がって穴を覆い、一、二日のうちには消えて跡形もなくなる（卵でなく極小の幼虫を皮膚に潜り込ませるという人もいる）。

私はヌンチェにやられたことは一度もないが、日本からの研究者や大学院生の何人もがやられ、それが初めは何かわからず、治るまでに大変苦労するのを間近に見てきた。ヌンチェに卵を産みつけられ、卵が皮膚の中でかえると、そこが痒くなる。痒いから誰もがダニか何かだろうと思って痒み止めの薬を塗る。そうしても痒みは一向に引かず、その部分は赤みを帯びて腫れてくる。腫れが大きさを増すと、今度は痛みが加わる。痛みはずっとではなく、間隔を置く。原因は育ち始めた幼虫のせいで、幼虫がじっとしていれば痛みはないが、ときどき動くから神経を刺激して激痛が走るのだ。

腫れがさらに大きく痛みも激しくなると、心配になり、熱帯特有の得体の知れない細菌かウイルスが入って化膿し始めたと判断し、抗生物質を飲み始める。もしその段階で、腫れ物の中の膿（実際は幼虫）を出そうと痛さを我慢し、そこを絞ったりしたら大変なことになる。幼虫が潰れて皮膚の中で死んでしまうからだ。そうなったら、そこは間違いなく化膿する。あとは街の大きな病院へ行って切開手術を受けるしかない。

ヌンチェとわかった段階で、上手に腫れ物の中央部をメス（手術用の小刀）かカミソリで切り開き、幼虫をピンセットでつまみ出せば、それで治る。しかし、幼虫の頭部は皮膚の奥の方に向いていて、頭部の先にある突起には刺が後方に向かって無数にあり、皮膚の表面へ引きずり出そうにも、その刺が逆さになるから引っかかって容易には取れない。そこで無理に引っ張ると、皮膚に嚙みついたダニと同じで、頭部がちぎれて皮膚の中に残ってしまい、そこから化膿することになる。

ではどうすればいいのか。私は幼虫が自分で這い出る方法を考えつく。昔あった「蛸の吸い出し膏」の要領で、幼虫の方から外に出て来るように仕向けるのだ。それにはまず、できるだけニコチンの強い紙巻きタバコを四、五本ばらばらにして小さい容器に入れ、熱湯を注いでタバコの葉の煮しめ汁を作る。濃ければ濃いほどいい。出来上がったら、黒褐色の煮しめ汁をガーゼか脱脂綿に浸し、腫れ物の上に貼る。そうすると、早いと五分で、長くても一〇分もそのままにしておけば、苦しいからだろうが、幼虫は腫れ物の中から逆さに這い出て来る。そのとき幼虫の頭部にある刺は閉じている。したがって痛みは全然感じない。虫が出た後は腫れ物の周囲を消毒液で拭いておく。幼虫が一センチメートル以内とまだ小さければ、幼虫の出た後の穴（傷口）は翌日には完全に塞がり、跡形もなくなる。

ヌンチェに対するホエザルの行動

ヌンチェが原因の腫れ物が見られるのは、新世界ザルではホエザルだけである。ホエザルが毛づくろいをしない、いかにものぐさなサルであるかが、ヌンチェの腫れ物からもわかる。また、ヌンチェに寄生されたホエザルだが、体のあちこちに二つも三つも腫れ物をつくっていても、そこを手で触るとか、指で引っ掻くとか、口が届くところにあれば舐めるとか、ほんの少しでも腫れ物を気にする行動を、私は観察していない。

そんなヌンチェを巡って、かれらの面白い行動が観察される。ヌンチェの幼虫が成長して、羽化した直後から、仲間のサルが寄ってたかってヌンチェの出た穴を舐める行動である。その穴からは、寄主の体液か何かわからないが、液体がにじみ出ている。それを仲間のサルが舐め取るのだ。舐められる方は、痛いかどうかは不明だが、そうされるのをひどく嫌がる。だから、そのような状態のサルは、それが中心オスだろうと妊娠中のメスだろうと、ひとかたまりで休むときはちょっと離れて、移動のときは行列の一番最後、採食は同じ木だが別の枝でする。なるべく仲間に舐められないためだ。それが避けきれないとき、オトナ・メスやワカモノは音声の項で述べたニャーオという、嫌がる唸り声をひと声鋭く発する。

なお、アマゾンの地上性哺乳類で、ヌンチェの腫れ物が体についているのを見たのは、ブラジルバク、クチジロペッカリー、クビワペッカリー、タイラ、アカハナグマ、テンジクネズミの仲間のパカとアグーチで、いずれも背中や脇腹だった。

表情がない

サル類はほかの動物と比べて顔面の筋肉が発達しているから、それだけ表情が豊かである。新世界ザルの中ではフサオマキザルがもっとも表情豊かで、私がかつて大学院時代に、東アフリカの原野で調査したチンパンジーに優るとも劣らない多彩な表情を、日常生活の中で見せてくれる。ところが、毎日群れについて歩き、どれだけ観察時間を増やしても、ホエザルに表情の変化はほとんど見られない。要するに喜怒哀楽が、かれらの表情からは私に伝わってこないので、かれらに感情移入などしようがない。

ホエザルの顔を正面から見ると、巨大な舌骨を収める縦幅の広い下顎骨を持っているから、極端に

図 2–16　のっぺりした、間の抜けた感じのホエザルの顔（オトナ・オス）。

いえば、顔の部分は上半分に収まり、下半分は大きな顎ということになる。また顔は、両方の目がほかのサルに比べると離れていて、鼻筋も通っていないから、のっぺりした、いささか間の抜けた感じに見える。ホエザルはそんな顔を朝から晩までずっとしている。だから、かれらがその時どきに何を考えているのか、なかなか読み取れない（図2–16）。

観察群とつき合い始めた頃は、この表情のなさに面食らうことがしばしばだった。しかし無表情に馴染んでくると、それが、連れしょんや連れ糞、水平の枝上で身を寄せ合った縦一列ないし横一列での休息、夜のひとかたまりになった眠り、物音ひとつ立てない一列縦隊での移動といった、かれらの日常の生き方に非常に似つかわしく思えてくる。もし、かれらがフサオマキザルのように豊かな表情を持っていたら、その都度気分や感情が相手に伝わり、伝わることで摩擦や争いが起き、何をするのも皆一緒という風変わりな生活ができるはずはないだろう。ホエザルはきっと表情を消し去ることで、この、サル類では比類なき特異な生活様式を獲得したに違いない。

いっときKYという言葉が流行ったことがある。空気（場の雰囲気）が読めないという意味だが、相手を馬鹿にするときに使われ、学校などでKYと名指しされた生徒は仲間はずれにされることが多いという。ところで、人のその時どきの気分や感情はもっとも表情に表れやすく、それがストレートに表れると一種の自己主張であり、場をわきまえなければ自分勝手ということになって、集団の和を乱すことになる。このような観点からすれば、ホエザルは無表情であることによって、群れの構成員すべてがKYを完璧に回避し、気まずさや喧嘩の起こりようがない集団生活のひとつの理想的なあり方を具現した、すごいサルなのかもしれないと思えてくる。すなわち、現代社会ではKYという言葉が流行語になるほどだが、とっくの昔にそんな事態になるのを解決したホエザルからすれば、人はなんと遅れたサルかと見えるだろう。それが実際、かれらの生存や進化にどれほどの意味を持つかはわからないが、アマゾンでの分布域の広さや、どこにでもいて、かつ個体数が多いことからすれば、なんらかの進化史的意味があるようにも思えてくる。

寝る場所になぜタケを使うのか

表情を変えない。声を出さない。毛づくろいもしないからヌンチェにやられるが、それでも平気だ。しかも、何をするのも、排尿、排便ですら皆一緒である。そんな日常生活で、頭を使っているように

図 2–17　緑色で若いタケはよくしなるから１本に２〜３頭寝るのがやっとだが、茶色がかった古いタケでは、図 2–8 のように群れの全員が横一列になって寝ることができる。

は全然見えないホエザルだが、やっぱりかれらも賢い、と私を納得させた行動が、泊まり場（寝場所）としてのタケ林の利用である（図２–17）。

日本の孟宗竹ほどに太いグアドゥア属のこのタケは、小さい川のほとりや合流点、ぬかるんだ場所など土壌が柔らかく多湿で、不安定な立地に密生することが多い。そういう場所は周囲より低く、起伏のある所では斜面の下方にある。斜面に生えるタケは真っすぐにも伸びるが、日の光を求めて、空が開けている小川やぬかるんだ場所に向かって斜めに伸びるものもある。ホエザルが寝場所に利用するのは、この斜めに伸びたタケだ。近くの木からタケに乗り移ったかれらがゆっくり登って行くと、タケはたわみ、どこかで湾曲する。湾曲した頂点は水平になる。多くの場合、中心オスとメスやコドモはそこにくっつき合ってまん丸にうずくまったり、腹這いになって四肢をだらりと下げた姿勢で一夜を明かす。周辺オスや追随オスや群れ生まれの若オスは、すぐ近くの別のタケを使う。

ただ、一本ごとにタケのしなり具合は異なり、芽を出してから四〜五年までのまだ若いタケはよくしなるから、湾曲した頂点の水平になった部分は狭くて二〜三頭乗るのがやっとだが、七年以上たった古いタケはそれほどしならないから、群れの全員が横一列になって乗ることができる。

いずれにせよ、アマゾンに無数にある樹種の中で、アリなどの虫たちが幹や枝に一匹も這いずり回っていない植物はタケのみである。だから、全くもってものぐさなホエザルが、そういううっとうしい虫から一晩完全に解放され、安眠できる場所はタケの上をおいてほかにない。しかも、とくに若い青々としたタケは、内部に冷たい水を溜めていて、表面は私が手で触れても冷たく感ずるほどだ。この冷たさは長い体毛が身を覆うかれらに、暑さを和らげるある種の快感を与えているに違いない。タケ林は沢筋にあるから夜の空気は他所よりひんやりしている。あるいは、大きな盲腸や結腸で微生物にセルロースを発酵分解させているホエザルが、そのとき生じる熱をタケで冷やし、体温を調節しているのかもしれない。

もうひとつは捕食者への対処である。なにせ瞬発力がなくて動きがのっそりとして、跳躍をしたがらないホエザルにとって、木に登り獲物を襲うことの巧みなネコ科のジャガーやピューマやオセロットをはじめ、イタチ科のタイラやアライグマ科のアカハナグマ、それにイヌ科のヤブイヌだって、かれらがその気になれば、ホエザルにとっては危険な存在だろう。しかし、捕食者が寝ているホエザルを発見し、タケを登ろうと体重をかければ、それによって微妙な均衡が崩れ、タケは必ず揺れる。タケが動けばホエザルはすぐに気づく。気づけば隣りのタケに乗り移るだけで、簡単に身をかわせる。しかも、タケの表面はきわめて固くてすべすべしているから、捕食者が爪を立ててタケに登ることなど不可能に近い。

寝るのに使う木として、虫除けになり、暑さや捕食者対策にもなるタケほど優れた植物は、アマゾンにはない。ただ、断るまでもないが、なにせ怠惰なホエザルのことだから、巨木が実をつけたり新葉を一斉に出したりすると、一日中その木に居続けることがある。そのようなときは、その巨木の、できるだけ高いところを泊まり場として寝てしまうこともある。そこからわざわざタケ林まで移動するのが面倒臭いからだろう。

〝有刺鉄線〟を進化させたタケ

ホエザルが泊まり場として使うタケについては、第1章のきたない森の類型のところでも述べたが、日本の孟宗竹と一番違うのは、根元から数えて三つ、ないし四つめの節から七つか八つめの節までのすべての節から、一本ずつ方向を違えて、真横に細い枝が長く伸びていること。もうひとつは、伸びた細枝のそれぞれの節から一～二センチメートルの鋭い刺が、さまざまな方向に三～五本突き出ているることだ。それらの細枝は有刺鉄線にそっくりである。しかも、タケの稈《かん》（樹木の幹に相当する部分）のみならず、細枝も刺も非常に固い（図2-18）。

数十本から一〇〇本を超えて密生するタケ林の中は、四方八方に所狭しと鉄条網が張り巡らされた

図 2–18　通り抜けるのが困難なタケ林。
a：タケ林には〝有刺鉄線〟が張り巡らされている、b：〝有刺鉄線〟の 1 本を拡大したもの。

状態といって過言ではなく、人の通り抜けなど不可能である。そのうえ刺には強い毒があり、うっかり腕や腿に刺してしまうとひどく痛み、痛みは数日引かない。

ではどうして、タケ林はそんな鉄条網を張り巡らすような進化をしたのだろう。私はタケ林の縁で無残に食べられたタケノコを何回か見た。タケノコは日本のタケノコと大きさも姿や形もそっくりで、それを好物としているのがイノシシに近縁なクチジロペッカリーとクビワペッカリーである。タケの寿命はほかの樹木と違って短く一〇年ほどだから、次々に新しい芽（タケノコ）を出さなければならないし、そうしないとタケ林は維持できないし拡大もしていかない。そのタケノコが顔を出すたびにペッカリーに食べられてしまったら、タケ林は広がるどころか、いずれ消滅してしまう。しかも、クチジロペッカリーは一〇〇頭を超す大集団をつくり、我が物顔でアマゾンの林床を闊歩しているから、タケにとってはたまったものではない。

私はアマゾンでこのタケノコ食いを二種のペッカリーでしか見ていないから、タケ林の鉄条網はペッカリー防衛のために進化したのではないかと考え、どれほどのタケ林を、しゃがんで目の高さをペッカリーの目の高さにして、縁からのぞき込んだことか。そうしたらやはり、どの方向からのぞき込んでも、ペッカリーの一頭でさえすり抜けていくに十分な隙間などなかった。事実、鉄条網の張り巡らされたタケ林の内部では、ペッカリーの足跡や糞を一度も見かけなかったし、タケ林の中に生えたタケノコの食べられた形跡も発見できなかった。

タケノコの味

このタケノコは、見た目が日本のタケノコにそっくりだから、ついつい試食してみたくもなる。しかし現地住民は誰も、えぐくて食べられたしろものではないという。ちょうど日本から山菜好きの研究仲間がキャンプに来たのでその話をすると、早速タケノコ採りに行こうという。ホエザルの泊まり場として毎日のようにタケ林を見ているから、今どこに、見た目食べ頃のタケノコが生えているかはわかっている。有刺鉄線の何本もをマチェテで苦労して切り払い、やっと三本のタケノコを掘り出すのに成功する。

私はそのままホエザルの観察に行き、夕方キャンプに戻ったら、彼はタケノコ料理の準備がもうできているという。三本ともきれいに皮が剝かれ、それぞれが縦に真半分に切られていた。こうするとさらに、あく抜き中の日本のタケノコにそっくりだ。そして半分に切られた六個のうち一個だけが、薄く輪切りにされていた。この輪切りを今晩天ぷらにして食べ、残りの、半分に割った五つのうち二個は米のとぎ汁であく抜きし、三個は灰であく抜きするという。私は助手に米のとぎ汁を捨てないように、そして明日は乾いた倒木を拾ってきて燃やし、灰を沢山作るように頼んだ。助手はそのときは真剣な顔つきで聞いている風だったが、夕食で天ぷらにしたタケノコをひとかじりして、ぷうっと吹き出し、次の瞬間、口の中のものすべてを吐き出しながら、大口を開けて笑い転げた。私も試みたが、ちょっと歯を立てただけで強烈なえぐさが口腔内に広がった。料理した彼も苦虫をかみ潰したような顔をしている。天ぷら用に輪切りにした残りは残念ながら全部捨てた。

次の日から彼とタケノコの闘いが始まる。次の次の日からは、夕方キャンプに戻ったときの彼との最初の会話が、「どうだ、あくは抜けたか」、「いずれ抜けるよ」の繰り返しになる。そして、一〇日が過ぎた夕食に、灰であく抜きしたタケノコの天ぷらが食卓を飾る。しかし皆はまた、ひとかじりして吐き出した。さすがの彼も、あく抜き中の残りのタケノコを全部捨て、二度とタケノコはおろか、森を歩いて山菜ならぬ〝森菜〟を探す素振りすら見せなかった。

このタケノコのあくの強さを失敗談として述べたが、それほどに強いあくを持つことで、このタケははるかな昔からアマゾンで生き延びてきたのではないか。その後、四〇〇〇万年ほど前にできた北米と南米を結ぶ陸橋（今の中米）伝いにペッカリーの祖先が南米に進出した。そのときのペッカリーがすでにあくの強さへの生理的耐性を獲得していたとすれば、そこでタケがペッカリー防衛のために新たに編み出した作戦が、この有刺鉄線だったということになりはしないだろうか。

泊まり場にヤシの葉も使う

ミルペーというヤシ科オエノカルプス属のヤシの木は、タケのように一カ所に密生はしないが、調査地のきれいな森のどこにでもあって、よく目立つ。樹高は二〇〜二五メートルで、沢山の小葉に分かれた羽状複葉の一枚の葉は非常に大きく、五メートルを超す長さの葉も珍しくない。

この葉でキャンプの建物の屋根を葺くし、森で突如スコールが襲って来たときは雨避けを作る。そ

図 2-19　まだ陽の明るい中、さっさとミルペーヤシの葉の上で寝る態勢に入ったホエザルの親子。

んな、アマゾン生活に有用なミルペーヤシだが、ホエザルもタケのほかにこの葉の上で寝ることがある（図2-19）。

ミルペーヤシの大きな葉は幹の先端部から四方に五枚から一〇枚出ていて、いずれも斜め上方を向いている。その葉の上にホエザルが乗ると、タケと同様に下方へしなり、葉のつけ根から三分の一ないし半分ほどのところが水平になる。その上に一～三頭ずつがかたまって寝る。

ホエザルがタケでなくミルペーヤシを泊まり場に使うのは、きれいな森にあるイチジクやマメ科の巨木や高木が実をつけたり新葉を出し、それを夕方まで貪り食べるときである。採食後にわざわざ泊まり場のタケ林まで移動するのが面倒臭いことがひとつ。もうひとつは、この葉もタケと同様で、葉の中央の主脈が太くて冷たく、葉の上はアリなど這いずり回る虫がごく少ないし、捕食者に対する防御も完璧だからだろう。

連れしょん、連れ糞をするわけ

ホエザルが朝と午後に二回、群れの全員がわざわざ低い所まで降りてきて、横一列で連れしょんと連れ糞をする不思議な習性を持っていることはすでに述べた。ただ、ときとして、朝に起きそびれたり、午後に少し離れた枝で採食していて、連れしょん、連れ糞に間に合わないサルがいる。そのサルは、排泄し終わった仲間が自分のいる方へ移動を開始した場合ですら、近くでさっさと排泄をすませても問題ないのにと思うのだが、動きのゆっくりしたホエザルにしては一所懸命の急ぎ足で、皆が排泄した場所まで行く。そして、かなりあせったふうで排泄し、普通なら終わった時点でひと息入れるのだが、終わるか終わらないかの時点でもう小走りに群れの後を追う。それほどまでにして、どうして皆が同じ場所で排泄するのだろう。

排泄される糞だが、どの糞も太くて長く、群れサイズが一〇頭ほどだと、排泄される糞全体の量は半端でないし、低い位置からなので枝や葉にぶつかって飛び散ることもない。しかも、その臭さたるや尋常でない。私はアマゾンで多くのサルの糞のにおいを嗅いだが、こんな臭い糞をするサルはほかにいない。うまく表現できないが、すえた感じで、胸がむかつき、嘔吐感すら覚える臭さなのである。

その強烈なにおいからは、タヌキのため糞と同じく、隣接群に対してなわばりを主張するにおいづけ行動のひとつと考えてもよさそうだ。だがかれらは、群れの遊動域の境界域でわざわざそうすることはなく、朝は泊まり場のすぐ近く、午後は採食樹の近くがもっぱらである。その場所はたまたま境界域にある場合もあるが、そうでないことの方が多い。しかも、においは二～三時間で霧散してしまうし、糞そのものもフンコロガシやシデムシの仲間など森の排泄物処理屋たちによって、短時間のうちに跡形もなく片づけられてしまう。雨季だと一回のスコールで簡単に洗い流される。

ずいぶんと前、アマゾンを旅したヨーロッパ人の旅行記を読んだことがあるが、そこには、ホエザルはニンニクに似た独特の強い体臭を持っているから、深い森で発見するには、そのにおいを頼りにするのがもっとも確実で、やみくもに樹上を探し回っても簡単に見つかるものではない、と書かれていた。その記述は一面では的を射ている。体臭ではなく実際は糞のにおいなのだが、糞のにおいがあれば、そこにかれらが今しがたまでいたという動かぬ証拠であり、そのあとかれらは一気に遠くへは行かず、近くの木で採食することが多いから、においの周囲を静かに丹念に探せば見つかる確率が高い。また、用心深いサルのことだから、普通なら旅行者より先に気づき、下からは見えない厚い茂みの中で一時間も二時間も動かずに隠れ続けるので、旅行者が重い革靴でどたばたと森を歩いて発見するのは不可能だったに違いない。

また別の旅行記では、ホエザルからじつに不快な糞攻撃を受けたと記されていた。読んだときはどういう状況なのか全く想像できなかったが、一六～一七世紀の大航海時代には、まだアマゾンの広域が手つかずの原生林だっただろうし、人への警戒心を持たないホエザルもいたはずだ。そして、探検家か博物学者が朝に運よく人を恐れないホエザルに出会い、興奮して見上げたとしよう。それがちょうど連れしょん、連れ糞の最中だとしたら、結果は書くまでもないだろう。しかも、わざわざ木の下方へ下りて来て排泄するのだから、それをかれらからの攻撃と受け取ったとしても致し方ない。私はかれらが地上にいる動物を攻撃する目的で排泄するのを見たことがない。

おそらく連れしょん、連れ糞は、何をするのも皆一緒というかれらの持つ行動習性がそうさせているのだと単純に理解した方がよさそうだ。

ホエザルの肉の味

ホエザルの糞の強烈な悪臭についてだが、マカレナ調査地で初めてそのにおいにむせた瞬間、過去の調査が私の脳裏に鮮明に蘇った。それは、ペルーのアマゾン川上流域で「生きた化石ザル」と呼ばれるゲルディモンキーを探す旅の途中だった（第5章参照）。私はペルーのイキトスから満員の客船に揺られてアマゾン本流を二日遡り、そこから材木を伐り出しに行くという小さい屋形船に便乗して、支流のタピチェ川上流域へ向かった。船内での食事は朝と夕方の二回で、それもファリーニャ（ユカイモの粉を米粒大にして乾燥させ煎ったもの）を片手に一杯だけだった。ファリーニャはアルファ米に似て水に浸せばふやけ、そのまま食べられる。私も材木伐りの労働者と同じく、雨季でひどく濁った川の水を皿ですくい、その中にファリーニャを入れ、ライムを絞ってかけて胃袋に流し込んだ。

出発して三日目の三時過ぎ、右岸の木にホエザルの群れを見つけ、案内人が散弾銃で撃つ。立派なオトナ・オスが水飛沫をあげて川に落ちる。それを四時半に民家に立ち寄って急ぎ解体し、塩だけの味付けで炊く。そして出発。六時半の船内の夕食に、私にもホエザルのもも肉のひと切れが回ってくる。ファリーニャだけの食事がずっと続いていたのでありがたい。早速ひとかじりする。ところが、十分火が通っていなくて歯が立たないほど固いうえに、強烈な悪臭のため、ひとかじりで止めてしまった。

私が旅したどの地域でも、流域住民は、ホエザルはウーリーモンキーやクモザルには劣るが、それでも肉が美味しい動物だといい、食糧として狩猟していた。しかし、私はそれ以後の広域調査で、立ち寄った民家で食事を出されても、ホエザルの肉と聞くと、とても口をつけられなかった。そしてタピチェ川の旅でのひとかじりが、長いアマゾン生活でホエザルの肉を口にした最初で最後なのだが、強烈な悪臭だけは記憶にこびり付いていて、糞のにおいを嗅いだ瞬間に思い出したのだった。

あるいはホエザルの肉そのものには悪臭がなく、散弾銃の弾が胃か腸に当たって破れたのかもしれない。もしそうなら、解体し料理したのは一時間半後なので、その間に肉にまでにおいが染み込んでしまってもおかしくない。日本でも、イノシシ猟で内臓を撃ち抜いてしまうと、その肉は臭くて食べられたものではないという話を猟師から聞いたことがある。

いずれにせよホエザルの糞のにおいは、これほどの悪臭が世の中に存在するかと、大げさにいいたくなるほどの代物なのである。

オスが迷子になる

肌と肌を寄せ合うように、朝から晩まで、来る日も来る日もひとかたまりになって暮らすホエザルの群れで、いささか信じ難いことだが、仲間のサルが迷子になることがときに起こる。それも、迷子になるのはほとんどがオトナ・オスである。

平穏で淡々とした局面でのホエザルの群れは、基本的には一頭の中心オスと二〜三頭のオトナ・メスとそのコドモで成り立っている。ほかに一頭、群れ生まれの若オスや他群出身の周辺オスがいることもある。

私が最初に迷子を観察したのは一九八六年一〇月末のことだ。観察群はきたない森での午後の採食中にフサオマキザルの群れと混じり合ってしまった。フサオマキザルはそこでしばし虫探しをし、あたり一帯がざわついた感じになっていた。そのため、うっかり間違えてしまったのだと思われるが、当時周辺オスだった「ボキンチェ」がフサオマキザルの動きについて行き、すでに移動を開始していた群れを見失ってしまった。「ボキンチェ」はひとりぼっちになったあと、しきりに周囲を見回し、群れを探すが見つからず、その後どこをどううろつき回ったかは不明だが、群れに合流できたのは五日目だった。

二回目は一九八七年六月である。群れは昼下がりに尾根に近い所の、蔦の絡みついた高木の茂みで長い休息をとる。そのあと、メスとコドモ（以下、メス集団と呼ぶ）がいつものように物音ひとつ立てず、一本の蔦伝いに移動を開始し、茂みを抜けた先で斜面下方に向かう。そして、茂みに入って若葉を食べ始める。

そのとき、体を寄せ合って休んでいた二頭のオトナ・オスも目を覚ましていたが、さぁっと強く吹

図 2–20 2回目の迷子の観察。迷子になった中心オス（「モルテ」、左）と周辺オス（「ボキンチェ」）は前日の泊まり場のタケ林まで戻り、タケ林の奥深くで2頭だけで寝た。

いた一陣の風の音に惑わされたのか、何か勘違いをしたのか、休息前に皆と採食した隣りの高木に登って行く。それから二頭は、のそりと動いて四方八方に伸びたその木の太い枝を一本ずつ枝先まで行っては、なんとなく斜面下方を見やる。おそらく二頭は真剣に仲間を探していたのだろうが、残念ながらかれらの無表情からは、私には探す真剣さや、あせった感情といったものは何も伝わってこない。

二頭のオスは四回、別々の枝を先端近くまで行って戻ったあと、休息に入る前あれほど貪った若葉を一枚も口に入れずに木を下り、移動して来たルートを逆にたどり始める。

私はたがいに離れていく方向に移動するオス二頭とメス集団を、その間を走って往復しながら追う。しかし、このままだといずれどちらかを見失ってしまうだろう。前回は周辺オス一頭の迷子だったが、今回は群れがオトナのオスとメスとに別れて行動し始めたのだ。両方がこれからどうするかをぜひ観察したい。助手に加勢を頼むことにし、キャンプまで猛然と走って戻る。幸い彼はキャンプにいた。

両者を再発見し、助手にはオスを頼み、私はメス集団を追う。メス集団はこれまでと同じ移動ルートに沿って、三時半には泊まり場のタケ林に着き、寝る体制に入る。いつもより少し早いが、きっとこのまま寝るだろう。その間オスを探すような素振りはなかった。私はとって返し、近道して、昨日の泊まり場へ向かう。そこには予想通り二頭のオスと助手がいて、二頭は今しがた寝る体制に入ったという（図2-20）。

翌日も朝から助手にオスの方を追ってもらった。この三週間ほど、群れは四つの泊まり場と途中にある六本の採食樹を順に巡って一周する、じつに規則正しい移動を行っている。その日の助手の報告では、オスはやはり忠実に移動ルートを逆にたどって泊まり場に入ったが、途中で二回、採食のためではない高木登りをして、てっぺんからしばし遠くの方を見やっていたという。私の追ったメス集団もこれまでと同じ移動ルートをたどった。そして、メスにオスを探すような行動はこの日も皆無だった。

ここで、群れが二つに別れたその日の、メス集団の泊まり場をA、オスの泊まり場をD、翌日のメス集団の泊まり場をB、オスの泊まり場をCとすると、翌々日の三日目、メス集団は次の泊まり場Cを目指して移動するに違いない。オスが三日目も移動ルートを逆にたどり続けるならBに向かうだろう。だとしたら、その日の昼頃にBとCを結ぶ移動ルート上で両方が再会する可能性が高い。キャンプの夜、このことを図に描いて助手に説明し、持っている予備の腕時計を貸し、オスがいつメス集団の存在に気がつき、どんなふうにメス集団に接近して行くか、詳しく観察するよう頼む。私はメス集団を追い、メスやコドモの同様の行動を観察しよう。

翌々日の朝、七時四一分に起きたメス集団は、朝の採食を終え、一〇時過ぎに小さい尾根を登って行く。私もあとをついて尾根の上に登り着いたら、観察路の前方一五〇メートルほどの所に助手が立っていて、右手を上げて頭上を指差す。そこに二頭のオスがいるのだ。尾根上にはきれいな森が広がっていて、森の下層部は透けて見通しがいい。私からオスの姿は見えないが、助手の位置で居場所はわかる。メス集団が高木に登って若葉の採食を始める。前回ここに来たときは少し食べただけだったが、今回も一五分ほど食べて隣りの低木に移動し、七〇メートルほど先、斜面下方の次の採食樹を目指す。助手がゆっくりこちらに向かいながら、斜め下方を指差す。間違いない。両方は同じ採食樹を目指しているのだ。その木に最初に着いたのはメス集団で、すぐに若葉を食べ始める。五分ほど遅れてオス二頭もその木に登る。そして、両方は全く何事もなかったかのように、今までと同じく一頭ずつが少し距離を置いた枝で、若葉を貪り続けた。朝起きてからここに来るまでに、二頭のうち中心オスが一回、前日と同様高木に登って周囲を眺める行動をとったと助手はいった。

助手に礼をいい、以後は私一人で、いつものように泊まり場まで群れについて歩いた。その間オスにもメスにも、別れる前までと変わった行動は何も観察されなかった。

私には、オスとメスの両方が出会うとき、抱き合うところまではいかなくても、少しは喜ぶとかほっとするといった、感情の表出が見られるのではないかという淡い期待があった。その期待は裏切られたが、それよりむしろ、かれらはやっぱりホエザルなのだという納得の方が大きかった。

迷子になるきっかけはいろいろ

二カ月後、三回目の迷子を観察するが、そのときはハナレザルによる子殺しが起こったので、4節の子殺しの項で述べる。四回目は一九八八年七月で、観察群がイゲロンというイチジクの実を採食中のところへ、一六頭のウーリーモンキーが我が物顔で騒々しくやって来たときだ。ウーリーモンキーのいかついオスが勢いよくイゲロンの木に登り、突然ホエザルの中心オスに向かって行き、背中をわしづかみする。そのとき咬みつかれたかどうかは一瞬の出来事でわからなかったが、中心オスは七〜八メートルほど真っ逆様に落下し、低木の茂みの中の蔦に引っ掛かるようにして止まる。

当時の観察群にオトナ・オスはこの一頭のみで、メスやコドモはウーリーモンキーの横暴を避けるように、いつものルートを直角に逸れて移動を開始してしまう。その五分後、低木の茂みから無傷で出てきた中心オスは、周囲にまだいるウーリーモンキーの騒音の中でメス集団を見失う。

以後四日間、メス集団にオスの姿はなかった。五日目の朝かれは戻るが、メスやコドモを前方に見つけて接近するとき、ホエザルではめったにやらないことだが、枝々をひどく揺らしながらの、自己を誇示するかのような荒っぽい動きをした。そうしても、メスやコドモたちに特別な反応は何もなかった。

ただひとつ、これもホエザルでは珍しいことだが、中心オスの合流後、三歳のオスのコドモが急いでそばに寄って行き、オスの顔や顎や背中を一分近く毛づくろいした。

五回目は一九九一年三月で、状況は二回目と酷似していた。群れのオス二頭はメス集団とは一五メートルほど離れてはいるが、丸見えの場所で休息していて、二頭はそれで安心していたのか、メス集団が移動を始めたのに気づかなかった。その後メス集団はそれまでと同じ移動ルートを、オスは逆ルートをたどって移動した。そして翌々日の再会も、メス集団のいる木に少し遅れてオスが登るというだけで、両方に親和的な交渉らしい交渉は何も見られなかった。

そのときはキャンプに助手が不在だったので、一人で両方を掛け持ちで追ったが、いつ、どこら辺で出会うかをもう完璧に予測できていたので、見失う不安はなかった。それで私は、このときはオスに重点を置いて観察した。中心オスは別れてから二時間以上たったときに一度、高木の枝先でウオーとひと声だけ大声で吠えた。翌日は同じ吠え声を中心オスが二回発し、二回目のときはすぐ続いて、寄り添う周辺オスもひと声吠えた。高木からまわりを眺める行動は中心オスが三回、周辺オスが五回行った。

翌一九九二年八月の迷子は、群れにオトナ・オスが中心オス一頭のみのときで、朝に泊まり場からの移動の際、このオスと群れ生まれで五歳になった若いオスの二頭が迷子になった。その日、中心オスは大きな吠え声を一回と、ゴッゴッという威嚇の声を三回発した。これらの音声が何に対してなのかはわからなかったが、翌朝に同じ声を発し、続いてハナレザルと吠え合いを始めたから、前日もこのハナレザルが近くにいたのかもしれない。ハナレザルは吠え合いを三〇分ほどで止めるが、立ち去らないハナレザルに対して、二頭はさらに小一時間吠え続けた。それによって迷子のオス二頭のいる場所がわかったのだと思われるが、別れていたメス集団はほぼ一直線にやって来て合流した。

こうして合流したのに、翌朝には、同じ若いオスと出産三日目のメスが泊まり場からの移動開始の際に群れを見失う。若いオスが生まれて三日目のアカンボウにちょっかいを出し、メスがそれを嫌がって避ける行動をとっていたからだ。若いオスと一緒だがオトナ・メスが迷子というのはこれが初めてである。そのメスの息子（一歳半）は群れについている。その日メスはゴッゴッという吠え声というか唸り声に近い声を三回発した。群れに残った息子は、同じ年の二頭のコドモと日中は一緒に行動し、夜は中心オスにくっついて寝た。

メスと若いオスが群れに合流したのは翌々日である。メスは合流の際、前々日と同じ声を続けて三回発し、続いて若いオスが同じ声をもっと強く発した。そうしても、中心オスをはじめ群れのサルは特別な反応は何も示さず、メスの一歳半の息子も母親が戻ったというのに知らん顔だった。

迷子の事例はまだいくつかあるが、きりがないのでこの辺で止めよう。ただ、ここでいくつも紹介したのは、迷子は、群れが平穏で淡々とした日常生活を送っていて、観察にいささか退屈さを覚えているときの、私に緊張感と高揚感を与えてくれる数少ない出来事であり、夢中になって追った記録をつい書き残したいと思ったからである。もうひとつは、迷子がニホンザルなどでよく見られるような、群れが二つに別れて一～数日間独自に行動する「分派行動」ではなく、あくまでも迷子であること、そして、群れ生活者としてはどうにも間の抜けたこの迷子は、物音ひとつ立てない静かな日常を送るホエザルでしか起こり得ないという点を強調したかったからだ。

地面に下りて土を食べる

ホエザルは、フサオマキザルやリスザルが乾季に昆虫探しでよく地上に下りるのと違って、林床に生えている柔らかい草本や落果などを求めて地上に下りることは金輪際ない。しかし、かなり頻繁に地上に下りて土を食べる。

土を食べる場所は決まっている。流域住民は誰もがその場所を「サラオ」（塩場）と呼ぶ。塩分を摂取するためと考えているからそう呼ぶのだろう。

サラオは川岸の崖にあることが多いが、川から離れた森の中の小さい川のふちにもある。雨季の強い水流でえぐられてできた川岸の崖は、土が層状になっていて、ほかの層が茶色や褐色っぽい色をしているのに対し、サラオの層は灰色がかった色をしている。

サラオの層は砂岩で剝がれやすく、私が爪を立てただけでも簡単に破片を剝ぎ取れる。ホエザルは犬歯や切歯を使って、ときには手の指爪を使って、サラオの砂岩を剝ぎ取る。剝ぎ取った一片は長さが五〜六センチメートルの大きいものもある。それを片手に持ち、クラッカーをかじるような食べ方で、一回訪れると三つも四つも貪る。小さいコドモは、オトナやワカモノが食べてぼろぼろ落とした小さな破片を拾って食べることが多い（図2−21）。

図 2–21　ドゥダ川に面した川岸の崖のサラオで土を食べる観察群。a：最初の頃はかなり離れた上流の砂洲から観察するのがやっとだった、b：私にすっかり馴れたあとは、崖の上から見下ろしても、気にもかけなくなった。

川岸の崖のサラオに下りる際の、ホエザルの用心深さは異常なほどである。群れがその崖の上の樹々に着いても、なかなか崖の下方二〇〜三〇メートルにあるサラオへは下りて行かない。三〇分も、長いと一時間以上も、近くの木の枝であたりに注意を払いながらじっとしている。

キャンプから二〇〇メートル先にある川岸の崖のサラオで、かれらが下りていく現場を観察しようと試みたのは、調査を始めて少したった一九八六年一〇月である。尾根沿いの観察路から、七〇メートル先にある崖への下り口が見通せるよう、事前に、視界を遮る低木の枝を事前に伐り払っておいた。そして、真っ昼間の暑い中、じっと待つこと二時間、観察群はその頃にはずいぶんと私に対する警戒心を解きつつあったが、それでも結局下りずに引き返した。私が近くにいたせいである。申し訳ないことをした。それからは長いこと、そのような試みはせず、かれらがサラオに向かって移動を始めるとすぐに察しがつくから、別の観察路伝いにキャンプに戻ってコーヒーで一服し、やり過ごすことにした。

サラオはもうひとつ、キャンプの目と鼻の先にもある。そこは、ゆるい弧を描いて三五〇メートルほど続く崖の上流側の終点近くで、樹々に覆われ、川面からの高さは四メートルほどしかない。そして崖の中程がサラオの層で、根を広げている崖の上の高木の根元の少し下に当たる。このサラオは、ホエザルにとっては、全身を晒しながら、垂れ下がった太い一本の蔦伝いに二〇～三〇メートル下りていかなければならない二〇〇メートル先のサラオより、樹々に覆われているぶん身を隠しやすいので、キャンプを設営するまでは頻繁に利用していたはずだ。このサラオの存在こそ、キャンプ作りの工事で騒音が絶えない中、それでも群れがやって来て、おそらく中心オスやメスが土食いをしている間、「ボキンチェ」がキャンプのすぐ脇の木にぽつねんと居続けた理由だったのだ。

口の右端が縦に大きく切れているオトナ・オス「ボキンチェ」は、そこにサラオがなかったら、わざわざキャンプ近くまで来ることはなかっただろうし、しばしキャンプの様子をうかがい続けもしなかっただろう。そして「ボキンチェ」に出会わなければ、私がこのように群れの全員を個体識別し、ホエザルの継続調査をすることもなかったかもしれない。キャンプを作った場所が偶然ホエザルが利用するサラオのすぐ近くだった。「ボキンチェ」はたまたま口に大怪我していたから、すぐに個体識別ができた。かれは当時周辺オスであり、周辺オスは群れの最後にサラオに下りるから、それまで近くでぼけっとしているのが常だが、それでも少しは見張りの役に立っているのだろう。かれはあのとき、私たちの様子をちらちらとうかがっていた。しかも、人への警戒心がほかのホエザルより少しだけ弱かったから、グッグッグッと低く鳴いて逃げてしまうこともなかった。

それまで不可能だと思っていたホエザルの本格的な調査を私が始められたのは、ホエザルの日常がわかってみれば、このような幸運がいくつも重なった結果だったのだ。

このサラオは、キャンプ地を明るくするために周囲の木を少し切り払ったので、キャンプからは丸見えになり、以後長いこと観察群は利用しなかった。代わりに、先に述べたキャンプから二〇〇メートル先の川岸の崖のサラオをもっぱら使うようになった。

そのサラオへ、全員が一度に下りて行くということはけっしてない。周囲への警戒や用心はときに一時間以上におよぶ。樹上で長く待機したあと、まず崖を下って行くのはメスである。コドモがついて行くこともある。そのあとゆっくりと中心オスが下りて行く。ホエザルの過剰なまでの用心深さが、このときだけは、何をするのも皆一緒という日常のルールを破らせるのだ。周辺オスが下りて行くのはさらにあとである。

観察群は、私が本格的調査を開始してからは、遊動域にあるサラオのうち、このひとつしか利用しなかった。のちに調査に余裕ができて他群のサラオ利用についても調べたが、群れごとに、頻繁に使うサラオはひとつか二つだった。言い換えれば、頻繁に使うサラオがひとつないし二つある地域がホエザルの群れごとの遊動域になっているのだ。

土を食べるのは真っ昼間

ホエザルがサラオに下りる時間は、真っ昼間の、それもかんかん照りで風のある日が圧倒的に多い。天気のいい真っ昼間に、新世界ザルの中では大柄な、しかも赤いサルの何頭もが、地肌がむき出しになった崖を登り下りするのだから、捕食者がかれらを見つけるのはたやすいだろう。もし真っ昼間でなく、曇天の夕方とか、夜明け前後のまだ薄暗いうちにサラオを利用すれば、発見される危険はずっと少なくなるのではないかと、初めのうちは思っていた。森の静かさからいったら朝早くか夕方が一番だし、その時間帯に聞き耳を立てれば、かすかな音でも聞き分けることができる。一方真っ昼間だと、気温が高いせいで空気は重くよどみ、声や物音は通り難いし、風のあることも多い。当然捕食者の気配を感じるのが難しくなる。

しかし、ホエザルがわざわざ真っ昼間を選ぶのは、どの野生動物も、とくに捕食者であるジャガーやピューマやオセロットなどネコ科の動物が、もっとも活動することのない時間帯だからであることにやがて気づく。森を歩いていて、真っ昼間に、捕食者どころか他のサル類にも、地上性の哺乳類にも出会うことはめったにないからだ。また、サラオへ下りる前に一時間以上もあたりの様子をうかがうことがあるが、それは捕食者に対する用心とともに、午前中に摂取した葉を消化するための休息を兼ねているということもあるのだろう。

かつて一九七〇年代に、私は広域調査のカヌーの旅を何回も行ったが、川旅の道中の快晴の昼間、川岸の崖でホエザルを何回も目撃した。なぜホエザルが昼間に地肌の露出した崖に下りているのか、当時の私には謎だったが、そこはかれらが土を食べるサラオだったのである。

観察群が使うサラオはドゥダ川に面した崖のサラオだが、この群れに隣接して三群がいて（図2-5参照。六九頁）、そのうち西側と南側の二群（MN-2群とMN-6群）は遊動域がドゥダ川に面してなく、内陸部の小川のふちのサラオを利用していた。もうひとつ、東側の群れ（MN-4群）が使うサラオは、観察群と同じドゥダ川の崖のサラオで、キャンプから三五〇メートルほどの所にある。小川のふちのサラオでは、かれらはそこにある深い横穴に腕を突っ込み、奥の土のひとかたまりを、爪で引っ掻いて取って食べるのが常だが、横穴の手前にあるぬかるみから、手ですくい上げるようにして泥水を飲むこともある。なお横穴は、ホエザルが利用するたびに掘られていったものである。

樹上にあるシロアリの巣を食べる

ホエザルにとって、サラオでの土食いとおそらく同じ意味を持つと思われる行動に、樹上に作られたシロアリの巣（塚）食いがある（図2-22）。

樹上に巣を作るアリの種類はアマゾンに多いが、シロアリはアマゾンでもほとんどが地下に作る。キャンプの建物を作る際、流域住民がすると同じように柱を地中に直接打ち込むのだが、早いと数カ月で柱の土に埋まった部分がぼろぼろにされてしまう。床を板張りにした場合も、いつの間にか普段

図 2–22　シロアリの巣を食べにやって来た生後まもないアカンボウを持ったメス（下）と２歳のコドモ・メス（上）。

見えない裏側がシロアリにやられ、一度はそれと気づかず、床板を踏み抜いて危うく捻挫するところだった。ただ、建物の柱は、外装エンジンに使う混合ガソリンの、タンクの底に残った汚れたガソリンを柱に伝わせながら土に浸み込ませることで、シロアリ防除が完璧にできるようにはなった。

マカレナ調査地には、木の幹に泥を固めて垂れ下がったような形の巣を作るシロアリがいて、ホエザルはその巣を、歯でかじり取って食べる。巣は明るい茶褐色で、日本のオオスズメバチの巣ほどの大きさがあり、真っすぐな低木の幹の、地上四〜五メートルの低い所に作られる。しかも、幹一面に七〜八センチメートルの有毒な刺をびっしり生やしたクマレというヤシ植物の一種など、幹に刺を持つ樹種の若木であることが多い。このような木にシロアリが好んで巣を作るのは、巣を襲う動物が刺で幹の登り下りができないことと、何本もの刺を巣の中に取り込むことで落下しにくいようにしているからだろう。

だがホエザルは、すぐ近くまで木の枝や蔦が伸びていれば、それを伝って直接巣に乗り移って食べる。少し離れていれば、上方の枝を体重でたわませ、てんめん性のある尾で体を支えながら食べる。とはいっても、そのような適当な枝や蔦が近くになければ、ホエザルといえども食べようがない。したがって、楽に食べられる巣は、遊動域にいつの時期も二つか三つしかなかった。

一度は、周囲の樹々や蔦から孤立して立つ一〇メートルほどの高さの刺のない低木の幹に、シロアリが巣を作ったことがある。その木は私の目の高さで直径が一六センチメートル、巣は地上から三・五メートルの高さだったが、ホエザルは近くの木からいったん地上に降り、三メートル余りを歩いて、その木によじ登って食べたことがある。

樹上のシロアリの巣には、すでに放棄され、風化しつつある黒ずんだものもあるが、ホエザルが食べるのはシロアリのいる新しい巣である。食べられた巣が今もシロアリが使っている巣であることは、かれらが立ち去った直後に巣のある木の下に行けば、かじり取られた際に落ちた巣の小さないくつもの破片に混じって、白いシロアリの成虫や幼虫や卵が散乱しているから簡単に確認できる。

シロアリの巣はきれいな森の斜面の上部や尾根筋に作られることが多いが、斜面の低い所や沢筋にも作られる。しかし、きたない森に作られることはまずない。ホエザルによるシロアリの巣食いは、サラオの土食いと違って、天気や時間には関係ない。移動中にたまたまその近くを通ったとき、群れの全員でなく、二〜三頭が木の高みから降りて来て、そそくさとひとかじり、ないし二かじりして、すぐ群れの方に戻って行くといった利用の仕方をする。そうするのはメスが多い。なお、サラオの土とシロアリの巣の両方を同じ日にホエザルが食べたことは一度もないし、いずれかを同じ日に二回以上利用したこともない。

ではなぜ、ホエザルはサラオの土やシロアリの巣を食べるのか。土食いはいつの時期も二日か三日に一回ほどの割合で、一回ごとの食べる量もかなり大量だ。その理由については、葉っぱ食いのホエザルと違って熟れた果実を好んで食べるクモザルも、ホエザルと同じく頻繁にサラオの土食いや樹上のシロアリの巣食いをするので、クモザルの章（第4章）で詳しく述べることにする。

余談だが、放棄されて間もないシロアリの巣がキャンプから真南へ向かう観察路の入口にあり、その巣を乾季の一月に、ほれぼれするほど美しい鳥、頭から胸や背中にかけてが金属的な光沢を帯びた濃緑色で、腹が紅色、尾の内側は白と黒の横縞模様のクビワミドリキヌバネドリが、繁殖用の巣として使ったことがある。燦々と輝く朝日を浴びてエメラルド色の深い緑にきらめくこの鳥を、毎朝コーヒーを飲みながら間近に眺められるなどという幸せは、長いアマゾン生活で、望んでも、そう簡単に得られるものではない。

アカンボウの成長

ホエザルのメスは、ほかのほとんどのサル類と同じく、夜に出産する。アカンボウは生まれてしばらくは母親の腹側に斜めにしがみつく（図2-23a）。腹側に真っすぐしがみつかないのは、葉っぱ食

図 2–23　ホエザルの親子。
a：母親の胸にしがみつく生後 4 日目のアカンボウ。体毛がまだ白っぽい、b：母親の腰に乗る生後 8 カ月のアカンボウ。

いでお腹がいつもメタボの人のようにぷっくり膨らんでいるから、そこからだといくら手を伸ばしても、母親の背側の長い毛を十分握れるほど届かないからだろう。それでもアカンボウがごく幼いと、移動のとき母親は片手でアカンボウを支えることが多い。なおホエザルも、他のすべての新世界ザル同様、メスの乳首は毛がほとんど生えていない腋の下近くにある。

生後二週間を過ぎると、アカンボウは母親の背中側の後方、腰のあたりにしがみつく（図 2-23 b）。尻の位置は母親の尾のつけ根で、まだ毛もまばらな細い尾を母親の太い尾にしっかり巻きつけている。そして乳を飲むときは、母親の背中を這うように前進し、背中側から頭を母親の腋の下に突っ込む。

生まれて一カ月もすると、体は見違えるほどしっかりし、群れの休息時や採食時には母親の元を離れ、枝伝いのよちよち歩きを始める。だが、すべての動きがまだぎこちないから、今にも落ちそうで、見上げる私ははらはらさせられ通しである。アカンボウの一人歩きする距離は日に日に伸びていく。やがて、一本の木での短い採食では、一度も母親の元に戻らなくなる。

母親とアカンボウの関係が劇的に変化するのは生後五カ月頃だ。それまでいっときも気を許さず、過保護と思えるほど大事に育ててきたアカンボウに、母親が、努めて構わなくなり、休息や採食が終わって移動する際、我が子が近くにいなくても、わざと無視するように先に行く。当然アカンボウはすねて鳴きながら、母親の方へ小走りに向かう。そのうち、母親は樹間の枝が連続しアカンボウが頑張れば渡れる所では、我が子を置いたまま隣りの木へさっさと乗り移ってしまう。そうされることが続くと、アカンボウも事情がわかってきて、事前にしがみついておこうとするが、母親は邪険に手で振り払うことが多い。

そして早いと五カ月半、遅くても七カ月目には、母親や仲間がアカンボウの樹間移動を助ける、尾にてんめん性を持つ新世界ザルに特徴的な「橋渡し行動（ブリッジ行動）」が頻繁に見られる。

アカンボウが仲間の誰からの助けもなく、自力で一日中群れの移動について行けるようになるのは、八カ月齢前後からである。その頃には採食時、母親や仲間と同じものを口に入れ続けるから、すでに栄養を母乳に頼らなくなっているか、飲んでもわずかだろう。

個体ごとに成長には差があり、母親が放任的か神経質かといった性格の違いも成長に反映する。しかし一年もたてば、どのアカンボウも一人前のサルになる。そこで本書では、生まれてから一歳未満を「アカンボウ」、一歳以上を「コドモ」と年齢区分する。

橋渡し行動

橋渡し行動は、アカンボウが生後五〜七カ月に限って見られる。群れが移動を始めても、母親はアカンボウの方を振り向かない。アカンボウはか細いすねた声を発しつつ、必死に母親のあとを追う。両者の関係がこのように変化した最初の段階では、母親は枝先まで来ると尾と両足で体を支え、隣りの木の枝先を両手でつかんだ状態で静止し、アカンボウを待ってやる。アカンボウはちょこまかとした、それでも必死の小走りでやって来て、母親の尾のつけ根か腰にしがみつく。そうすると母親は、尾と両足を枝から離し、我が子を腰に乗せたまま隣りの木に乗り移る。これはまだ典型的な橋渡し行動ではない。

それを繰り返すうちに、母親は隣りの木に乗り移った直後、腰にしがみついたまま離れようとしないアカンボウを、たとえすねて鳴こうが、手で強引に引っ張って離す。そうされるのをアカンボウもじきに学習し、乗り移った途端に自分から離れるようになるし、橋渡しをする母親にはしがみつかず、母親の尾から背中、肩、頭の上を小走りに走り抜け、隣りの木に移動するまでになる。これが典型的な橋渡し行動のひとつで、最初に見られる。

図 2–24　橋渡し行動。
渡れずにむずかっている生後5カ月半のアカンボウに対し、3歳半の姉が戻って来て橋渡し行動をする（a、b、c）。アカンボウが背に乗ったところで（d）、姉は手を離して元に戻る（e）。戻るやいなや、アカンボウはさっさと母親の元に急ぐ（f）。その間後ろにいるオトナ・オスはアカンボウに関心を示さない。

そうこうしているうちに母親は、今度はアカンボウのいる木の枝先で待ってやらず、隣りの木へ乗り移ってしまう。枝先まで懸命に走って来たアカンボウは、体を痙攣させながら甲高い苛立った声を発する。それでも母親は、少しの間アカンボウの様子をうかがう。そうしてからやおら振り向き、隣りの木からアカンボウのいる木の枝先を両手でつかむ。アカンボウは大急ぎで、今度は母親の腕から頭、背中の上を走り、尾の途中から隣りの木の枝に乗り移る。典型的な橋渡し行動のもうひとつである。その頃には、乗り移ったアカンボウは母親の元に留まることはなく、母親を置いてさっさと群れの方へ行ってしまう。

この段階までアカンボウが成長すると、アカンボウにとっては距離が開き過ぎている樹間では、あとから移動してくるオトナ・メスやアカンボウの姉に当たる三～四歳のコドモ・メスが、この行動をすることが多くなる。すでに隣りの木に移動していた姉が、甲高いアカンボウの声を聞き、母親より先に戻って来て、この行動をとることもしばしばだ（図2-24）。

橋渡し行動をオトナ・オスはまずしない。私は一一年間で、若いオスではアカンボウの兄に当たる四歳のワカモノ・オスで二回、三歳のコドモ・オスで五回見たきりである。

アカンボウがさらに成長し、樹間移動が皆と同じようにできるまでになり、誰もこの橋渡し行動で手助けしなくなって、それでもまだ無理というほど隣りの木の枝先まで距離の開いている場合がある。そのときだけ、アカンボウのけっこう思い切りのいい跳躍が見られる。跳躍といっても、ほかの新世界ザルと違って、枝先から下方の茂みに飛び降りるといった方がいいような行動なのだが。このよう

図 2–25　ホエザルの外部性器（写真の上２枚は連れしょん、連れ糞中）。a：オトナ・オス。白く見えるのが陰のう。そのすぐ後ろは太くて長い糞、b：オトナ・メス。白く見えるのが陰唇部で、その中央がクリトリス。すぐ後ろから糞が出始めている、c：めったにないが、オトナ・メスでもときにクリトリスを立てることがある。

にホエザルでは、ほかのサルと違い、成長するほんの一時期のアカンボウに、移動中の跳躍が観察される。

オスとメスの見分け方

どのサル類を野外で調査するにも、まず最初に必要なのは、見ているサルがオスかメスかを識別することだ。新世界ザルの中でタマリンやマーモセットなどごく小型のサルでは、行動が俊敏でじっとしていることが少ないし、体の大きさや体毛の色にオスとメスの差（性差）がなく、性器のある部分にも毛がかぶさっていて見難いため、識別はなまやさしいものではない。一方ホエザルでは、太い尾を巻き上げながら移動して行く後姿を一瞥さえできれば、いたって簡単である。

ホエザルは尾のつけ根の下側の、尻にあたる部分は毛深くないし、外側に出ている性器（外部性器）がオスもメスも大きく、色はピンク色がかった薄いクリーム色で、白色といってもいいほどだから、尻の赤い毛との対比でよく目立つ。

オスの外部性器の陰のうは、真後ろから見ると、逆さにしたハート型の上端を上へ思い切り引っ張ったような形で垂れ下がっている。メスでは、同様に真後ろから見ると、肛門の下に、オスの陰のうと同じ色の膨らんだ陰唇部がある。しかも下に向かって幅も膨らみも大きく、最下部の中央にクリトリスが小さく出ていて、そのせいでオスの陰のうのように中央から二つに分かれているように見えてしまう場合がある。しかし、メスの陰唇部はオスの陰のうのように垂れ下がってはいないから、雌雄の形の違いは見慣れれば一目瞭然である。その形状の違いは生まれてから死ぬまで変わらない（図2-25）。

ホエザルに限らず、メスの性器がこのようにあからさまに露出しているのは新世界ザルだけで、狭鼻猿類のメスには見られない。そのため、アジアやアフリカの森で長年サル類を調査してきた外国の高名なサル学者が、アマゾンでホエザルの群れに出会って、最初のうちホエザルはどうしてオス集団ばかりなのか訝しがったという、笑えぬ逸話も実際にある。メスの陰唇部の膨らみとクリトリスをオスの陰のうとペニスだと思い込んでしまったのだ。

ペニスの形

ウーリーモンキーやクモザル、フサオマキザルでは、オトナはもちろん小さいコドモでも、興奮したり緊張するとしばしばペニスを立てるから、その状態のペニスを見る機会は非常に多い。かれらのペニスの形状には共通点がある。いずれの種のペニスも細い円筒形で、先端部（亀頭）がそれより一回り太い。亀頭はウーリーモンキーで大きく（長く）、ボルトを立てた状態を想像すればいい。一方、フサオマキザルでは亀頭が短いというか薄っぺらく、ペニスの形状が釘そっくりなため、ブラジルではクギザル（マカコ・プレゴ）と呼ばれる。

ホエザルでは、交尾やその前後の性的に興奮したとき以外、わずかに顔をのぞかせていることはあっても、十分に立った状態のペニスを私は見たことがない。吠え合いの興奮時にもペニスは立てない。

実際には、立ったペニスは瑞々しい薄いピンク色で、先は尖り細長い円錐形をしている。亀頭ははっきりしない。ホエザルは交尾するのがごくまれで、しかも高木や巨木の太い横枝の上とか、葉の茂った藪の中ですることが多いから、林床から見上げる観察者にペニスまで見えることはまずない。この美しいピンク色の長いペニスをしかと見た人は、世界中でいったい何人いるだろう。私の密かな自慢である。

メスの外部性器は、発情しても形や大きさに変化がないから、性器で発情を知ることはできない。ただ発情中は、陰唇部の合わさった所が幾分か湿った感じに見え、クリトリスも普段より少し長くなっているから、頑張って見慣れるとなんとかわかる。

メスがクリトリスをペニスのように立てるのは数回しか見ていない。ペニスと同様前方に向かって立つ。そのうち、一歳半のコドモが立てたのは、ヌンチェ（肉バエ）による大きな腫れ物が首の脇にあり、そこから出る体液を、すでにオトナになった姉が舐めに来たときだ。嫌がって逃げようにも枝先で逃げ場がなく、ひどく緊張したからだろうか。そうだとすると、ホエザルはオスもメスも、よほど緊張することのないサルということになる。

交尾行動

群れ生活に平穏な局面が続くと、オトナ・メスは一年半から二年に一度発情して、中心オスと交尾する。

図 2–26　交尾はほとんどの場合藪の中で行われるから、しかと観察するのは難しい。写真は中心オスが背後からオトナ・メスに馬乗りになってペニスを挿入しているところ。

中心オスは交尾する二〜三日前から、メスの尻のにおいを嗅いだり、メスの座っていた場所のにおいを嗅ぐ行動や、自分の陰部や顎をそこに擦りつける行動を頻繁に行う。次いでメスのすぐ後ろをついて歩き始める。そこで、メスが立ち止まり、前肢を少し前に伸ばした腹這い状態で、尾を巻き上げ腰を浮かすと、オスはメスの後ろで膝を折って正座したような格好をとり、上体をメスの背中へ倒しながらペニスを挿入する。そうして五回から七回、早いスラスト（腰を前後に動かす行動）をする（図2–26）。

午前中の交尾だと、この一回のスラストで射精するが、午後だと最初のスラストのあと一分以内の小休止をはさんで改めてペニスを挿入し、同様のスラストをして射精することが多い。射精するまでに続けて四回以上のペニスの挿入は観察されていない。

射精が終わるとメスはすぐにオスから離れる。ごく短時間で終了する一度の交尾後、次の交尾まで、午前と午後で違うが、午前中だと二時間ほど間のあくことが多い。したがって交尾は一日にせいぜい四〜五回である。

メスの発情は三〜四日、長くても五日で終わる。そしてこの発情で妊娠するから、オトナ・メスが二〜三頭のホエザルの群れでは、実際の交尾はめったに観察できるものではない。

なお、4節で述べる三つめの激動の局面、すなわち、中心オスが交代する前後に見られる交尾は、メスはまだ馴染みのない新しい中心オスへの恐怖心が残っているから、発情してもなんとかオスの接近を避けようとする。それでも、逃げ場のない高木の枝先などにいずれ追い詰められ、背後からのしかかられた状態で交尾する。その際には、新しい中心オスの強引さやせわしなさがひどく目立つ。

ホエザルの用心深さについて

以上のような、平穏で淡々とした日常生活の観察からは、ホエザルは新世界ザルの中で飛び抜けて用心深く警戒心の強いサルのように見える。泊まり場にタケ林を使うのも、蔦の絡みついた厚い茂みの中に逃げ込んで長時間出て来ないのも、川岸の崖のサラオに下りる前に一時間以上周囲の様子をうかがうのも、そこを真っ昼間にしか使わないのも、その表れだろう。

それよりなにより、移動や採食や休息の際に物音ひとつ立てず、音声も発しない日常生活そのものが、そのことを如実に物語っているようにも思える。

この特異な行動習性を、ホエザルはどうして持つようになったのだろう。私はチンチョロ（携帯ハンモック）を吊り、見失わないように、かつ睡魔に襲われないように、幾重もの木の葉越しにホエザルの姿を確認しながら、いろいろ思いを巡らせたものだ。

どうやらそれには、二つのことが関わっているように思われる。ひとつは、大型の新世界ザルが熱帯雨林ですみわけによる種分化を行った中で、ホエザルが葉っぱ食いの道を選んだこと（食物を違えることによるすみわけ）、もうひとつは、適応とか自然淘汰といったこととは無関係に、体毛の色が目立つ赤色になったことだ（体毛の赤色化については第6章で述べる）。

葉を食べて生きるには、直接は消化できないセルロースをバクテリアによって発酵させなければならず、そのぶん休む時間も長くなる。それに発酵によって熱が発生するため、体温調節からいってもできるだけ緩慢に動く方が賢い。また、熱帯雨林のキャノピーに咲く木の花は白か黄かクリーム色がほとんどだが、日の差し込まないほの暗い森の中に咲く花は赤色が非常に多く、花のひとつひとつも大きい。目立たないといけないからだ。ホエザルはそれと同じ色をしている。このように、休んでいる時間が長く、動きが緩慢で、体毛が目立つ赤色をし、頻繁に地上に下りて土食いをするホエザルを、捕食者が見つけて襲うのは、ほかのサルに比べたらたやすいかもしれない。

ホエザルの異常とも思える用心深さは、このような、捕食者に狙われやすい四つの〝弱点〟を克服するために、かれらが獲得した行動習性なのだろうか。しかし、アマゾン一の大声の持ち主であることを考慮すると、全く異なる見方ができる。

では、その点を含め、平穏な日常生活という第一の局面に続いて、群れ生活の第二の局面である、かれらが興奮し、規則正しい生活のリズムがすっかり狂う日のことに移ろう。

3　アマゾン一の大声の謎――興奮し陶酔する日

相手の姿が見えると吠える

まだアマゾンの動物相がよくわからず、アフリカのゴリラがキングコングのイメージで語られていたと同時代、欧米の多くの探検家がアマゾンを訪れている。彼らは旅の道中でホエザルの大声を聞き、アマゾンには未知の、キングコングにも匹敵する巨大な怪獣がいると思い込んだ。そんな旅行記の記述がすんなり頷けるほど、ホエザルの吠え声はとてつもなく大きい。

ホエザルの吠え声が大きい秘密は巨大な舌骨にある。舌骨は舌のつけ根にあり、普段は下顎骨の中に収まっている。大きさはオトナ・オスではテニスボールとゴルフボールの中間ぐらいだ。しかし、形は四角錐の全体を丸っぽくした感じで、ごく薄い骨で覆われた内側は空洞になっている。その空洞が共鳴・増幅装置の役割を果たしている（図2-27）。

その声の主を確かめに、当時の探検家がヘルメットをかぶり、長い編上げの革靴を履き、肩に旧式の銃を担いで、という出で立ちでいくら接近しても、その姿を発見できなかった。前節で述べたように、ホエザルは警戒心が強く、何時間でも葉の茂みに隠れ続けられるし、物音ひとつ立てずに移動するサルだから当然だろう。私もアマゾンで調査を開始した当初は、森で近くから大声を聞き、これくらいの距離ならと、声の方に必死に走っても、声は真下に行き着かないうちに止んでしまい、声のした周囲を探しても、姿さえ見つけることができなかった。あとから思えば、私が林床を走る騒音にかれらが先に気づき、鳴き止んで、下からは見えない厚い茂みに隠れてしまっていたのだ。

マカレナ調査地で観察群に終日ついて歩けるようになってからは、もちろんその大声を、かれらが鳴く真下でも聞けるようになった。それでも当初は、どうしたことか、すぐに鳴き止んでしまう。私の接近の仕方に問題があるのか。吠えるときは何かわけがあって私を警戒するのか。

図 2–27　ホエザルの大きな舌骨のありかは下方への移動時に見えることがある。写真はオトナ・オスで、のどの下、白っぽく大きくふくらんで見える所に舌骨が収まっている。

じきにその理由を解く機会が訪れる。吠え始めた観察群の全員が抜きん出て高い巨木の、てっぺん近くの水平に伸びた枝に横一列に並んで座り、両腕で立てた膝を抱え込むような姿勢をとっている。私は接近を止め、かれらが樹間越しになんとか見える位置まで、そおっと後退する。そして、吠えている方向の樹々の茂

図 2–28　高木上で MN–2 群と向かい合って吠えている観察群のサルたち。

みの中に双眼鏡を当てる。そこからも吠え声が聞こえるからだ。やはりいた。体の赤い毛が茂みのわずかな隙間からいくつも見える。一一頭の西隣りの群れ（MN-2群。図2-5参照。六九頁）だ。一方が吠えて、相手もそれに応えるように吠える。吠え合いはしばらく続いて、どちらからともなく鳴き止む。一息入れる。また一方が吠え始めると、他方がそれに応えるように吠える。一方だけが鳴き続けることもある。そんなことを延々と繰り返す（図2-28）。

一時間一五分後、少し前から鳴き止んでいた西隣りの群れが、観察群から遠ざかる方向（自分の遊動域の方向）へ移動を始める。すると、観察群も鳴き止み、同様に自分の遊動域の方向へ移動を始める。そうだったのか。これまで、吠えている観察群に私が接近すると、きまって吠えるのを止めてしまう理由がわかった。観察群はすでに私に馴れているから、私が真下にいても気にせず吠え続けるが、西隣りの群れはまだ私に馴れていない。私が観察群の全員がよく見える位置を探して林床を往き来しているのに西隣りの群れが気づき、私への警戒心から吠えるのを止めて茂みの中に隠れるか、自分の遊動域の方に移動を始める。それを見た観察群は、もう吠える必要がなくなったので鳴き止んでいたのだ。次からは、観察群が吠え始めたときは、少し離れた位置から観察することにした。

そのような吠え合いの観察を何度も繰り返す。観察群が吠えるのは遊動域が重なっている所で、隣接する三群（以下、隣接群と呼ぶ）のいずれかに出会ったときだ。ただ、観察群が隣接群の気配を感じても、気配がした方へ接近して行って、相手の姿をしかと確認できるまでは吠え始めない。隣接群も観察群に対して同じ行動をとる。だから、隣接群と出会うことのない遊動域の重複していない地域では、群れは普通は吠えない。隣接群の姿が目視できないからだ。

姿が見えないと吠えないわけ

隣接群が近くに見えたときに吠えることはわかった。私がそのことを繰り返し確認していたある日のことだ。一〇〇メートル余り先から東隣りの群れ（MN－4群）が接近しつつあるのに気づく。かれらは私にまだ気づいていない。見つからないように観察群の後方へ退き、両群の動きがなんとか観察できる地点の、太い木の陰に身を潜める。

まだ鳴かない。両群は、間に五本ほどの木しかない三〇メートルほどの距離まで近づく。まだ鳴かない。両群とも蔦の絡みついた茂みの中で採食している。少しして、東隣りの群れが前方の木に乗り移って、先ほどより五メートルほどさらに近づいたとき、その群れが観察群を目視し、同時に観察群も相手を目視できた。東隣りの群れのサルが一斉にもう一本手前の木に小走りに登る。観察群もほとんど同時に近くの木に駆け上がる。両群の距離は一五メートルほどだ。

普段のっそりとしか動かないホエザルの群れが真面目に小走りをするのは、人馴れしていない群れが私を発見して逃げる一瞬と、このときぐらいだろう。小走りで木に登りながら、両群のオスがまずゴッゴッゴッと低く重い声を発して相手を威嚇する。すぐにメスも追随して鳴く。隣り合う木に陣取った両群には、相手の群れの全員が丸見えである。その直後、東隣りの群れの中心オスがいきなりンゴォーーーと周囲に響き渡る大声で吠え始め、観察群の中心オスも応酬する。

相手の姿を目でしかと確認するまで吠えないのは、おそらくこういうことだろう。アマゾンに棲む動物のうち、樹上生活をする哺乳類は多い。マカレナ調査地にも、昼行性のサルではホエザルのほかにウーリーモンキー、クモザル、フサオマキザル、リスザル、ダスキーティティの五種がいて、ダスキーティティを除くと群れごとの個体数も多い。調査地にはあと一種、ヨザルがいるが、夜行性なのでここでは関係ない。サル以外で日中でも活動する哺乳類としては、コアリクイやフタツユビナマケモノ、ミツユビナマケモノがいるし、リスも大小二種類いる。地上性だが木登り上手なタイラやアカハナグマもいる。かれらは枝を揺らし物音を立てる。ほかに、茂みの枝伝いに木の実を求めて動き回る大型の鳥、ナキシャッケイやチャムネシャッケイ、チャチャラカもいるし、地上性のサルビンホウカンチョウやクロホウカンチョウもしばしば樹上で採食したり休息する。もちろん、風が樹々をざわつかせるのはしょっちゅうだし、枯れ枝が突然落ちたり木が倒れることもある。樹々の葉が青々と生い茂って見通しのきかない樹上にいて、そんな物音のひとつひとつに隣接群のサルかもしれないと反応していたら身がもたないだろう。しかもホエザルは、ほかのサルや動物と違って物音をほとんど立てず静かに暮らしているから、それらが発する声や音を聞き逃すはずがない。だからホエザルは、声や音の主が隣接群だと肉眼でちゃんと捉えたあとでなければ、吠え始めないのではないか。

遊動域の境界域でなくても吠える

ときにホエザルは、遊動域の重複域でなくても吠えることがある。ひとつは、キャノピーを突き抜

図 2–29　恰幅のいいハナレザルだと、ひるまず群れと吠え合うことがある。吠えるときは大きな舌骨が上方にせり上がる。写真はミルペーヤシの葉の上で吠えるハナレザル。

けて高い巨木の、古い葉がすっかり枯れ落ち、新葉が芽吹き始めたときなどだ。葉で覆われていないから、どの方角からでも、別の群れがいれば姿がよく見える。その巨木で群れが採食していて、他群も離れた所の同じ木に登れば、両群は丸見えの状態になるから、ときとして両群ともに吠え声を発する。ただ、重複域における近接した状態と違って、吠え合いは五分から一〇分程度と短く、しかも途切れ途切れであり、どちらか一方だけが吠える場合はさらに短い。これに似た例として、川を挟んでの吠え合いがある。吠えている両岸の群れを直接観察できたのは一例だけだが、それは幅が四〇メートルほどの川で、両岸の木の川面に突き出た水平の枝にたがいが陣取って吠えていた。

もうひとつは、ハナレザルや固有の遊動域を持たない小群が群れの遊動域に侵入したときである。ハナレザルは群れよりもさらにひっそりと暮らしていて、群れのサルですら、ハナレザルが近くを移動しても気づかないことがある。とくにハナレザルがまだ若年のオスだと、群れに対して用心深く、群れが近くにいればもちろん避けるし、群れに見つかって中心オスにひと声、ゴッゴッゴッと威嚇されれば、そそくさと逃げ去る。したがって吠え合いにはならない。

吠え合いになるのは、ハナレザルが恰幅のいいオトナ・オスで、しかもそのオスが動ぜずゴッゴッと同じ声で応えながら身構えるか、群れの方へ動いたときである（図2-29）。そうしても、吠え合いは群れのサルたちの発する圧倒的な音量によって、たいていは短時間で終了する。ないしは、中心オスが吠えるのを止めて先頭に立ち、仲間の全員もそのあとに続いて、ハナレザルの方へ向かって行くからだ。そして、ごくたまにはオス同士の取っ組み合いにまでなるが、それは一瞬で終わる。

相手が小群の場合、たまたま小群が四～五頭と数が多く、必ず一頭いるオトナ・オスが立派な体格をしていると、吠え合いはそう簡単には終わらないことがある。それでも、隣接群のときと違って、一〇～二〇分ほど吠え合ったあと、小群の方がいつも立ち去る。まれに、ハナレザルの場合と同様、群れのオス（オスたち）が吠え合いの最中に突然小群に向かって行き、五〇メートルほど激しく追っていくことがある。追えば小群は逃げ、それで吠え合いは終了する。

群れがハナレザルや小群に対して吠え合いから攻撃へと切り換えるのは、相手が鳴き止まないというだけでなく、群れの中心オスが相手のどこをどう判断してなのか、私からは相手の様子がほとんど見えないのでよくわからないが、おそらく、ハナレザルからは群れの中心オスに自分がなろうという野心みたいなものが、小群の場合は小群のオトナ・オスから遊動域を確立したいという意図のような何かが群れの中心オスに伝わるからではないだろうか。それが実際に行動に移されると、激動の日々である三つめの局面に入るわけで、それについては次節で述べる。

縫いぐるみを使った実験

群れが大声で吠えるのはどのようなときか、観察群に連日ついて歩いておおよそがわかった頃、日本のテレビ会社から連絡が入った。ホエザルの吠えているところを真正面から大写しで撮りたいという。いい機会だ。囮《おとり》として使う縫いぐるみの作成用に、私はオトナ・オスの体の大きさや張り出した下顎の特徴、尾の長さや太さのメモに、カラー写真を何枚もつけて送った。

撮影隊がキャンプに到着したのは二カ月後だった。彼らが持参した縫いぐるみは私が納得できる出来映えではなかったが、少し離れた茂みの中に置いてみると、どうにかホエザルらしくは見える。

縫いぐるみに威嚇する格好をとらせて長いタケ竿の先に固定し、それを担いで観察路を歩きながら撮影隊と作戦を練る。今日の観察群の移動ルートはわかっているし、移動ルート上にある一本の木の若葉を食べにきっと来るはずだ。その木の、横に張り出した枝が正面に見えるように三脚を立ててカメラをセットする。

カメラから移動ルートに沿ってさらに二〇メートルほど行った先に藪がある。助手には、ホエザルからは見えないその藪の中に、タケ竿に括りつけた縫いぐるみを持たせて待機させる。そして、私の合図とともにタケ竿をそおっと立て、少し上下させるように頼む。そうすれば、若葉を夢中で食べるホエザルからちらちらと縫いぐるみの一部が見えるだろう。

群れがハナレザルに吠えるのは、両者が出会った際、群れの中心オスが威嚇の音声を発しても、ハナレザルが逃げずにそこに留まるときだ。三〇分ほどして、予想通り群れがやって来る。そして、先頭のオトナ・メスが採食樹に乗り移ったとき、助手に合図を送る。助手はタケ竿を立て、縫いぐるみをゆっくり上下させる。メスは縫いぐるみを見て、低くグッグッグッと鳴く。すぐに中心オスがやって来て、縫いぐるみの方へ身を乗り出す。続いてコドモが来てオスと同じ動作をする。

たったそれだけで、あとは助手が揺する縫いぐるみには誰も関心を示さず、ひとしきり若葉を貪り食べてから、カメラマンのすぐ脇を通って斜面を下って行ってしまう。私の予想は外れた。いくらものぐさなかれらでも、本物か偽物かの区別ぐらい一瞥でできるのだ。かれらを少々なめてかかった私の浅知恵を思い知らされ、その点ではいい勉強になった。

珍しい出来事

一度だけだが興味深い観察をした。繰り返し出会うことで、東隣りの群れ（MN－4群）は私にだいぶ気を許すようになっていた。かれらが樹上で吠えているとき、私が少し離れた所にじっとしていれば、かれらから私の姿が見えていても鳴き止まないまでになったのだ。

そこは密な藪のきたない森である。私は観察群が吠えている木の少し後方の観察路上にいた。そのときの観察群の中心オスは、例の、最初に出会ったときはまだ周辺オスだった「ボキンチェ」で、鳴き止むと樹上から振り返るように私をちょっと見下ろし、東隣りの群れへ少し接近し、また吠えるということを三回繰り返す。そして「ボキンチェ」が一頭で、東隣りの群れが吠えているすぐ隣りの木に乗り移り、かれらがいる方の枝先へ向かおうとしたそのときである。鳴き始めからずっと同じ木の同じ横枝にいて吠えていた東隣りの群れの中心オスが、いきなり「ボキンチェ」のいる木に跳躍し、かれに飛びかかろうとした。その行動は、私には、中心オスが〝この野郎、調子に乗るな〟と思ったかどうかはわからないが、咄嗟にやった行動のように見えた。

「ボキンチェ」にとっても、それは予期せぬことだったのだろう。不意を食らって慌てたかれは、そのまま真下の低木に落下するように跳ぶが、うまく枝をつかめず、地面に大きな音を立てて落ちる。幅の狭い観察路に仁王立ちしている私の三メートルほど先だ。木から落ちた「ボキンチェ」は、すぐさま体勢を立て直すと、一瞬あたりをきょろきょろし、行く手に突っ立つ私を無視するかのように、観察路沿いに一目散に私の方に走って来る。そして私の股の間を通り抜ける。前肢の肘を外側に折り曲げて前のめり気味の、なんとも不恰好な走り方だ。かれはさらに二メートルほど先まで走り、そこでちょっと振り向き、木によじ登って行った。私はホエザルの大きなオスでも、いざとなったら跳躍することや、群れ間のオス同士で激しい攻撃行動のあることを、この観察で初めて知った。

ところで、「ボキンチェ」はなぜこのような行動をとったのだろう。表情のないかれの顔からは何も読み取れなかったが、もしかしたら、かれは私を無害な動物という以上に、仲間か友達か何かはよくわからないが、敵と味方と中立という三区分をすれば、中立ではなく、むしろ〝味方〟に近い存在と認識していたのではないだろうか。

調査を開始した当初、遊動域の境界域で観察群が隣接群に出会えば、両者は吠え合うが、相手は私の存在に気づいたとたんに鳴き止み、茂みに隠れるか、遠ざかる方向に移動する。隣接群がいったん茂みに隠れても、私は観察群の調査を直下から続けているわけだから、観察群が動かなければ、私も動かない。結局、隣接群は引き上げるという結果になる。

ここで、群れの吠え合いで、最初に鳴き止んで引き上げた方がそのときの敗者だとすれば、私が観察群について歩いているわけだから、観察群は隣接群に対してこれまで全勝だったということになる。おそらく長い無言のつき合いの中で、かれは私の存在によってそのような結果になるのを、かれなりに理解していたのかもしれない。

実際、上記した東隣りの群れとの吠え合いのとき、私の存在を確認するかのような見下ろす行動を「ボキンチェ」は三回繰り返したし、そうしたあと相手に接近して行った。跳躍して地面に落下したときも、すぐ近くの藪に潜り込めば済むものを、わざわざ私の方に走って来て、私の股間をすり抜け、私を一度振り返ってから木に登った。ということは、私はかれにとっては吠え合いのときの〝頼りになる存在〟になっていたのかもしれないわけで、そうだとするとかれは、おそらくそのときいささか図に乗りすぎて、当時かれを入れてオトナ・オス二頭とオトナ・メス二頭、コドモとアカンボウ一頭ずつの六頭という小さい群れなのに、当時一二頭という群れのサイズが二倍も大きな隣接群に接近し過ぎてしまった。そして、予期せぬ攻撃に慌てふためいたということになる。
群れとハナレザルや小群との吠え合いでは、ときに似たようなことが起こることは先に述べた。

吠え合いの一部始終

遊動域の重複域で、隣接群が近くに来ている気配を感ずると、中心オス、ないし周辺オスが一頭で、ないし一緒に、グッグッグッと低く鳴きながらゆっくりと接近し、姿がちらりと見えると、声は強い威嚇のゴッゴッゴッに変わる。そのときには相手も気づいて同様の音声を発する。その後たがいがさらに接近し、メスやコドモが後からついて行く。

両群間の距離は問わず、両群のサルがたがいに丸見えになった段階で、オスのゴッゴッゴッはゴォーーー・ゴォーーー・ゴォーーーとひと声ひと声が長く強くなる。そして、オスは相手に向かって身構え、肩から上腕部にかけての毛を逆立てながら、顎を突き出し気味に口を開けて丸く尖らせ、ゴォーーーーーーゴロゴロゴロと長く吠える。そのときにはメスやコドモもオスの両脇にぴったりくっついて吠え始めるが、その一回はオスの半分以下の長さしかない。吠える際には、全員は顔をかなり上方に向けているから、その最中は相手を見ていない。また、相手とは関係ない方向に顔を向けて吠えているサルも何頭かはいる。

吠え合いがしだいに熱を帯びてくると、オスとメスとコドモの吠え声が入り乱れて、巨大な唸り声になり、個々のサルはずっと鳴き続けているわけではないが、連続して聞こえる。離れた所からだと抑揚があるように聞こえるのは、オスがいったん息を整えるために鳴き止んで、メスやコドモだけが鳴いていることがあるからである。

オスが上方を向いて朗々と声を張り上げ続けているときの顔は、何に似ているかといえば、人がうがいをしているときだ。うがいを続けてもいずれ息が切れる。息が切れ始めたときの声が、ンゴォーーーという長い声の最後に聞かれるゴロゴロゴロという声である。人がうがいをしているときは、口に含んだ水が外に跳ね飛ぶし、水の量が多いと口の両側から水が垂れて流れる。同様に、とくにオトナ・オスでは、吠えている最中によく口の両脇からよだれを垂らすし、唾を飛ばしている。また、実際に試してみたらわかるが、うがいのときに顔をどこまで上方に向けるかで、うがいの音が微妙に変化する。それと同じように、かれらも頭を常に上下に動かしているから、それだけでも音色は変化する。だから耳に聞こえる朗々とした吠え声を忠実にカタカナ表記するなど、どだい無理な話である。

吠えているうちに、明らかに興奮が高まってくるのだろうが、とくにメスは、オスの右へ左へ、上の枝、下の枝へと激しく動き回り始める。オスはすでに全身の毛を逆立てていて、普段より優にひとまわりは大きく見える。また、吠えながら全身を小刻みに震わせ始めるし、左右へものそりのそりと動く。その立ち居振舞いは、見ていてなんとも大げさで、まさに歌舞伎役者のそれだ。

横一列に並んで最初に吠え始めた枝から、途中で中心オスが別の枝や隣りの木まで動くと、メスやコドモも先を争うようにそこへ移動し、体を寄せ合ってすぐにまた吠え始める。

オスの脇にぴったりくっついたメスは、吠えているオスの口元まで自分の口をもっていってくっつけ、一緒に吠えることが多くなる。そうこうしているうちに、群れの全員が同時に口を開け、唱和し始める。こうなると、もう止まらないのではないかと思えるほど、皆が一緒になって大声を発することに陶酔している風情になる。同じことをすぐ近くにいる他群もやっているわけだから、その声たるや、当然ものすごい大きさになる。すなわち、遠くの樹海から聞こえてくるホエザルの大声は、一頭の吠え声ではけっしてなく、二つの群れの何頭もが鳴いている声だったのだ。また、鳴き疲れなのだろうが、片方の群れがいったん鳴き止み、わずかの休息を挟むこともあるが、両群が同時に鳴き止まないかぎり、遠くからは連続したものとして聞かれる。

そのような、ひと続きとして聞かれることの多い二群による吠え声は、一時間を超えることもしばしばで、記録できた最長は一時間四七分だった。そしていったん鳴き止んでも、両群がその場から離れないと、一〇分とか二〇分とか、長いと小一時間の休息を挟んだり、三〇分前後の採食を挟んだりして、また鳴き始める。そんな吠え合いで一番長かったのは、じつに一日半におよんだ。

そのときは、両群の遊動域が重複している所にあるイチジクの巨木が新葉を芽吹かせていて、一時間余り吠え合っては一群は休息に入り、一群はイチジクの新葉を採食する。三〇分から小一時間でイチジクの木から下りると、またそこで吠え合い、今度は先ほど休息した群れは採食を、採食した群れは休息に入る。泊まり場も両群ともイチジクの木のすぐ近くである。夜間は観察していないが、翌日も早朝から吠え始め、午後まで延々とその繰り返しだった。

おそらく好物であるイチジクの新葉を巡って、両群の力量がかなり拮抗していたのだと思われる。

吠え合いは、たいていは群れサイズが小さいか、オトナ・オスが中心オス一頭しかいない群れが最初に鳴き止み、離れる方向に移動することで終わる。ただ、力量の強い方の群れが、そこから引き下がった群れをさらに追いかけて行くことは一度もなかった。また、音声の応酬をいくら繰り返しても、それで力量の強い方が遊動域を拡大し、弱い方が縮めたということも、一一年間の調査でなかった。

ところで、群れの全員が一緒に吠えると書いたが、アカンボウは当然まだ鳴けない。群れが吠えている最中、アカンボウはしがみついた母親の背中から、肩越しに相手の群れを見るとはなく見ていることが多い。皆がこんなに大声を張り上げて興奮していたら、当然母乳は飲めないし、うつらうつらもできないから大変だろうなと、ついいらぬ心配もしたくなる。独り立ちしてしばらくのコドモは、オトナと同じような姿勢をして口を丸く尖らせ、懸命に吠えようとするが、声らしい声は出ていない。途中で飽きて、少し離れた枝に腹這いになり、所在なさげに休息していることも多い。唱和する群れの一員気取りで、か細いが、それでも一丁前《いっちょうまえ》に声を張り上げるようになるのは、オスでは二歳になってからだ。しかし、声はオトナのように長くは続かない。

吠え声の意味

ホエザルの吠え声はなわばり宣言（テリトリー・ソング）だといわれることが多い。典型的なテリトリー・ソングを発するのは、新世界ザルではダスキーティティやサキである。いずれも早朝の、森に静寂が支配している時間帯に鳴く。しかも、一日を通してその一回だけで、日に何回も鳴くことはないし、鳴かない日が何日も続くこともない。鳴く長さはせいぜい数分程度だ。しかもこの両者は、オスとメス一頭ずつのペア型の社会を持つ。アジアに棲む小型類人猿テナガザルの仲間のテリトリー・ソングは声が非常に大きくて有名だが、かれらもペア型の社会を持つ。ほかにアジアやアフリカに棲む狭鼻猿類でも、テリトリー・ソングを歌うのはペア型の社会を持つ種が多い。オスとメスが一緒に大声で歌うことで、番《つがい》の仲間意識を強めているという側面もあるのだろう。しかし、ホエザルの吠え声もテリトリー・ソングだというなら、相手がしかと目視できるほどの近い距離にいようがいまいが、すさまじい大声だから、毎朝派手に一回、それもごく短時間鳴けばそれで十分なはずである。

吠え声は音声による闘争(ボーカル・バトル)だともいわれる。実際にかれらが吠え合っているところを目にすると、興奮し、毛を逆立て、できる限りの大声を振り絞って闘っているようにも見えるから、そう思う人がいても頷けなくはない。だが、闘争の一種だとしたら、短時間で決着がつけばそれに越したことはないはずだし、両群のサルが一時間以上も吠え続け、やっと終わって共にへとへとに疲れ果て、そのあと一時間も二時間も休息しなければならないなんて、エネルギーの浪費以外のなにものでもなく、なんとも馬鹿げた話だ。また、決着がいったんついたなら、ときに数時間あいだを置いたり、翌日になっても延々と、そんな闘争を繰り返すことなど愚の骨頂といえよう。

吠えているとき、確かにかれら、とくにオトナ・オスの攻撃性が解発されているのは確かだ。だからといって、それを闘争と決めつけていいはずはない。かれらは吠えることでどんどん興奮していき、最後には相手の方を全然見ずに、吠えることに陶酔しているとしか思えない状態になってしまうことがほとんどだからである。

ただ、このような群れと群れではなく、群れとハナレザルや小群との場合は、先に書いたように闘争の要素も色濃くて、吠えて相手がすぐ鳴き止めばそれで終わりだが、鳴き止まずに応酬してくれば、吠えるのを止めて相手に向かって行く。したがってこの場合の吠え声は、相手の力量や意図を確かめるためのものだといえるだろう。

吠え合いは音声の競い合い

私には、ホエザルの群れ間の吠え声は、ボーカル・バトルという要素を含みながらも、むしろ音声の競い合い（ボーカル・コンテスト）といった方が真実に近いのではないかと思える。たがいにいかに大声で朗々と、オスだけでなくメスもコドモも協力して途切れさせずに鳴き続けるかを競い合う、審査員のいないコンテストだ。だから当事者が、その競い合いに酔ってくるのも頷ける。

うがった言い方をすれば、競い合いだから、最後にはなんとなく優劣ができ、うまく歌えた方は自己納得するし、できなかった方は次はうまく鳴こうとするだろう。うまく歌えた方も次はさらに上手に歌おうとするかもしれない。そして、そんな途方もない無駄を来る日も来る日も延々と繰り返しながら、吠え合いを通して、なんとなく他群の持つ力量を理解していっているのではないだろうか。もう一方では、ペア型の群れのテリトリー・ソングと同様に、群れの全員で唱和することで、結果として群れの個体間の仲間意識を強め合っているという側面があるのかもしれない。

それにしても、相手の力量を知り、仲間意識を強めるために、大声を長時間発し続け、極限まで興奮し陶酔する必要がどこにあるのだろう。動物の行動の進化を、その行動をとることによって得られる利益と損失の差（行動を支配する個々の遺伝子にとって有利か不利か）で説明する社会生物学の理論では、損失（エネルギーの莫大な消耗）の方が圧倒的に大きいホエザルのこの行動の進化を、どう説明するのだろう。長時間あらん限りの声で吠え続ける行動そのものによるエネルギーの浪費のほかに、そうすることで採食時間も当然減ってしまうのである。しかも、微生物にセルロースを発酵分解させているホエザルは、体温調節上そのときに生ずる多くの熱を冷やす必要があるだろうに、長時間大声を発したり興奮して、さらに体温を上げ続けて大丈夫なのだろうか。

しかし私には、その興奮と陶酔の中にこそ、ホエザルが生きていくうえでの重要な意味が隠されているように思えてならない。先に述べたように、群れの全員は日常生活の中で、見事といいたくなるほど同一行動をとり続ける。排尿や排便までが一緒だから、それは徹底している。しかも、普段は音声を発せず、表情を変化させることもなく、たがいに毛づくろいもせず、移動の際も一列縦隊で、物音ひとつ立てない。かれらの日常はあまりにも禁欲的で自己抑制的だ。その強い自己抑制は、一見するとじつに平穏で平和的なのだが、そうすることでかれらが内にストレスを溜め込んでいるとしたなら、そのストレスを心ゆくまで発散させる機会が隣接群と近接したときであり、このときとばかり、競い合いという形をとって鳴き続けるのではないだろうか。そして審査員のいない競い合いだから、両者がそれぞれに自己の存在を主張して終わる、すなわちそれは、生きていることの誇り高き自己表現ということにもなるのではないか。頭上でのホエザルの吠え合いを圧倒されながら見上げていて、私はそれが、徳島の阿波踊りや南米ブラジル、リオのカーニバルに一脈通じるのではないかと、ふと思ったりもした。

そうして、観察すればするほど、私はホエザルの持つあまりにもサルらしくない、たがいにかけ離れた二つの顔に驚かされ、かつ魅了されていった。ひとつは、先に述べた早寝遅起きし、哲学者のような風情で表情ひとつ変えずに淡々とした日常を送っているときの顔であり、もうひとつは、ここで述べた、猛々しく、騒がしく、大声を張り上げて歌い踊っているときの顔である。

吠え合うときの群れの位置取り

二群が吠え合っている間、双方が相手が丸見えの高木の太い横枝に陣取って、群れとしては動かず、メスやコドモが右に左にと興奮気味に激しく動き回ることがある。一方ないし双方が、吠え合いながら徐々に位置を変えることも多い。一方だけが位置を変えるのは、その群れが相手に対し低い位置にいるときである。そして、観察群は隣接三群のいずれに対しても、遊動域は小さい川の下流側にあり、重複域では斜面の下方側になるから、どの群れに対しても観察群の動く場合が多い。吠え合いのときに相手を見上げながら吠えるのと見下して吠えるのとでは、気分の乗り方や相手に与える威圧感が違うからなのだろう。私の印象でも、高みに陣取っている群れの吠え声の方が、より迫力があるように感じられた。

図 2–30　キャノピーを突き抜けて高い巨木に新葉が出ると、ホエザルはその葉に満腹したあと、そのまま寝てしまうことがしばしばだ。写真は夕方、巨木のてっぺんで身を寄せ合って寝る態勢に入った群れ。

双方が吠え合いながら位置を変えるのは、ひとつは、最初はほぼ同じ高さにいる両群が、相手より高い位置を確保しようとするとき、もうひとつは、葉の生い茂りや藪などで死角があり、たがいに相手の全員が視野に入らないときである。後者の場合は双方が動くから、動いても新たにまた死角ができ、そのようなことで、結果として双方が同じ所をぐるぐる回ることもある。吠え合う際の位置取りは、両方の群れにとってかなり重要なことのようだ。

よくわからない吠え声

いくら頑張っても、その意味をはっきりと突き止められなかった吠え声がある。ホエザルは早寝遅起きのサルだから、そうめったにはないが、早朝、キャンプから吠え声を聞くことがある。吠え始めは夜明け直後の六時台前半が多く、長いと二

○分ほど続く。

声が割合近くだと、慌てて調査用の服に着替え、その場へ急行する。一度は東隣りの群れ（MN-4群）とその奥にいる群れ（MN-10群）が、周囲が平らになった尾根上の、一二〇メートルほど離れた二本の巨木のてっぺん近くにいて、吠え合っていた。いずれも新葉が出たてで、夕方にそれぞれの木で新葉を採食したあと、そのままその巨木で泊まったからだと思われる。普通の吠え合いのときの距離、一〇メートルとか一五メートルに比べたら一〇倍も離れているが、たがいに相手がよく見える状態だからだろう（図2-30）。

これ以外の、調査に急行した一一回は、なぜ吠えているのか原因を突き止められなかった。一一回のうち四回は、吠えていたのは観察群とは遊動域が隣接する三群のうちのひとつで、それほどは人馴れしていないため、私が小走りに接近して行く途中で鳴き止んでしまって、調査にならなかった。ただ四回とも、その群れ以外の吠え声がどこからも聞こえなかったから、近接した群れ同士による吠え合いとは違うようだ。残り七回は観察群である。七回とも、吠えている木の真下に私が着く前に鳴き止んでしまったし、近くから別の群れの吠え声はなかった。

このような一群だけの早朝の吠え声は、何に対してなのだろう。ひとつの可能性としては、捕食者であるジャガーやピューマなどが近くにいて、それらを威嚇するためではないかと考えられる。ただ、それを直接確かめようがないのは、なにせ早朝で林床はまだ本当に暗いから、たとえ捕食者が近くにいても、私にはとうてい発見できないからだ。また、観察群が私がその場に着く前に鳴き止むのは、すでに十分人馴れしているから私の接近のためではなく、威嚇する相手が私の接近を察知して立ち去ったためだとも考えられる。しかし、そうだとすると、日中に藪や茂みに潜んだり休んでいるネコ科の捕食者を、ほかのサルと同様ホエザルも発見することがあるだろうし、そうしたら、クモザルやウーリーモンキーやフサオマキザルがよくやるように、当然ホエザルも、捕食者に対して日中この吠え声を発してよさそうなものだが、そのような観察は一度もない。

鳴き止んだあと、吠えていた場所が小川のほとりからだと、ぬかるんだ所に捕食者の真新しい足跡が印されている可能性があるから、森の中が明るくなってから再びその場所に戻り、丹念に調べた。だが、ぬかるみに捕食者の足跡は一度も発見できなかった。ついていたのはクビワペッカリーの足跡が二回、ブラジルバクの足跡が一回である。一方で、日中に観察群のすぐ下にペッカリーやバクがいるのを何回も見ているが、それらの動物に吠えたことは一度もない。地上性の大型哺乳類を森の中が暗いうちに見ると吠え、日中には見ても吠えないということが、実際にあるのだろうか。

もうひとつの可能性は、相手がハナレザルの場合である。ハナレザルは立派なオスでも、群れと吠え合うことはあまりしない。想定される状況としては、早朝、群れが近くにハナレザルがやって来たのに気づいて吠え始めるが、ハナレザルはそのままそこに留まり続ける。そこへ私が接近したため、ハナレザルはそそくさとその場を立ち去る。去って行くハナレザルを見て群れは鳴き止む、といった状況だ。この場合だと、消えるように音もなく去るハナレザルを、まだ暗い森で私が目撃するのは無理な話である。ただし、ハナレザルが群れに比べてずっと早起きで、早朝からうろついているという観察はない。

ほかに、長い調査期間中に二回、観察群だと思われる吠え声を満月の夜にキャンプから聞いたことがある。五分ほどで止んだが、その吠え声が何であったかもわからない。

オスが一回だけ吠える

長時間続く二つの群れの吠え合いとは別に、オスがひと声、ゥゴォーーーーと吠えることがある。それには二種類あり、いずれも群れの仲間に向かってと考えられる吠え声である。ひとつは、すでに書いたように、うっかりしてオスがメスやコドモを見失い迷子になったときで、メスを探しながら発せられる。声は二群の吠え合いのときほどには強くない。

もうひとつは、雨季にのみ聞かれる。午後に豪雨（スコール）が襲来するときだ。スコールは思いのほか強い風を伴い、強風は樹々の枝を大きく波打たせ、ざわつかせる。その音で、空が見えない森の中にいる私は足早に迫るスコールを知るのだが、強風が吹き始めたときに中心オスがこの声を発するのだ。

この声は非常に強く発せられるが、私がかれらのいる木の真下にいても、強風によって樹々の枝や葉が擦り合う大きな音と、迫り来るスコールの大粒の雨滴が葉を激しくたたく大きな音の中で発せられるから、よほど神経を集中して耳を澄ましていないと聞き漏らす。しかも、注意力がこの声の方になかなか向かないのは、スコールでずぶ濡れにならないよう、急いでナップザックから防水の合羽《かっぱ》を取り出して着たり、折りたたみ傘を出して開いたり、カメラや双眼鏡やノートをナップザックにしまったり、あるいはキャンプに近いと、キャンプに向かって走り出してしまうからだ。

スコールが間近に迫って中心オスがこの声を発するのは、メスやコドモがそのときオスから見える所にはおらず、オスのいる木の下方の藪で採食や休息しているときである。高木の太い横枝に群れの全員が横並びに座って休息しているときなどには、スコールが来てもオスはこの声を発しない。オスが迷子になることはすでに述べたが、オスがこの声を発するのは、自分が迷子にならないよう、自分の居場所を仲間に知らせるという意味があるのだろう。

なぜ吠えるかを流域住民に聞く

私は、一九七〇年代に広域調査したコロンビアやペルーやボリビアの、アマゾン川上流域の住民に、機会あるごとにホエザルが大声で鳴く理由を聞いた。答えには、なわばり宣言で直接格闘することに比べたら実害がずっと少ないからだという〝模範回答〟や、ジャガーなどホエザルを狙うネコ科の動物が接近してきたときにその声で威して退散させるためだというのが多かった。しかし、それらより多かったのが、ホエザルは雨が近づいたら鳴くというもので、雨雲の接近で湿度が急に高くなり、喉が痒くなるからだというのがその説明である。多かったもうひとつは、メスがオスをくすぐり、それでオスが興奮して鳴くのだという。

最初の模範回答はすでに述べた通り正しくない。次の捕食者の接近説は、もしこの説が本当なら、数百回もかれらが鳴いている真下で私は観察してきたわけだから、何回もジャガーやピューマに出くわしているだろうし、そのうちたった一回でも面と向かったら、八つ裂きにあってとっくに命を落としていてもおかしくない。三つめの、雨が近づいたら鳴くというのは、そう答えた住民が実際に、森でスコールが迫ったときホエザルの声をしかと聞いていれば、理由は別にして正しいことになる。しかし、ごく頻繁に聞かれる二つの群れが近接したときの長い吠え合いの説明にはなっていない。四つめの、メスがオスをくすぐる説は、実際にメスがオスをくすぐることはないが、メスが横からオスにぴたりと身を寄せ、あるいは背後から抱きつき、オスにもたれかかりながら口をオスの口に近づけて、自分も吠えながらオスをさらに調子づかせ鼓舞するかのような、そんな吠えている最中のメスの行動を観察したら、そう理解したくなるかもしれない。オスが調子に乗って鳴いていても、メスが鳴き疲れて、ないし鳴き飽きて、オスの脇から離れて採食を始めたり、横枝に腹這いになって休息に入ったりすると、それがきっかけで、まだ相手の群れが吠えているのに、オスは吠えるのを止めてしまうことがある。だから、この説明をそんな馬鹿なと否定してしまうには、ちょっと惜しい気がする。

吠え声に対するほかのサルや動物の反応

観察群の遊動域は、大型のウーリーモンキーやクモザル、中型のフサオマキザルやリスザル、ダスキーティティ、ヨザルも利用している。そのうち、ウーリーモンキーはひとつの群れ二〇頭から四〇頭がまとまって行動していて、ホエザルに対しては胡散臭い存在と思っているのか、かなり攻撃的である。好物の木の実がなった採食樹で一緒になると追い払うし、そうされる前にホエザルの方が立ち去ることもしばしばだ。一度は、ホエザルがミルペーヤシの葉の上で夜の眠りに入った夕方、ウーリーモンキーの群れがやって来て、腹這いで四肢をだらりと下げて寝ているホエザルたちの上を、六頭がまたぐように通過していったが、驚いたのと葉が大きく揺れたのとで、ホエザルは次々に下の茂みに落下したことがあった。ウーリーモンキーのオスがホエザルのオスに、咬みつかんばかりに攻撃したこともある。

そんなウーリーモンキーだが、ホエザルが吠え合っている近くまで来ることはあっても、吠えているホエザルを攻撃したり、吠えるのを妨害する行動は一度も観察していない。吠え立てる大声に、かれらがなにがしかの威圧感を覚えているのかもしれない。

クモザルはウーリーモンキーとは違って、群れがひとまとまりでは行動せず、小さい集団に分かれて日常生活を送っている。樹上で我が物顔に振舞うウーリーモンキーと比べると、ずっと慎ましやかだ。ときたま、好物の木の実がなった採食樹で、二〜四頭の小さい集団がいくつか集まって十数頭の集団を作り、そこにオトナ・オスが二頭以上いると、オスがよくやる誇示行動（ディスプレー）の一種だが、オスがホエザルを威嚇することはある。逆に小集団がホエザルに出会うと、一緒に採食することが多い。また、単独で行動する群れを出たワカモノ・メスが、ホエザルの群れと行動を共にするのは珍しくなく、私の観察した最長は二日半の間、泊まり場を含めて一緒だったし、その間、コドモのホエザルと休息時間にじゃれ合って遊ぶこともあった。

そんなクモザルだが、吠え合うホエザルのすぐ近くまで来たときは、吠え合いを邪魔しないよう気を遣ってか、足早に素通りして行くだけである。じっとしていることの少ないフサオマキザルは、ホエザルが近くで吠えていても、特別に注意を払っているようには見えない。また、吠え合っているときにサル以外の哺乳類を近くで目撃することはなかった。大型の鳥、ホウカンチョウやチャチャラカなども見ていない。

これらの観察をあわせ考えると、ホエザルの吠え合いは、あまりに大声過ぎるがゆえに、ほかの動物には近寄りがたい威圧感を与える効果はあるようだ。

大声と用心深さについて

ところで、前節の終りで、ホエザルの異常とも思える用心深さについて、アマゾン一の大声の持ち主であることを考慮に入れれば、全く別のことが考えられるのではないかと述べた。すなわち、休む時間が長く、動きが緩慢で、体毛が目立つ赤色で、土を食べに地上に下りるからといって、捕食者に狙われないよう物静かな日常を送っているのではない、とも考えられるのだ。体毛の色についても、ホエザルと同じく目立って赤いアカウアカリがいるし、体毛が純白で同様に目立つシロウアカリやシロセマダラタマリンもいる。そしてかれらは、ホエザルより体が小さいにもかかわらず、目立つ体毛の色ゆえに警戒心が特別に強いということはない。むしろ、日常的に騒々しいサルたちである。

また、大声を出せば、遠くにいる捕食者にも居場所を教えてしまうことになる。しかも吠え合って興奮し陶酔していれば、無防備になり、捕食者に襲われやすくもなるはずだ。それとも、大声が力量の誇示にも、熱帯雨林での存在感の主張にもなって、捕食者から襲われ難くしているとでもいうのだろうか。

新世界ザルはどの種も、アマゾンの樹上ではすべての動物に対して偉そうに振舞っている。その意味で樹上の覇者といえる。それなのに、どうしてホエザルだけが、捕食者や、人などの得体の知れない動物に対し、強い警戒心を持っていて用心深く、あたかも脅えながらこそこそと生活しているように、私には見えたのか。

前節で述べたように、ホエザルの日常的なさまざまな振舞いを用心深さという観点から理解しようとしたのは、観察する私に一方的な思い込みがあったからで、実際には、アマゾン一の大声を引き立たせるための、かれらなりの頑な振舞いではないのだろうか。

このような観点からのホエザルの大声の進化史的意味については、再度、最終章で考えてみたいと思う。

4　オスの交代と子殺し——激動の日々

双系の社会を持つ？

ホエザルの群れ生活には大きく分けて三つの局面がある。ひとつは、最初に述べた平穏で淡々とした日常、二つめは前節で述べた興奮し陶酔する日であり、そしてここからは、三つめの局面、激動の日々について見ることにしよう。

私がマカレナ調査地で、ホエザルの通時的社会構造を明らかにしようと決めたきっかけは、二つある。ひとつは、すでに述べたが、偶然「ボキンチェ」という人をあまり警戒しない一頭のオスにキャンプの近くで繰り返し出会ったこと、ひとつは、飛び抜けて賢いことがわかっていて、最初から調査すると決めていたフサオマキザルの群れが運よく餌づいてくれ、もう一種、別のサルを同時進行で研究対象に選ぶ時間的余裕ができたことだ。

しかし、ホエザルの社会構造に興味がなかったわけではけっしてない。私が職場の変更でアマゾンでの調査を中断していた一九八〇年代前半、ホエザル属のサルたちの調査を外国の研究者が手掛け、徐々に成果が上がり始めていた。彼らによれば、どうやらホエザル属のサルの社会には単雄群と複雄群の両方の構造があり、オスもメスも生まれた群れを出るようだ。子殺しも見られるという。

私の恩師、故伊谷純一郎博士（京都大学名誉教授）は、サル類の社会進化を考察する中で、早くからホエザルは双系の社会を持つに違いないと主張されていた。

小型類人猿テナガザルのようなペア型の社会では、オスもメスも生まれた群れを出て（移出）、生まれた群れに戻っては来ないから、群れ（基本的単位集団）は一代かぎりで継承性はない。一方、群れの継承性が維持されながら、旧世界ザルのニホンザルやアカゲザルのようにオスだけが生まれた群れを移出し、よその群れ出身のオスが群れに入って来る（移入）のであれば、メスの血が受け継がれながら群れが維持される母系の社会、大型類人猿チンパンジーやボノボのように逆にメスだけが移出入すれば、オスの血が受け継がれながら維持される父系の社会ということになる。そして、これまで私は、群れが継承され、それでいてオスもメスも群れを移出入する、伊谷博士のいう双系の社会を持つサルを一度も調査した経験がないのだ。

オスもメスも群れを移出入して、いったいどのようにして群れの継承性は保たれるのだろう。双系の社会を持つサルの長期にわたる研究がひとつもなかった当時、私はそのような構造を持つ群れのあり方について、具体的な像を描けないでいた。だから、もしホエザルが双系の社会を持っていれば、それを詳しく知る願ってもない機会だと思えたのである。

そのためには、とにもかくにも「ボキンチェ」のいる群れ（MN-1群）の一頭一頭を個体識別し、かれらの動向を五年、一〇年と丹念に追い続けていく以外に方法はない。そう決心し、結局一一年も延々と調査することになる。

群れ生活の三つめの局面

調査結果のうち、群れ生活の二つの局面についてはすでに述べたが、それらの内容を社会構造という視点から見れば、主に共時的構造が描かれている。一方、これから述べる三つめの局面では、争いごとが多く、群れのまとまりが先の局面とはうって変わって不安定になり、群れの構成員も入れ替わる、そういった変動の歴史を扱うわけで、それを通して見えてくるのが通時的構造である。

この三つめの局面でもっとも大きな出来事といえば、中心オスの交代と、交代時の子殺しだが、それを述べるにあたって、まずはホエザルの年齢区分と、通時的社会構造という視点から見たオスの存在様式を、簡単に整理しておこう。

年齢区分

「アカンボウ」と「コドモ」の年齢区分は2節のアカンボウの成長のところで述べたが、一歳未満が「アカンボウ」で一歳以上が「コドモ」である。ただ、一歳を過ぎてもしばらくは、夜寝るのはいつも母親の懐の中だし、危険な場所に来ると母親にしがみついて離れないなど、母親への依存度が高い。そして依存度が高いと、新しい中心オスの子殺しの対象になる。このようなホエザル社会の持つ特殊性から、アカンボウとコドモというどのサルに対しても使われる年齢区分とは別に、このサルでは特別に、母親への依存度が高く子殺しの対象となる一歳半未満を「幼子（おさなご）」と呼ぶこと

図 2–31　尾で枝にぶらさがってのコドモ同士の遊び。右が2歳半のオス、左が1歳のオス。

にする。

ところで、真猿類に共通することだが、ものぐさなホエザルといえどもコドモはオトナに比べればはるかに活発に動く。休息時には皆がうずくまったり腹這いになって動きがぴたりと止まるのに、コドモは水平な横枝上をちょこちょこと小走りに往復したり、細枝に尾だけでぶら下がり、反動をつけて体をブランコのように前後に揺らせたり、下の枝へわざと落ちてみたりと、かれらなりに工夫した一人遊びをする。

運よく群れに同年齢か少ししか年齢の違わないコドモがいると、遊びはもっと活発になり、遊ぶ頻度も高く、遊んでいる時間も長くなる。典型的な遊びは、両者が尾で向かい合わせに枝にぶら下がり、逆さになって両手足を使うじゃれ合いである（図2–31）。

二歳になる頃からは、隣接群との吠え合いに加わり、吠え声というにはいささかか細過ぎるし長続きもしないが、懸命に口を丸く尖らせ、仲間と唱和しようとする。オトナに近い吠え声を出せるようになるのは三歳を過ぎてからである。その頃には遊びも少なくなる。

三、四歳になったオスは、群れにいるオトナ・オスや群れに追随し始めた見知らぬオスとも積極的に関わりを持ち始める。一方、同年齢のメスは幼子に強い関心を示し、背中に乗せて歩いたり、抱きかかえたり、遊び相手になったりと、頻繁に世話行動をとる。メスは早いと四歳で発情する。五歳になると、オスはしっかり吠えるし、メスは出産することもある。もう「オトナ」である。ただ、オスでは六歳になっても群れに留まることがある。このオスは群れのメスと交尾することはけっしてない。三、四歳が「ワカモノ」、五歳以上が「オトナ」という年齢区分とは別に、四歳から六歳までの群れに留まっているオスを、ここでは「若オス」と呼ぶ。

中心オスと周辺オス

ホエザルには二頭から最大一五頭までの大きさの群れが存在し、群れの内や外には、群れと関わりを持つオトナ・オスが複数いる。そして、主に群れのメスたちとの関わり方の違いによって、オスの存在様式を五つに区別できる。五つとは、「中心オス」、「周辺オス」、「追随オス」、「ハナレザル」、それに先に述べた「若オス」である。それぞれはどんなオスか。

「ボキンチェ」のいる観察群は、調査開始時点で、オトナ・オス二頭（うち一頭は「ボキンチェ」）、五〜六歳の若オス一頭、オトナ・メス二頭、コドモがオスとメス一頭ずつ、アカンボウが一頭の計八頭という構成だった。

群れのオトナ・オス二頭のうち一頭は、メスやコドモのすぐ近くにいつもいて、何をするのもメスやコドモと一緒で、日常的にかれら全員からもっとも注目されているオスである。隣接群との吠え合いでは中心的な存在で、積極的に吠え、声も一番大きい。毛を思い切り逆立て、全身を小刻みに震わせながら吠えているときは、それでなくても体格が立派で群れの仲間から抜きん出て大きいのに、さらにひと回りは大きく見えるし、すごい迫力がある。当然、群れの仲間同士の頼る頼られる関係では、頼られることがもっとも多い。このオスを「中心オス」と呼ぶ。中心オスは、かつて競争原理に則った用語でボスとかリーダー、アルファ・オスなどと呼ばれたオスである。メスと交尾できるのはこのオスに限られる。

二頭のうちのもう一頭は「ボキンチェ」で、最初は群れの仲間の空間配置ではいつも周辺部にいて、一列になった移動では最後尾、休息時にメスやコドモと親和的な交渉を持つこともそれほど多くなかった。

だが日々行動を共にし続けることで、やがて、メスやコドモだけでなく中心オスとも親密な交渉を繰り返すようになったし、隣接群との吠え合いの際も中心オスと変わらない大仰な立居振舞いをするまでになった。そして、「ボキンチェ」が群れの仲間との距離を徐々に縮めていくとほぼ同じ速さで、群れの私への警戒心も解かれていった。

「ボキンチェ」に見るこのようなオスのあり方を「周辺オス」と呼ぶ。すなわち、周辺オスとは、程度の差こそあれ、群れの仲間と少なくとも敵対的ではなく親和的な関係にあるオスであり、中心オスとは違ってメスと交尾できないオスをいう。

追随オスとハナレザル

観察群にはこの二頭のオスのほかに、しばらくしてもう一頭、群れとは距離を置きながらも、群れの移動について来るオスが現れた。このオスを「追随オス」と呼ぶ。追随オスは中心オスとは敵対的な関係にあって、メスに近づいたり、メスと親密な交渉を持つことはできない。他群との吠え合いにも最初のうちは加わらない。

以上の中心オス、周辺オス、追随オスのほかに、群れとは無関係に単独で行動する「ハナレザル」がいる。その後調査を重ねて明らかになるのだが、中心オス、周辺オス、追随オスのすべてはハナレザル出身である。また、ハナレザルはいずこかの群れの「若オス」出身である。

ハナレザルが追随オスになる際には、そのオスの、そうなろうとする意志やそうなれるという判断が強く働いていると思われる。というのは、多くのハナレザルは、群れに遭遇すると中心オスに吠えられ攻撃されて早々に退散するが、なかに、そうされてもひるまず、じっと我慢の子を決め込み、群れにつかず離れずを繰り返しながら徐々に群れとの距離を縮めていくオスや、中心オスの攻撃に対して一戦を交え、咬みつかれて負傷しても、群れへの追随を止めようとしないオスがいる。ハナレザルがそのいずれの行動をとろうと、その行動をとり始めた時点からが追随オスである。

以上述べたオスの生き方のひとつの典型を示すと、アカンボウ↓（幼子）↓コドモ↓若オス↓ハナレザル↓追随オス↓周辺オス↓中心オス↓ハナレザルということになる。

群れのオトナ・オスの数

一九七〇年代のペネージャ調査地で行った観察や、広域調査の道中での観察では、群れは一頭のオトナ・オスと二〜三頭のメス、それにコドモやアカンボウという構成で、群れサイズは五頭から一〇頭程度が圧倒的に多かった。どうしてそうだったのかが、マカレナ調査地での継続調査から明らかになる。私の唐突な接近に、ひとかたまりになって逃げる中心オスとメスたちしか数えられていなかったのだ。人に対して警戒心の強い群れでは、追随オスは間違いなく勝手に姿をくらますし、周辺オスも多くの場合、逃げる仲間のあとを追わず、近くの身を隠しやすい茂みに一頭だけで潜り込んでしまうからである。

実際の、群れにいるオトナ・オスの数は、中心オス一頭だけか、それに周辺オス一頭と追随オスの一頭のどちらかがいれば二頭、両方がいれば三頭、加えて、若オスをとりあえずオトナ・オスとして、若オスがいれば三頭か四頭になる。複数のオスのアカンボウが無事に育てば、若オスが二頭いる群れもあり得ていいが、そのような群れをマカレナ調査地で私は見ていない。すなわち、群れにいるオトナ・オスの数は一頭から四頭までに限られる。

図 2–32　中心オス当時の「ボキンチェ」。のんびりミルペーヤシの実を食べている。

「ボキンチェ」の記録

ホエザルのオトナ・オスの存在様式は、このように群れのメスとの関わり方の違いによって五つに区分できるが、おそらく個々のオスの個性や過去の経歴、その時どきの判断や意志、群れにいるほかのオスとの関係などを反映して、具体的な生き方は一頭一頭で異なる。そのあたりの事情を、すでに何回も登場している「ボキンチェ」を例に見てみよう（図2–32）。

なお、通時的社会構造を明らかにするには、継続調査に空白が生じないことが必須で、そのため私のキャンプ不在中は主に助手に、ときにロスアンデス大学の卒業研究の学生に、群れの構成員の変動を記録し続けるよう頼んだ。したがって、以下の記述には、一部彼らの観察も含まれるが、繁雑になるのでいちいち断ることはしない。

さて「ボキンチェ」だが、かれは調査開始時には周辺オスだった。年齢は推定だが一四～一五歳だったと思われる。当時群れには、ほかに中心オス（「ホボ」）と若オスがいた。少しして追随オス（「モルテ」）が加わり、オトナのオスは四頭になる。ホエザルの群れのオトナ・オスの数としては最大である。

追随オス「モルテ」は一カ月後には中心オスを追いやって新しい中心オスになり、三日目までに群れに一頭いた生後三カ月のアカンボウを殺す。若オスは中心オスの交代と相前後して群れを出たが、「ボキンチェ」は群れに留まり、新しい中心オスのもとでも周辺オスを続ける。

その後、この二頭のオスは親密な関係を築き上げていき、およそ八カ月後の翌一九八七年半ば頃からは、力量の差でどちらが勝っているのか、日々の交渉からは確認できない状態にまでなる。また、両者は二頭いる別々のメスと、時期は少しずれるが交尾したから、この期間は「ボキンチェ」も周辺オスでなく中心オスだともいえる。夜の泊まり場でも、両者は二頭だけですぐ近くで寝ることが多く、だから二頭が一緒に迷子になったりもした。ごく一時的にせよ、このように中心オスが二頭といえるような例はこれ以外にはない。

それが同年一〇月頃からは、「ボキンチェ」が力量の差で上と思える行動が見られ始め、その五カ月後には「モルテ」が群れを出る。どうして「モルテ」が群れを出たのか、いきさつは不明だが、「ボキンチェ」にも、直後にハナレザルとして出会った「モルテ」にも、目立った傷はどこにもなかったから、両者の闘いの結果とは考え難い。また、それ以前の、「モルテ」が周辺オスになり中心オスが「ボキンチェ」だけになった前後も、「モルテ」が群れを出た前後も、群れのまとまりが不安定

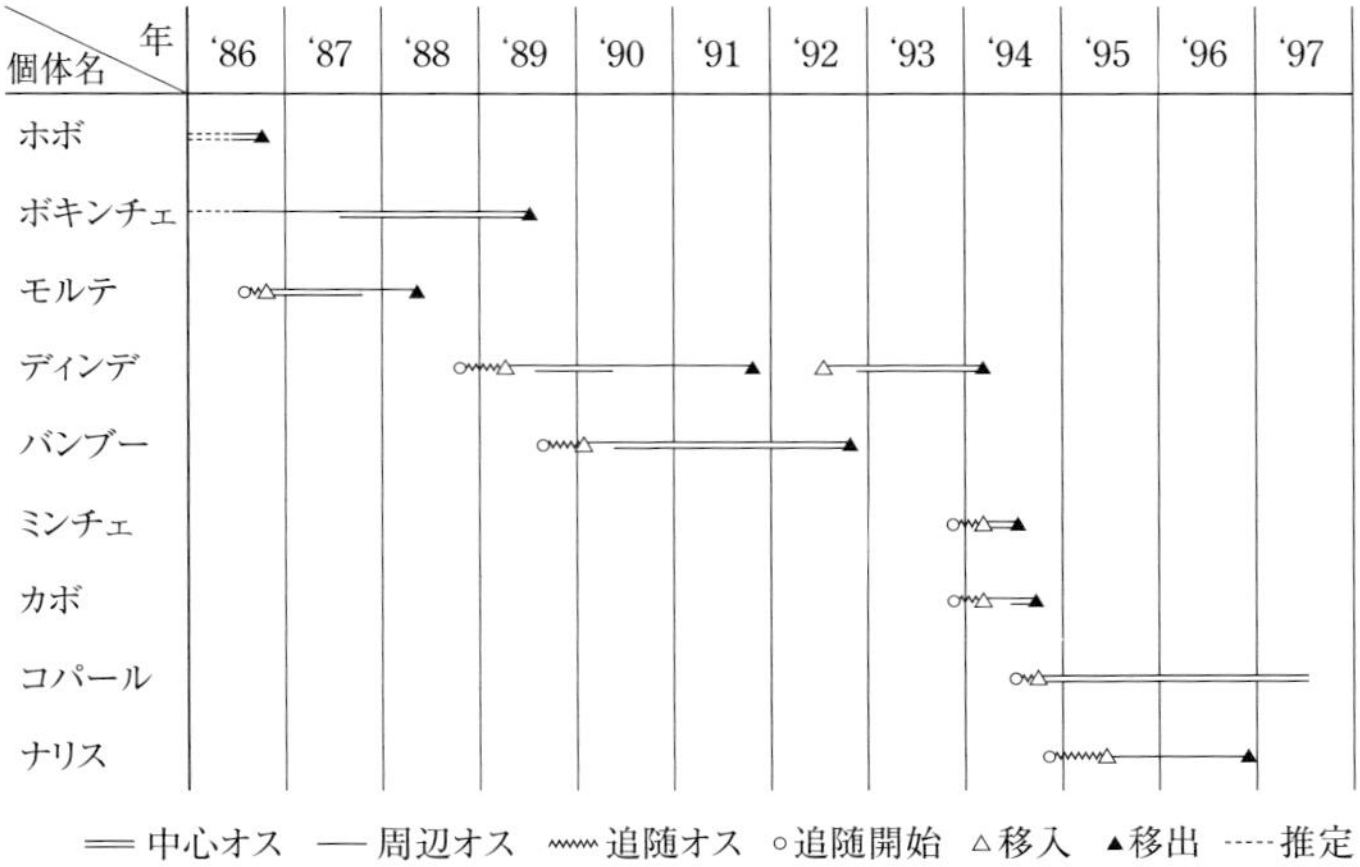

図 2–33　観察群でのオトナ・オスの移出入。

この図に示された9頭のサルは、1986年から1997年までの11年間に観察群と関わりを持った他群出身のオスたちで、かつ観察群の中心オスや周辺オスになったものである。かれら9頭のうち、図の最下欄の「ナリス」を除いて、8頭が中心オスになっている。ほかにハナレザルとして群れに接近したオスは沢山おり、そのうち何頭かは追随オスにもなったが、群れのメスたちと親和的な関係を持つ周辺オスや中心オスにはならずに群れを去ったので、この図には示していない。またこの図からは、どのオスは追随オスからすぐに中心オスになり、どのオスは周辺オスになったのちに中心オスになったかや、中心オスが交代する前後のほかのオスの動向や、中心オスや周辺オスとして群れに滞在した期間の長短なども示されている。

になることはなかった。

「モルテ」が中心オスになって以降の二年以上続いた観察群の平穏な日常生活に、波風が立ち始めたのは一九八八年一一月である。一頭のハナレザルが追随オスになった。そして翌一九八九年に入ると、「ボキンチェ」とこのオス（「ディンデ」）は親密さを増し、やがてメスも、一メートルくらいまでならオスの接近を許容するまでになる。周辺オスになった証だ。「ディンデ」は「ボキンチェ」よりかなり若くて、追随オスになったとき一〇歳前後と思われた。体格も「ボキンチェ」より小さい。「ディンデ」は周辺オスになってからも、周辺オス時代の「ボキンチェ」とは異なり、三日から五日、群れからぷいといなくなることが何回かあった。「ディンデ」が「ボキンチェ」を攻撃して中心オスの座を奪ったのは同年半ばで、敗れた「ボキンチェ」はハナレザルになる。そのとき、群れには生後八カ月と一三カ月の幼子がいたが、「ディンデ」は両方を殺したし、いまだかれを完全には受け入れていないメスたちをも激しく攻撃し、大怪我を負わせた。

交代時の「ディンデ」の攻撃で、左頬と左足太股に縦の深い裂傷を負い、右手中指を咬み切られた「ボキンチェ」はハナレザルになったが、その後少なくとも三回群れへの接近を試みた。しかし、いずれも「ディンデ」に追い払われてしまった。ただ、当時すでに若オスにまで育っていた群れ生まれのオスとだけは、ごく短いじゃれ合いや毛づくろいといった親密な交渉をした。しばらくして、この若オスは「ボキンチェ」についていき、群れを出た。

「ボキンチェ」を最後に見たのは群れを去った四カ月後である。そのときかれは、見知らぬオトナ・オスと五歳前後のオスと一緒に群れへの接近を試みた。ところが先頭に立って近づき過ぎた見知らぬオスが「ディンデ」とメスたちに激しく追われ、「ボキンチェ」も一緒に退散した。

「ボキンチェ」と、ここまでに名前をあげたオトナ・オスを含め、調査期間中に観察群（MN-1群）に移出入したオトナ・オスを一覧表にしたのが図2-33である。

「ディンデ」の記録

オトナ・オスの生き方を見るのに、「ボキンチェ」の一例だけではどうにも心もとない。先に名前を出した「ディンデ」のその後についても簡単にふれておこう。

「ディンデ」は「ボキンチェ」を力ずくで群れから追い出し、子殺ししたあと、群れのメスたちと交尾し、やがてメスやコドモとの親密な関係を築き上げる。群れに平穏な日々が戻る。その直後から、「ディンデ」より二〜三歳は若いと思われるハナレザルが追随し始めるが、かれも数日間行方をくらますことをしばらく繰り返した。

この追随オス（「バンブー」）は半年後の翌一九九〇年に入ると、中心オス「ディンデ」とはまだぎくしゃくした関係だったが、メスには割合すんなりと受け入れられ、やがて中心オス「ディンデ」から攻撃されることもなくなって周辺オスになる。

それから四カ月後、中心オス「ディンデ」が、ハナレザルと激しくもつれ合った闘いで顔と左肘に大怪我を負い、とくに移動の際に左手が使えない状態になった。このことで力量の差が入れ替わり、

図 2–34　群れに戻って来た「ディンデ」。そのとき私は、体がひと回り大きくなったという印象を持った。

周辺オス「バンブー」が中心オスになる。両者間での闘いは行われていない。中心オスになった「バンブー」は群れにいた幼子を二頭とも殺す。いずれも「ディンデ」の子である。そうされても、「ディンデ」は子殺しを防ごうとはしなかったし、周辺オスとしてそれから一年以上も群れに留まり続けた。

「ディンデ」は翌一九九一年半ば過ぎから、一週間とか一〇日間とか群れから離れることを繰り返すようになり、中心オスを「バンブー」と交代した一年半後の一一月にはハナレザルになる。そして同年末には、中心オスと周辺オスがたまたま迷子で不在の隣接群（MN-4群）に接近し、メスを追いかけ回す。しかし、当時三頭いた幼子を一頭も殺すことができないまま、三日後に戻った二頭のオスに追い払われてしまう。それでも「ディンデ」はひるむことなく、二カ月余りその群れに追随するが、結局またハナレザルになる。

「ディンデ」が観察群（MN-1群）に戻って来たのはハナレザルになってから一〇カ月後（一九九二年半ば）で、メスやコドモがかれを覚えていたのか、すんなり周辺オスになる（図2-34）。

そして二カ月後に、中心オスに返り咲く。ただそのとき、それまでの中心オス「バンブー」との間で何があったのかは観察できていない。「ディンデ」は中心オスになったあと、当時群れに二頭いた幼子を殺すが、すでに一歳半から二歳になって独り立ちしていた三頭の「バンブー」のコドモは殺さなかった。一方「バンブー」は、中心オスの交代後は、周辺オスとして群れに留まらずにハナレザルになった。

その翌年（一九九三年）には若オスが群れを出て、観察群のオトナ・オスは「ディンデ」だけという状態になるが、それでも群れはいたって平穏だった。再び風雲急を告げたのは、「ディンデ」が中心オスに返り咲いてから一年余りたった一九九三年末で、血気盛んな二頭のハナレザルが群れに接近し、メスを攻撃しては傷つけ、次々にメスと交尾し、力ずくで「ディンデ」を群れから追い出した。ほんの二週間の出来事だった。

かつての古傷の上にさらに深手を負ったかれは、見るからにぼろぼろの状態になり、群れを追われた後しばらくは、ハナレザルとして調査地内を徘徊していた。だが、傷も癒え、体力と気力が回復した八カ月後の一〇日間は、三歳と四歳のワカモノ・メス二頭を連れて行動していたし、その小集団に五歳のオスも加わった。それから半年後にも、「ディンデ」が同一個体と思われるワカモノ・メス二頭と一緒にいるのを観察している。

図 2–35 「コパール」は本当に痒いのか癖なのか、しょっちゅう背中を木に擦りつけていたので、遠くからでもかれだとすぐにわかった。a：垂直の枝に寄りかかって背中を擦る、b：水平の枝に仰向けになって背中を擦る。

「コパール」の記録

オスの記録をここまで整理して、あと一頭、「コパール」と名付けたオスを登場させれば、一一年間に観察群（MN-1群）に関わったオトナ・オス九頭全員（図2-33）の動向を網羅できることに気づく。このオスもついでに紹介しておこう。

先の「ディンデ」を放逐した血気盛んな二頭のオスのうち、大柄な方（「ミンチェ」）が中心オス、小柄な方（「カボ」）が周辺オスになる。ただ、両者がメスやコドモと親密な関係を築き上げるには、それまでの中心オスや周辺オスと比べて時間がかかった。それは、二頭のオスの気性の荒さ、とくに「ミンチェ」のそれが原因のように私には思えた。

「ミンチェ」のメスへの攻撃がすっかりなくなり、群れが平穏な状態になったのは、「ディンデ」を追い出してから二カ月ほどあとである。しかし長くは続かず、その四カ月後、ハナレザルだった「コパール」が追随オスになるのと、中心オス「ミンチェ」が群れからいなくなるのがほぼ同時に起こる。そのとき追随オス「コパール」と中心オス「ミンチェ」との間に何があったかは調査できていないが、少なくとも「コパール」の体には、どこにも目立った傷はなかった。

「ミンチェ」が群れを去ったあと、もう一頭の小柄な方の「カボ」が中心オスになる。しかし、かれも二カ月と続かずに群れから姿を消し、追随オスだった「コパール」が中心オスになる（図2-35）。大柄なオス「ミンチェ」も小柄なオス「カボ」も、群れを去ってからは行方知れずで、傷の有無は確認できずじまいだが、中心オスになった「コパール」には、このとき体のどこにも傷がなかったから、交代時に激しい闘いがあったとは思えない。

「コパール」は体格的には、オトナ・オスとして並の大きさで特別目立ちはしないが、悠揚迫らぬ振舞いをするサルで、中心オスになってからメスの信頼を得るのも早かった。交代したとき、群れに子殺しの対象になる幼子のいなかったことが、「コパール」とメスが親密な関係を早く結ぶのに影響を与えたとも考えられる。

群れは一本の木で全員がのんびり採食するなど、すぐに平穏さを取り戻す。一カ月後には「コパール」よりずっと若い、七〜八歳のオス「ナリス」が群れに追随し始める。このオスは、まず群れにいる若オスおよびコドモ・オスと、続いて「コパール」と親密になり、追随を始めて約半年後にはメスとも親密になって周辺オスになる。

こうしたいきさつからも、ハナレザルが追随オスになり、さらに周辺オスになるのに、そのとき群れに、群れを出る前の若オスやコドモ・オスのいることが重要なことがわかる。かれらはほとんどなんの抵抗もなくハナレザルに近づいて行くし、じゃれ合って遊んだり、ときに一方的な毛づくろいをしたりもするからだ。夜の泊まり場でも一緒に寝たりする。そうしながらも、若オスやコドモ・オスは頻繁に中心オスやメスのいる所に戻るから、ハナレザルはかれらと行動を共にすることで、群れへの接近が容易になるし、かれらが〝壁〟になって群れのサルからの攻撃を受け難くもなる。いうなればかれらは、群れのサルたちのハナレザルへの強い敵対心をやわらげて追随オスになりやすくし、さらに親密な関係を築いて周辺オスになりやすくもする、群れの内と外を結ぶ梯《かけはし》の役割を果たしているともいえる。なお、先にホエザルは仲間内での毛づくろいをほとんどしないと述べたが、一一年間の調査でもっともよく見られたのは、若オスやコドモ・オスから追随オスやハナレザルへの一方的な毛づくろいだった。

「コパール」とメスやコドモとの親密な関係は、少なくとも一九九七年半ばまで二年半は続く。そして、その間ずっと、群れはいたって静かで平穏な日々を送っていた。

中心オスの交代の仕方

一一年間の調査で八回、中心オスの交代のあったことは述べた。それら八回の交代劇は、それぞれで状況が異なる。また、私が直接か、助手や学生かで、交代時の観察に濃淡があるのも否めない。それでも、交代の仕方は大きく二つに分けることができる。ひとつは、追随オスが力ずくで中心オスの座を奪い取るやり方、もうひとつは、中心オスが何らかの理由で群れを出たために周辺オスが繰り上がって中心オスになったり、両者がいながらにして交代した場合で、それは、そのときまで両者が親密な関係にあったことから、必ずしも力ずくとは考えられない。そして八回のうち、前者と思われる例が四回、後者と判断される例が四回と半々である。ハナレザルがある日突然、中心オスを攻撃して退け、群れの中心オスになったという例はない。

交代後に元の中心オスのたどった道は、ハナレザルになったのが六例、周辺オスとしてしばらく群れに留まったのが二例である。ハナレザルになった六頭のうち四頭は、その後の消息は不明だが、残りの二頭は先に述べた「ボキンチェ」と「ディンデ」で、ハナレザルになったあとも観察群の遊動域に度々出入りしていた。「ボキンチェ」は三年以上、「ディンデ」は四年半以上、観察群の中心オスや周辺オスや追随オスだったことで、観察群の遊動域にすっかり馴染んでしまい、だからハナレザルになっても、すぐには遠くへ行かなかったのかもしれない。

子殺しの現場を目撃したい

中心オスの交代後、新しい中心オスが群れにいる幼子を皆殺しにする行動は、インドに生息する旧世界ザル、ハヌマンラングールで最初に報告された。「子殺し」(インファンティサイド)といい、衝撃的で、ぞっとさせる行動である。それが同じ葉っぱ食いで類似の社会構造を持つホエザルでも起きているだろうことは予測できていた。

観察群での最初の子殺しは、まだキャンプ一円の整備を続けていたときに起きた。そのときは調査に二日間の空白があり、直前まで中心オスやメスやコドモになんら変わった様子はなく、群れはごく平穏で、生後三カ月になるアカンボウも元気だった。それなのに、三日目に再び群れに出会ったら、中心オスがそれまでの追随オスに替わっていて、母親はアカンボウを持っていなかった。

見るからに貫禄があって恰幅がいい中心オス「ホボ」が、どうして痩せ型で風采もいまひとつの追随オス「モルテ」と交代したのか、そのときはどうにも合点がいかなかったが、そういう常識的な判断がすんなり通用しないのがホエザルであることを、あとで何度も思い知らされる。ただこの事実から、いずれまた中心オスが交代すれば、そのときに子殺しが起こることを私は確信した。

それからというもの、怠惰で、変化に乏しい淡々としたかれらの日常に、連日朝から夕方までつき合いながら、時いたるのを辛抱強く待った。

予想外のハナレザルによる子殺し

事が起きたのは一〇カ月後（一九八七年八月）で、それは予期した中心オスの交代による子殺しではなかった。前日の朝に観察群の中心オスと周辺オス（「モルテ」と「ボキンチェ」）が迷子になった。ぬかるみに印された真新しい足跡からわかったのだが、夜中にジャガーが泊まり場のタケ林一帯を徘徊したことで、オス二頭が三〇メートルほど泊まり場を変更し、朝のメスたちの移動開始に気づかなかったせいである。私はオスたちが迷子になったあとは、メス集団について歩いていた。

二頭のオスが迷子になった翌日の昼過ぎ、小川を挟んで対岸遠くから葉擦れの音がし、続いて枝々が波打つように揺れ、何者かが勢いよく近づいて来るのがわかる。非常に速い。クモザルだろうか。でも葉擦れの音が違う。私の頭上近くまであっという間だ。姿が見える。それは、いかついホエザルのオトナ・オスだった。周囲にほかにホエザルのいる気配がないから、ハナレザルに違いない。迷子になっている二頭のオスのいずれより大柄に見えるが、全身の毛を逆立てているせいかもしれない。近くで見ると右足の膝から先がない。そのせいで、ここまでの五〇〇メートルほどの急速移動では、ホエザルに似つかわしくない大きな騒音を立てていたのだ。

真下にいる私を見向きもしない。かれは顎を突き出し気味にグッグッグッと低く鳴きながら、ひとかたまりになって脅えた様子でうずくまるメス集団に接近して行く。群れにはそのとき、生後一カ月半と前日の夜に生まれたアカンボウがいた。

夕方まで、片足のオスは二頭いるメスのうち、前夜に出産した一頭を執拗に追う。メスは枝先に追い詰められると鋭い悲鳴のひと声を発し、オスのひるんだ隙に逃げ、もう一頭のメスの背後に回る。頼られた方のメスは気が強く、オスが逃げるメスを追って接近すると、その度に、ネコのゥニャーオという唸り声に似た、攻撃的意味合いを含んだ防御の大声を発し、オスを寄せつけなかった。

そして日暮れ前、メス集団は近くにあるいつものタケ林の泊まり場には向かわず、ミルペーヤシの大きな葉の上に全員がかたまって寝た。一方片足のオスは、隣りの高木の横枝に腹這いになり、メスたちを見下ろす位置で寝た。ハナレザルが現れてからここまで、そのオスも、メスやコドモもまともに採食していない。

午後から寝につくまで続いた、興奮し毛を逆立てた片足オスのメスへの執拗な攻撃を目の当たりにして、私は翌日か翌々日か、迷子になっている二頭のオスが早く群れに戻らなければ、片足オスによる子殺しが必ず起こると信じて疑わなかった。運が悪ければメスも殺されてしまうかもしれない。事実、頻繁に追われていた方のメスは、泊まり場に入ったときには、左腕に深手を負って鮮血を滴らせていた。

ここまで予測できていて、実際に子殺しの現場を観察できない無念さを、私は寝に入ったかれらを置いてキャンプに戻ってから、ずっと噛み締めていた。というのは、翌朝早くにキャンプを発ち、マカレナ村で村長や村会議員と会談する避けられない予定がすでに入っていたのだ。助手もカヌーの運転手として同行するから、留守中の調査を頼めない。

マカレナ村から戻ったのは四日後である。すぐに群れを探しに行く。迷子だった二頭のオスは無事復帰していて、それまでと変わらぬ平穏な群れの日常がそこにあった。だが、あれだけ追われていたメスの生まれた直後のアカンボウではなく、生後一カ月半の大きい方のアカンボウの姿がなかった。母親である気の強いメスにも、左腕と腰にかなりひどい裂傷があった。

なお、この直後から、子殺しにあった気の強いメスがもう一頭のメスのアカンボウ（オス）を抱くことが多くなり、授乳もし、一〇日後には自分の子として育てるようになった。

いつ起きるか予測は難しい

次に子殺しが起きたのは、調査を始めて三年がたってからである。中心オスが「ボキンチェ」から「ディンデ」に交代した。交代してからしばらく、新しい中心オス「ディンデ」は、二頭のメスへの攻撃を日毎何回も繰り返し、メスは休息時にかれが近くに来るのを嫌がり続けた。二頭いるメスの両方が一歳半未満の幼子を持っていたからだろう。

「ディンデ」には二度、観察群の幼子を殺そうとした前歴がある。一度は追随オスになってから一カ月後で、母親が群れから一五メートルほど離れた茂みで、蔦の若葉を食べ終え、ひと休みしているときだった。そこに、どこをどう伝って母親に気づかれずに接近したのか、私にもわからなかったが、突然背後から襲いかかり、母親の背中にしがみついている幼子（生後半年のメス）に咬みついた。「ディンデ」はすぐに踵を返したが、かれのあとを追った母親が戻ってきたのでよく見たら、幼子の尾のつけ根が横に深く切り裂かれていた。その瞬間は、私がたまたま葉の隙間から母親を辛うじて見える位置にいたので、深い藪の中の出来事でもなんとか目撃できたが、少しでもずれていたら見損なっていたはずである。

もう一度は、中心オスになって二〇日余りがたった昼下がりのことだ。それまで何も起こらなかったし、いつものように群れが長い休息に入ったので私はキャンプに食事に戻ったが、その間に、もう一頭の母親の幼子の右肩に大怪我を負わせていた。直接観察のできなかったことがなんと悔やまれたことか。

それからというもの、群れが朝起き出してから泊まり場に入るまで、「ディンデ」と幼子にいっときも目を離せなくなった。緊張を強いられる日々が続く。群れの長い休息時にも、一服しにキャンプに戻ることはおろか、チンチョロを吊ってのんびり観察するというわけにもいかない（図2-36）。表情のない、感情の変化がどうにも読めないホエザルの、突発的に起きる子殺しの瞬間をしかと観察するのは、なんと至難の業であることか。

突然の殺意

中心オスになって二カ月が過ぎ、「ディンデ」とメスの関係に変化が見られるようになった。かれのメスへの攻撃が止み、メスもかれの接近を嫌がらなくなる。背中合わせだが、かれとメスが身を寄せ合って休むことも多くなった。

図 2–36　子殺しは昼間の長い休息時に起きることが多い。群れの全員が動かず、ひとかたまりで休んでいるのを長時間見上げ続けるのは楽ではない。それでも子殺しは突然で、しかも一瞬だ。
a：細い枝での休息では寝そべる向きはそれぞれ勝手だ，b：枝がそれなりに太いと、皆は縦一列になって寝そべる。真下からは手足や尾しか見えない。

見通しの悪いきたない森で、根を詰めた観察を連日続けて、さすがに疲れが溜まっている。最初に尾のつけ根を負傷した幼子（メス）は傷も癒え、もうすっかり元気で、群れに平穏な日常が戻りつつあるように私には思えた。

野生動物の調査では、いつも例外がつきまとうものだ。中心オスが交代すると子殺しが必ず起こると信じて観察してきた私の予想は甘かったのか。普段の、もう少し気分的に余裕のある観察に戻ろうか。そう思っていた矢先に事件は起きた。

一二時一〇分、全員が高木の横に張り出した太い枝に腹這いになって、昼の長い休息に入る（図2–36b）。一五分ほどして、もう独り立ちの近い、最初に裂傷を負った幼子（そのとき生後一三カ月のメス）が、母親の背から降り、隣りで腹這いで休んでいる「ディンデ」の背に乗り移る。休息中よくあることだ。ところがその瞬間、「ディンデ」は幼子の左足を右手でつかみ、太股のつけ根あたりに咬みついて二回首を左右に振る。「ディンデ」はこのとき、追随オスになってから八カ月、中心オスになってからも三カ月近くがたっていた。

咬みつかれたとき、幼子はかん高い悲鳴をひと声発し、母親はすぐさま左手を伸ばして幼子を奪い取る。そして懐に抱きかかえ、オスから三メートルほど離れる。

「ディンデ」は表情ひとつ変えず、今度はうずくまった姿勢で休息に入る。咬まれた幼子の母親とは反対側にいたもう一頭のメスが、幼子の悲鳴に反応して一メートルほどオスから離れる。しかし、その後は何事もなかったように、オスと同様うずくまった姿勢で休息を続ける。そのメスは自分の幼子（オス）を懐深くに抱え込んでいるので、見上げる私から幼子の様子は見えない。
左太股に深手を負った生後一三カ月の幼子は、午後の半日、母親をはじめ仲間のサルから入れ替わり立ち替わり傷口を舐められ、おそらく出血多量で、その夜のうちに死んだ。

仲間による舐め殺し

その間の事情はこうだ。幼子が左太股に裂傷を負ったあとも、群れはさらに四〇分以上休息を続け、やおら移動を開始する。母親もすぐ脇にうずくまる幼子をかまわずに群れについて行く。生後一三カ月という独り立ちの近い我が子に対する母親のごく普通の行動である。しかし、咬まれた左足を引きずっての移動は、幼子にはどうにも大変そうだ。

そしてずいぶんと遅れ始めたとき、母親が戻って来て背中に乗せる。これなら大丈夫だろう。私が胸をなでおろしたのも束の間だった。移動から採食に移ったとき、葉を貪る仲間とは距離をおき、幼子は一人ぽつねんと太い枝の上にうずくまったまま、葉を一枚も口にしない。悲惨な事態になったのは採食後の休息に入ってからだ。まず母親が血が出ている傷口を舐め始める。他個体の体からにじみ出ている血などの体液をしきりに舐めたがる行為は、先に肉バエのところで述べたが、どうやらホエザルの持つ風変わりな習性のようだ。

幼子は母親が舐めるのを嫌がって、子ネコに似た低い唸り声を連発しながら、枝の先の方へ、先の方へと左足を引きずって逃げていく。それでも結局は追い詰められ、しつこく舐められ続けた。その間、幼子は身を固くして縮こまり、低く唸り続ける。そこへほかのメスやコドモが加わって、母親と交代し、かわるがわるに舐め始める。幼子の鳴き声はほかのサルが舐め始めたときにいったん高く鋭くなり、それから次第に弱々しいものになる。傷口舐めは一時間以上におよぶ。

だからそのあと再び採食に移っても、幼子に食べる元気などさらになく、じっとうずくまったままだった。そこへ採食途中の仲間がまた交代でやって来ては舐め始める。そんな幼子の悲惨な姿をいたたまれない思いで三時半まで観察し、その日は大事な用事が入っていたので群れの泊まり場までは追っていけず、後ろ髪を引かれる思いでキャンプに戻る。そうしてもなおずっと、寝床に入ってからも、幼子の声が耳にこびり付いて離れなかった。

翌朝は早出し、予想した泊まり場に直行する。群れはそこにいた。しかし、幼子の声はいくら耳を澄ましても聞かれない。八時一一分、群れは起き出し、いつも通り連れしょん、連れ糞をして移動を開始する。そこまで、群れの一頭一頭の動きを注意深く観察するも、幼子の姿はない。群れが視界から消えたあと、私は泊まり場の、鉄条網を張り巡らせたようなタケ林の中に、あちこちから突っ込めるだけ首を突っ込んで地面に目を凝らす。そして、やっとのこと死体を見つける。

死体をつぶさに点検する。傷は中心オスに咬まれた左足のつけ根だけだったが、大腿骨が見えるほど深かった。オスの長い上顎の犬歯で切り裂かれたのだろう。死因はそうされてから寝るまで、あるいは寝ている最中も、間断なく傷口から出る血を舐め続けられたことによる出血多量と考えられる。

私はスコップを取りにいったんキャンプに戻り、子ザルの好きだった遊動域のほぼ中央にあるイチジクの巨木の下に、墓標を立てて葬った。

葬りながら私は、高名な民俗学者柳田國男氏の『孤猿随筆』を思い出していた。当時までニホンザルのハナレザルは、ボス争いに敗れ村八分になったオスだといわれていた。しかし、柳田氏はそうではなく、なんらかの理由で怪我を負ったオスは、そのあと、群れの皆から同情され、清潔さを保つため傷の周囲を繰り返し毛づくろいされる。その結果傷口がどんどん広がり、ついにはその痛みに耐えられなくなって群れを出るのだ、としたためている。この柳田氏の説は誤りで、怪我したニホンザルは仲間の皆から同情されて毛づくろいを受けることはない。しかし、傷口を自分でも舐め、仲間、とくに母親が我が子の傷口を舐めることで傷を治すのは、サル類でもほかの哺乳類でも割合よく見られる行動である。そうはいってもホエザルのように、この行動が相手を死にいたらしめるほどに度が過ぎるサルや動物を私は知らない。やはりホエザルはどうにも私の理解を超えたサルなのだ。

子殺しは休息時に起きる

これまでの観察では、子殺しは休息時になんの前触れもなく咄嗟に起きている。それからというもの、群れが激動の局面に入ると、平穏な局面のときの観察とは逆に、採食時や移動時には少し緊張を解き、休息時に全神経を集中させるという観察に変えた。そうすることで、連日の調査の疲労はいくぶんか軽減された。

次の子殺しは二週間後に起きた。もう一頭のメスの幼子（オス）は生後八カ月を超え、先に殺された幼子と同様、休息時には近くにいる誰かれとなく、腰や背中や頭の上を這いずり回る。そうされても誰も幼子の煩わしい動きをとがめない。また母親に、自分の子が新しい中心オスの方へ行くのを阻止する行動とか、我が子を中心オスから見えないよう懐深くに抱え込んで休むといった、中心オスの子殺しから我が子を守ろうとする特別な行動は何も見られない。母親からは我が子がオスに殺されることへの警戒心など微塵も感じられないのだ。何度殺されても、経験から学習しないのだろうか。

二頭目の子殺しもじつに唐突だった。中心オスの尾の方から乗り移ってきた幼子の首のあたりを左手でわしづかみにした中心オスは、頭部に咬みついて振り回したあと、何か汚いものや気持ち悪いものを手にしたときに人が手を払う、それにそっくりな行動で捨てるように幼子を手離した。

幼子が咬みつかれたときに悲鳴を発したかどうかは、かれらが高木の上にいたのと風もあって、はっきりしない。幼子はそのまま地面まで落下し、ぴくりとも動かない。

母親はすぐさま高木を駆け下り、我が子が横たわるすぐ近くの、低木の途中まで下りて来る。幼子からの距離は五メートルほどだ。母親は、幼子の方に顔を向けながら低木の枝から枝へ動き回ったり、幼子の様子をじっとうかがうような素振りを繰り返す。そうしながら、グッグッグッという低い声を四回発した。

群れの移動が始まる。母親はいったんは小走りで群れの方に向かうが、一五メートルほど行った先で引き返し、先ほどの低木まで戻る。そしてまた、我が子をのぞき込んではうろつき回る。五分ほどが経過する。そして、最後に三〇秒ほど凝視し続け、それで見捨てる決心がついたかのように、移動する群れの後を追った。

視界からサルが消えた後、死体を回収したが、頭蓋骨が中央部から左耳にかけてざっくりと割られていた。即死だったに違いない。

残り六例の子殺し

「ディンデ」の二頭続けての子殺しのあと、しばらくは平穏な日々が続いた。しかし二頭目の子殺しから九カ半月後、「ディンデ」から追随オス「バンブー」へと中心オスが交代したときは、交代する前に追随オスが二頭の母親と幼子を相次いで攻撃し、二頭の母親には重傷を負わせ、二頭の幼子を即死させた。幼子は生後二カ月のメスとまだへその緒が付いている生後三日目のオスだった（図2-37）。いずれのときも、きたない森の蔦や葉の生い茂りの中での出来事で、群れは休息中であり、そこから小走りに高木へ駆け登る追随オスと地面に落下した幼子とで、子殺しが行われたことを私は知った。その際中心オスは、ハナレザルとの闘いで負傷していたせいもあるのだろうが、追随オスの攻撃から母親や幼子を守る行動をとらなかった。逃げる追随オスを追って行くこともなかったし、休息が終わって移動を開始したときには、二頭の母親とは少し離れた場所からのそりと出て来た。

ところが二年余り後（一九九二年一〇月）、再度中心オスに返り咲いた「ディンデ」は、その直後と一カ月後に子殺しを行った。いずれも「バンブー」の生後四カ月のメスの子と生後三カ月のオスの子に対してで、二頭とも即死だった。

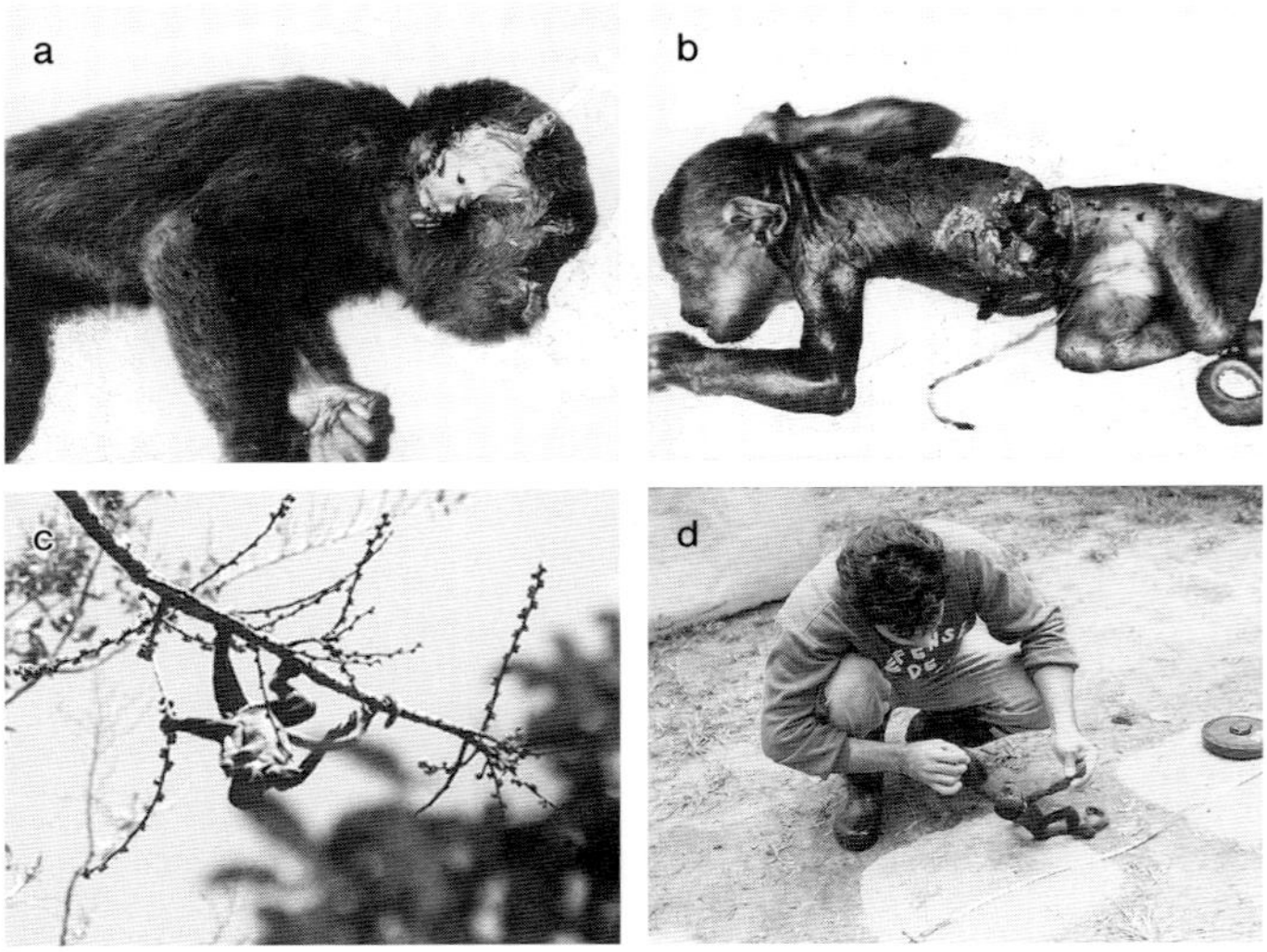

図 2–37　ホエザルの子殺し。

a：側頭部と顔面を咬まれて即死した生後2カ月の幼子、b：生後3日目に腹部を切り裂かれて即死した幼子。まだヘソの緒がついている、c：幼子を殺された二日後のオトナ・メス。乳房がひどく張っている、d：殺された幼子を計測する現地助手。

それからさらに一年余りのち（一九九三年一二月）、群れの中心オスはまだ「ディンデ」だったが、気性の荒いオス（「ミンチェ」）ともう一頭（「カボ」）が群れに追随し始めた。気性の荒いオス「ミンチェ」はその一〇日後と中心オスになった一カ月後に、それぞれ八カ月（メス）と七カ月半（オス）の幼子を殺した。二例のうち、最初の子殺しのときは、それより前の数日間、中心オス「ディンデ」は追随オス「ミンチェ」に異常なほどの攻撃を繰り返し、うち一回は取っ組み合いになって両者は地面に落下し、両者共に傷を負った。ただ、この種の攻撃行動自体は、追随オスが出現した当初にどの中心オスもが多かれ少なかれ示す行動で、接近し過ぎる追随オスの気性の荒さを考慮に入れれば、中心オスの追随オスへの度重なる攻撃を、自らの幼子を身を挺して守ろうとする行動だと理解するわけにはいかない。

観察群における子殺しのまとめ

観察群では調査期間中にアカンボウが二一頭生まれ、うち二頭は死産だった。残り一九頭の性別はオス一一頭、メス八頭である。この一九頭中一頭（オス）は生後四カ月で病死した。

死産と病死を除く一八頭のうち半数の九頭が中心オスの交代時に殺され、一頭が中心オスが迷子のときにハナレザルに殺された。また死産の二頭中一頭は、中心オスの交代後、妊娠していたメスが新しい中心オスによって右太股に深手を負い、かなり痩せ細った中での出産だったから、これも子殺しの範疇に含めていいかもしれない。

実際に子殺しにあった一〇頭について見ると、交代後新しい中心オスがすぐに殺したのが二例、交代する前のまだ追随オスだったときに殺したのが三例、追随オスのときに大怪我を負わせたあと交代後に間を置いて殺したのが三例、交代後に間を置いて怪我を負わせ、さらに間隔を置いて殺したのが一例、ハナレザルが殺したのが一例である。

これらを、幼子の死亡ではなく、オスが最初にいつ幼子に手をかけたかで見ると、ハナレザルの場合を除き、追随オスのときが三例、中心オスの交代後すぐが二例、交代後間隔を置いて殺したのが四例となり、どのタイミングで子殺しするかは決まっていない。それは、交代前の追随オスと中心オスの力量の差や両者の気性、追随オスのときや中心オスになってからのメスとの関係などさまざまなことが絡んでいるからだろう。ただ、中心オスになる前の、追随オスの段階でも子殺しが行われるのは、ホエザルの子殺しの特徴かもしれない。子殺しした追随オスがその後中心オスにならなかった例はない。また、子殺しに遭った幼子がオスかメスかの性別は関係ない。

子殺しに遭わなかった幼子

次に、子殺しに遭わずに生き延び、順調に成長した残りの八頭について見てみよう。

中心オスが交代する前後に群れに幼子がいれば、先に見たように必ず子殺しが起こるが、ひとつだけ例外がある。そのとき、群れにはたまたま三頭の幼子がいて、二頭は殺されたが、当時三頭いた母親のうち気が強くて年長のメスの子（生後半年のオス）だけは殺されずに済んだ。それは、母親が上手に立ち回ってなんとか逃げ切れたせいなのか、あるいは幼子を殺された二頭の母親がすぐに発情し、中心オスがかの女らと交尾できたことで納得して、三頭目を殺す気をなくした（？）ことによるのか、よくわからない。

ハナレザルによる子殺しの際には、一頭の幼子（オス）が殺されたあと、迷子になっていた中心オスと周辺オスが戻って来たため、残りのもう一頭の幼子（オス）は幸いにも殺されずに済んだ。ちなみに、先の幼子を殺されずに済んだ三頭中一頭の気の強いメスと、このとき幼子を殺されたメスは同一個体である。

これら二頭以外の、生き延びた六頭は、いずれも中心オスが、アカンボウが誕生してから一年以上交代しなかった場合であり、六頭のうち三頭ずつが、長続きした二頭の中心オス「バンブー」と「コパール」の子である。なお、運よく生き延びた前述の二頭の父親はそれ以前の中心オス、「モルテ」と「ディンデ」である。

オスが繁殖に成功する場合

子殺しについて、視点を変えて、殺された幼子と生き延びた幼子を中心オスの側から見てみよう。一一年間に観察した八頭の中心オス（一頭は二回中心オスになっている。図2-33参照。一八一頁）のうち、子孫を残さなかったオスが四頭、残したオスが四頭と半々で、残した四頭のうちでは、一頭残したのが二頭、三頭残したのが二頭である。以上を平均すると、中心オス一頭あたり一頭の子孫しか残せていない計算になる。いずれにせよ、生まれたアカンボウが無事に育つかどうかは、中心オスの交代がまだ一歳半未満の幼子のときに起こるか、独り立ちした一歳半以上のコドモになってから起こるかという偶然に左右されている。

また、中心オスが交代後すぐに交尾し、その交尾でメスが妊娠し、約半年後にアカンボウが生まれると仮定して、そのアカンボウが成長して、子殺しの対象からはずれる一歳半まで育つには、中心オスになってから最低でも二年はかかる。ではどんなオスが、二年以上中心オスとして群れに留まり続けられるのか。それはオスの力量か、オスの性格や気性か、メスからの信頼か、群れの個体数の多少か、群れにその間周辺オスや若オスがいるかいないかなのか。あるいはその期間中に、中心オスを脅かすほど力量の勝ったハナレザルがたまたま群れに接近しなかっただけなのか。その辺の事情は、観察からはよくわからない。

なお、新世界ザルの中で常習的に子殺しをするのは、ホエザル属のサルで知られているだけで、私はほかのサルでは一度も観察していない。ただ、五年間続けたクモザル三群の同時進行の調査（第4章参照）で一回だけだが、研究仲間が子殺しの可能性が考えられる事例を観察している。樹上にいる五頭のうち二頭の争いの音声が聞かれた直後に、生後一〇日ほどのアカンボウ（オス）が、右脇腹に裂傷を負った状態で落下してきたという。

オスの一生

では、ホエザルのオスの一生とはどのようなものだろう。それを見るのに一一年間の調査ではいささか短すぎるし、たった一頭すら、生まれてから死ぬまでの追跡ができていないから、観察した事実の断片をつなぎ合わせても、ごく大まかなことしかいえない。

それを承知の上で述べると、生まれてから独り立ちするまで、子殺しに遭わずに生き延びる確率は観察群では五割を下回る。なんとか生き延びたオスは、病気で死亡しないかぎり（病死の確率は観察群で五パーセント弱）群れの中で育ち、若オスになる。

群れを出るのは五歳か六歳である。群れを出てからは、そのままハナレザルになるか、隣接群に追随するか、オトナ・オスのハナレザルに追随するかの、どれかを選ぶ。そのいずれを選んでも、いったんハナレザルになるのは間違いない。ハナレザルになってどれほど広い地域を徘徊するかはわからない（図2-38）。

徘徊する期間は、推定だが三年から五年ほどではないだろうか。その間に適当な群れを見つけて追随オスになるが、それまでに、追随オスになろうとして群れから追い払われた経験を何回かはするだろう。観察群で追随オスになることに成功したオスのうち、もっとも若いオスの年齢が八歳前後で、

図2–38　6歳を過ぎた観察群の若オス「カイモ」の、群れを出る直前の写真。タケ林の泊まり場でも1頭だけで寝ることが多くなっていた（真下から撮影）。

一〇～一五歳のオスが多かったことからの推定である。

追随オスになったあと、多くは中心オスになるが、一足飛びに中心オスになる前に周辺オスになる場合もある。追随オスや周辺オス、中心オスとしてひとつの群れに関わり続けるのは短くて数カ月、長くて四年半から五年と考えていいだろう。そして、おそらくかなりのオスが、中心オスになる前後と、

中心オスを交代する前後とに、闘争による大怪我を負うはずだし、中心オスでいるときのハナレザルとの闘争もある。

ホエザルのオスの寿命ははっきりしないが、のちに述べるメスの寿命とほぼ同じとすると、二〇年ほどと推定できる。もし仮に寿命が二〇年前後だとすると、「ディンデ」は同じ群れで二度中心オスになっているが、それはむしろ例外的で、一生のうち、とくに群れを違えて二度も中心オスになるのは、体力的に考えてかなり困難なことだろう。

このようにホエザルの社会は、オスにとって生き延びるのも大変、中心オスになるのも大変、子孫を残すのも大変な社会だといえる。

観察群のオトナ・メス

ここまで、ホエザルにとって激動の局面における重大事、中心オスの交代と子殺しを、そうするオスの側から見てきた。しかし、いずれもがメスの存在を抜きには起こり得ない。次にメスの側からそれらを見てみよう。

観察群の調査開始当初の構成は先に述べたが、オトナ・メスは二頭である。両者は体の大きさに差がなく、年齢も一、二歳違う程度だ。そして、両者を見飽きるほど双眼鏡で見比べて、やっと識別できるようになったほど、顔はよく似ていた。識別に時間がかかったのは、もうひとつには、樹上高くや厚い茂みの中にいることが多く、林床から見上げる私にとって、常に見る角度が異なり、顔の真正面を双眼鏡でしかと捉える機会が、丸一日群れについて歩いても何回かしかないし、捉えてもほんの一瞬ということも実際には多かったからだ。識別できたあとも、斜め下方から横顔を見たり、真下から見上げたときなど、うっかり見間違えてしまうこともあった。

それで私は、オトナ・オスを識別するのは顔つきに特徴があってわりと楽だが、メスは皆似ていて大変困難だと思い込んでいた。だから、二頭を完璧に識別したあとに隣接する群れのメスを見たとき、観察群のメスと顔つきがなんと違うことかと驚かされたものだ。

それほどまでに二頭のメスは顔が似ていたし、いつも寄り添うように生活していることからしても、二頭が同じ母親から生まれた姉妹ではないかと思うようになった。もしこの推定が正しければ、「パルマ」と名付けた少々気の強い年上の方が姉、「ピーニャ」と名付けた一、二歳年下の、やや神経質なメスが妹ということになる。

図 2–39　1993 年末当時の「パルマ」。生後半歳のアカンボウ（オス）を背負っている。

二頭のオトナ・メスの年齢

調査開始当時、姉の「パルマ」には、二歳の娘「アノン」と生後一カ月ほどのアカンボウがいた（図2-39）。一方、妹の「ピーニャ」には一歳半の息子がいた。群れにはほかに、「ピーニャ」よりずっと高い頻度で「パルマ」と親密な交渉を持つ五〜六歳の若オスがいたが、このオスは調査を始めて二カ月で群れを出てしまったから、「パルマ」の息子かどうかの確証はない。ただ、のちの調査から、若オスがこの群れ生まれなことは間違いないし、上記二頭のオトナ・メスしか群れにいないから、姉「パルマ」の息子である可能性が高い。

ホエザルのメスは、観察群の調査からは、中心オスの交代がない平穏な時期が長く続けば、一年半ないし二年に一回出産する。妊娠期間が半年余りといわれていて、出産後アカンボウが独り立ちし始める前後までの一年ないし一年半近くは発情しないからだ。また、初産年齢は、「パルマ」の娘「アノン」と、調査開始後の一九九一年に「パルマ」が産んだメス「ピタ」の追跡調査からは、それぞれ六歳と五歳である。なお、調査開始時からのオトナ・メス二頭「パルマ」と「ピーニャ」と、その後に性成熟したメス二頭「アノン」と「ピタ」の出産状況は図2-40に示してある。

これら、調査開始時の娘や息子の推定年齢や、二頭の娘の初産年齢からして、「パルマ」は調査開始時の一九八六年に二歳だった娘「アノン」が初産だとしたら、その年七〜八歳、同様に「ピーニャ」は一歳半の息子が初産とすれば六〜七歳と計算される。ただ、これはあくまで一番若く見積もっての年齢で、それより高齢の可能性の方が高い。たとえば、先に述べた調査を始めて二カ月後に群れを出た若オスが「パルマ」の子だとしたら、さらに三〜四年が加算されるから、「パルマ」は一〇〜一二歳になるし、また両者ともオスの子殺しで第一子や第二子を失っていることも十分あり得るから

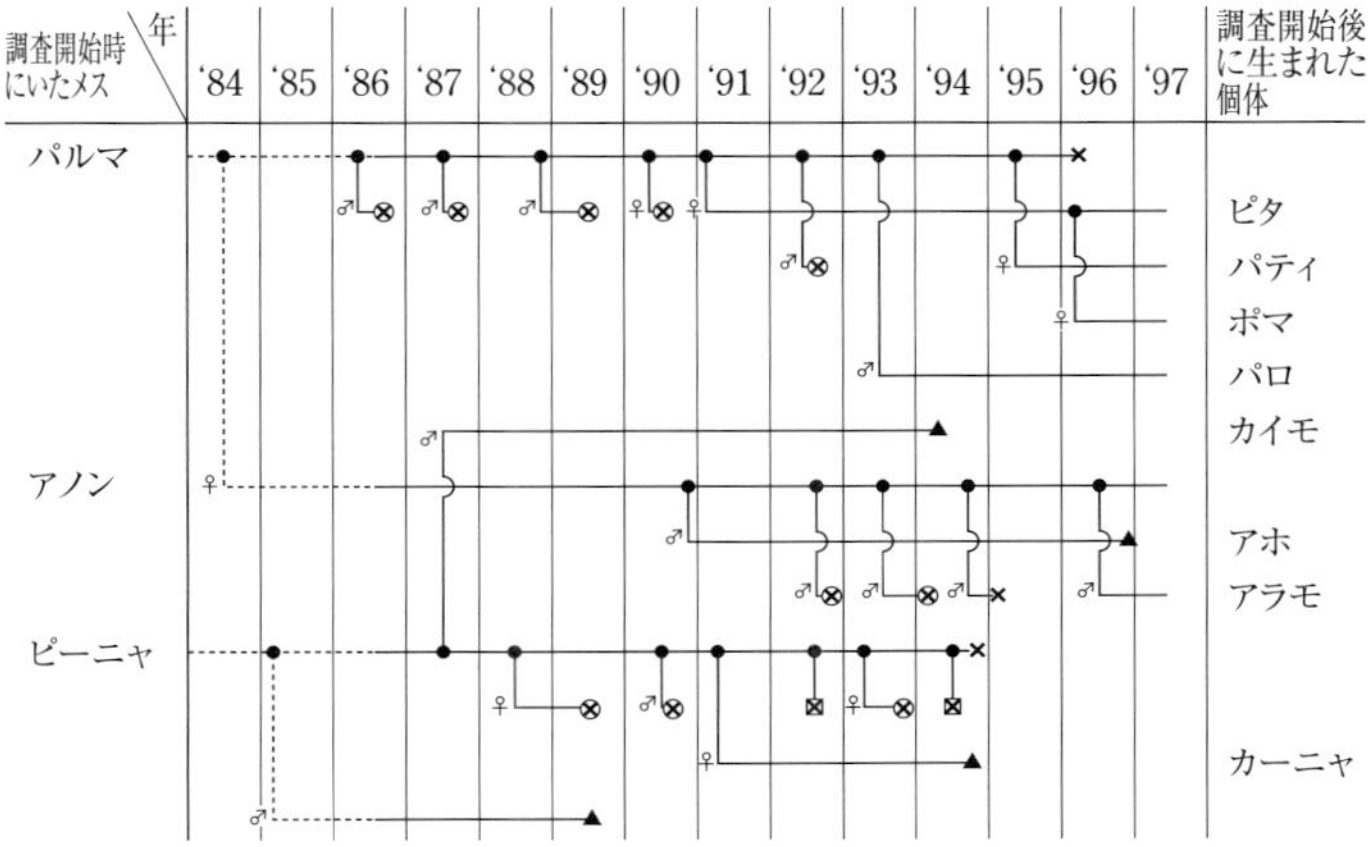

図 2–40 観察群（MN–1 群）におけるメスの出産と幼子の生存状況および群れ生まれのオスの移出。
ホエザルの群れでは中心オスが交代する前後に子殺しが起こるため、子が無事に育ちにくい社会だが、そのことがこの図から一目瞭然である。また観察群で、調査を開始した1986年にすでにオトナ・メスだった「パルマ」と「ピーニャ」について、死亡するまでの出産状況や、産んだ子がどれほど子殺しに遭ったのか、無事に育ったオスの子がいつ群れを出たかが、この図には示されている。調査開始時にコドモ・メスだった「アノン」と1991年に生まれた「ピタ」の2頭のメスが、オトナになった以降についても同様である。そして、最初からいたオトナ・メスのうち「ピーニャ」は1994年に死亡し、そのあとすぐに娘「カーニャ」が群れを出たので、その時点で「ピーニャ」の家系は群れから消滅し、「パルマ」の家系だけになったことも示されている。なお、「ピーニャ」が1987年に産んだオス「カイモ」は、子殺しに遭った「パルマ」が育てたので、このような表示にしてある。

また1986年以後のすべてのアカンボウについて、生まれた年月、および正確な日付けないしおよその日付けはわかっているが、繁雑になるのでこの図には示していない。死亡した年月日、オスが群れを出た年月日についても同様である。

だ。

私は姉「パルマ」の二頭の娘、推定一九八四年生まれの「アノン」と一九九一年生まれの「ピタ」の成長を追い続けたが、たとえば「アノン」が一〇歳になったときでも、調査開始当初に撮った母親「パルマ」や叔母にあたる「ピーニャ」の写真より、顔や体つきがかなり若く見えた。

メスの寿命

以上のことを参考に、ここで仮に、調査開始時点での姉「パルマ」を二二歳、妹「ピーニャ」を一〇歳としておこう。

「パルマ」は調査を開始してから一〇年後の一九九六年に群れから消失した。そのしばらく前から、樹々の枝を伝う移動時などに体力的な衰えが見られていたし、中心オスは一年以上前からずっと同じオスで、群れはいたって安定していた。しかも「パルマ」が消失しても、群れには生後一〇カ月に満たない、まだ母親への依存度が強いアカンボウが残っていた。これらのことから、おそらく死亡したものと思われる。死亡時の推定年齢は三二歳になる。

一方「ピーニャ」は、調査を開始してから八年後の一九九四年一一月、毛が抜け顔の皮膚が白化する病気で死亡し、遺体を回収できた（図2-41）。直接の死因はこの病気と思われるが、半年前の中心オスの交代時に大怪我を負ってから体が徐々に痩せ、九月に死産したあとは衰えが目立つようになっていたから、大怪我と死産がこの病気への抵抗力を失わせていたのだろう。死亡年齢は一八歳と推定

図 2–41　顔の皮膚が白化する病気にかかった当初の「ピーニャ」。まず口のまわりに白いぶつぶつができる。

される。なお病名は不明だが、この病気による死亡はウーリーモンキーでも観察されている。

メスはどのくらい子孫を残すか

観察群の二頭のオトナ・メスについて、年齢や寿命を可能なかぎり推定してみた。この推定をもとにすれば、メスは一生のうち何頭自分の子を残すのだろう。ホエザルの社会がもし子殺しのない社会なら、初産年齢が仮に六歳、出産間隔を最短の一年半として、「パルマ」は二二歳で死んだから、一一頭のコドモを産み育てられる。同様に「ピーニャ」は八頭産み育てられる。

しかし、実際には図2–40で示したように、「パルマ」は、調査開始後二カ月で群れを出た若オスを実の子として数えると、生涯に一〇頭産んで、半数の五頭（オス二頭、メス三頭）しか生き残れず、半数は殺された。「ピーニャ」は八頭産み、生き残った子は三頭

（オス二頭、メス一頭）で、ほかは死産二頭と殺されたのが三頭である。ただし両方のメスで、調査開始以前に子殺しがあったとしても、その数は含まれていない。

この数字だけからは、オスの子殺しで半数前後の子を失ったということのほかに、子殺しによるメスの負担は鮮明には見えてこないが、観察を通しての印象はもっと深刻なものだ。「パルマ」は調査を開始した一九八六年から一九九〇年までの五年間に四頭産み、すべてを殺され、うち三回は、その際自らもオスの攻撃で大怪我を負った。五年に四頭も産んだのは、幼子を殺されるとその直後に発情するからだ。また、一九八七年には我が子を片足のハナレザルに殺されたあと、妹「ピーニャ」のアカンボウを横取りして無事育てた。「ピーニャ」も、たとえば死亡前の三年間、二回の死産と一回の子殺しと二回の大怪我で身体的に大変消耗した状態だった。

こうしたことから、ホエザルの社会に子殺しがなければ、メスの寿命は、先に推定したよりもっと長いと思えてならないし、残す子の数も、子殺しのある現実の社会と比べて二倍以上になるだろう。

なぜ子殺しをするのか

サル類で子殺しをするのは、まれにというのはチンパンジーやニホンザルをはじめ多くの真猿類で報告されているが、中心オスの交代前後に、新しい中心オスがほとんど例外なく、まだ母親に依存している幼子を殺すのは、ホエザルや旧世界ザルのラングールといった単雄群の社会を持つ葉っぱ食いのサルに限られる。

子殺しの説明として現在のサル学で一般的なのは、少し理屈っぽい話になるが、社会生物学の遺伝子説である。遺伝子説とは、どの動物のどの個体も、自らの子孫を、すなわち自らの遺伝子をより多く残そうとする。もっといえば、自然界では利己的に振舞う遺伝子が自らが生き延び、かつ自らのコピーを増やそうと激しく競争している。そして、生物の個体は遺伝子の仮の住まいであり、どの個体も他個体より多く子孫を残そうとするのは、そういう利己的遺伝子のしからしめるところだという。

この仮説による子殺しの説明はこうだ。新しい中心オスは自分の子孫、すなわち自分の遺伝子をより多く残そうとするから、ほかのオスの遺伝子を持ったアカンボウの面倒を見るといった利他的で無益なことは一切せず、さっさと亡きものにしてしまう。同時に、亡きものにすることで、子育て中で発情しないメスの発情を早め、より早く自分の子孫を残そうとする。子殺しという行動はそうするためのオスの戦略として進化したのだという。

しかし私のように、かれら本来の棲みかである大自然の中で、それもできるだけ観察者の存在がかれらに影響を与えない状況を努力して作り出し、野生のサルの生きざまについて、一頭一頭に名前を付け、どこまでもその行動を双眼鏡を使って仔細に観察することで理解しようとする者にとっては、利己的な遺伝子がそうさせているのだと説明されても、遺伝子は見えないから、はぁ、そういう説明もあるのかと思うしかない。

それに、社会生物学によるこのような説明は、理屈上は、確かにオスにとっては都合のいい戦略といえるかもしれない。だが、先に見たように、苦労して中心オスになって子孫を残しても交代時に殺されてしまうわけだから、実際には半数の中心オスしか子孫を残せなかった。それ以上に、子殺しをメスの側から見ると、子殺しがあるためにメスは大変な負担（社会生物学でいう損失）を背負わされているのである。このような社会が、オスの遺伝子の持つ利己性という競争原理だけで簡単に片づけられてしまっていいのだろうか。その際、メスの利己的遺伝子はひたすら忍従を強いられてしまうのか。オス優位の競争原理がメスの犠牲の上にまかり通る社会だということなのか。

いずれにせよホエザルは、個体維持と種族保存という生物であることの本質を自らの手で大きく逸脱させてまで、どうしてこのような損失の多い社会を持つようになったのだろう。私にはまだよくわからない。

ホエザルは単雄群か複雄群か

観察群の一一年間の調査で、オトナ・メスは全期間二頭以上いたからペア型ではない。そうすると単雄群（単雄複雌群）と考えるか複雄群（複雄複雌群）と考えるかのどちらかしかない。ではオスはどうか。オトナ・オスのうち、追随オスは群れの中心オスともメスやコドモとも敵対的な関係にあるから、ハナレザル同様「群れ外オス」である。また、若オスは五〜六歳で群れを出てしまうし、群れを出るまで繁殖に関わらないから、たとえ年齢がオトナ・オスの域に達していても、単雄群か複雄群かを問う際は考慮に入れなくていい。したがって、群れのオトナ・オスの数は、中心オスが一頭のみ、中心オスと周辺オスが一頭ずつの二頭、中心オスがごく短期間で例外的にだが二頭という三通りしかない。

さらに、単雄群か複雄群かは、繁殖に参加する、すなわちメスと交尾できるオスの数が問題であり、三通りのうち、中心オスが一頭だけの場合はもちろん、中心オスと周辺オスが一頭ずついても、中心オスしか交尾できないから、単雄群である。

中心オスが二頭いたのは一一年間で一回、一九八七年のわずか三カ月ほどである。しかもそのとき、二頭のオスは少しの間隔をおいて二頭いるメスのうちの違うメスと交尾した。そして、あとから交尾したオスの方が中心オスになったから、両者が交尾した期日の間に線を引けば、その線を境に中心オスと周辺オスが入れ替わったと考えることもできるわけで、例外的に中心オスが二頭いても、ホエザル社会の基本構造は単雄群と考えて問題ないだろう。私は一九九三年末まで、当時までに得られたすべての観察記録からそう理解していた。

意外なメスの性行動

目を疑うような出来事が、調査を開始して八年後の一九九四年の年明け早々に起きた。観察群のオトナ・メス、妹の「ピーニャ」が、同じ日に、中心オスと追随オスと交尾したのだ。

前年末から二頭のオスが群れへの追随を始め、大柄な方のオスがメスたちに攻撃をしかけては中心オスに追い返されていた。だが攻撃は一向に止まず、「ピーニャ」の生後八カ月のアカンボウに重傷を負わせた。アカンボウは翌日の日中は生きていたが、急速に衰弱して夜に死亡した。

「ピーニャ」の乳房は翌日から三日間、腫れ上がった状態だったから、殺された生後八カ月のアカンボウに対しても、母親が授乳していたのは確かだ。そして、幼子を殺されてから七日後に「ピーニャ」は発情した。子殺しに遭ったあとの発情は一〇日から二週間後だから、このときは例外的に早いといえる。中心オスは「ピーニャ」につきまとっては尻のにおいを嗅ぎ、木の枝への顎や胸の擦りつけを頻繁に行う。私は交尾を三回目撃する。子殺しをした大柄な方の追随オスは、以後も「ピーニャ」を含むメスたちへの攻撃を続け、中心オスともあわや取っ組み合いの喧嘩になる寸前までいった。

私が目を疑ったのは翌日の昼過ぎ、群れが小さな川沿いのきたない森にいたときである。高木上で中心オスと交尾するが、「ピーニャ」の態度が変に落ち着きなく、中心オスの脇にいながらも、右に左に少し動いては、あたりをきょろきょろ見回す動作が目立つ。発情したメスのこのような行動を私は初めて見た。

三〇分ほどの休息のあと、もう一頭のメス、姉の「パルマ」が蔦の絡みついた茂みへ向かって動き、それをきっかけに群れの移動が開始される。やや遅れて、「ピーニャ」も最後尾でゆっくりと移動についで行く。ところが、二〇メートルほど行った先で立ち止まり、またきょろきょろし、見通しの悪い藪で先を行く群れの仲間が見えないのを確かめたあと、後ろを振り返る。と、いつの間にやって来たのか、すぐ後ろには大柄な方の追随オスがいるではないか。物音ひとつ立てずに気配を消してここまで来たのだろうが、うかつにも私は全く気づかなかった。「ピーニャ」が枝に腹這いになり、尻を上げる。すぐに大柄なオスが背後から馬乗りになり、慌ただしく交尾する。終わってひと息入れたあと、「ピーニャ」は何食わぬ顔で群れを追い、三〇メートル先の高木で採食中の群れに合流した。

その二日後にも同様の観察をする。今度は、小柄な方の追随オスと交尾したのだ。そのときはきれいな森の中で、二本並んで立つ高木の一本に群れが、隣りのもう一本に二頭の追随オスがいて、かれらは、鼻の左側の傷跡から見覚えのある恰幅のいいハナレザルと吠え合っていた。「ピーニャ」は吠え合いが始まる前の休息時に、中心オスと交尾している。

吠え合いは間隔をおいてだらだらと続く。群れに追随する二頭のうち大柄なオスが同じ高木の、ハナレザルに近い方の枝先へ動く。同時に、小柄なオスはその木の反対方向の、低い枝に移動する。そしてそこで、大柄なオスの吠え声に合わせ、全身を震わせながら強く吠える。一本の木に両者はいるが、葉が茂っているから、おそらくたがいに姿は見えていないだろう。吠えながら、小柄なオスの顔は、なぜか群れや大柄なオスやハナレザルの方ではなく、真下にある低木の茂みに向けられている。と、そこにはなんと、群れのいる高木に一緒にいたはずの「ピーニャ」が来ているではないか。「ピーニャ」が上方をうかがう。同時に、小柄なオスが木を駆け下り、「ピーニャ」に馬乗りになって、二〇回ほど激しく腰を前後に動かす。そうしてやっとペニスを挿入でき、七回スラストして射精する。「ピーニャ」は、翌日は中心オスとだけ交尾し、その日で発情が終わった。

一一年間の調査で、ホエザルのメスが同じ日に複数のオスと交尾するのを観察したのは、この二回だけである。しかも二回のいずれも、メスの方が積極的だった。

メスが歳をとると、大胆に、ないし図々しく振舞うようになるのは、ニホンザルでもほかのサル類でも普通に観察されることである。だとすると、どちらかといえば神経質な「ピーニャ」も、歳をとってそうなったのかもしれない。ただ、ホエザルの社会構造が基本的には単雄群でありながら、その枠を超えて、複雄群の特徴であるメスの乱婚（発情すると複数のオスと交尾すること）を、「ピーニャ」が見せてくれたことの意義は看過できない。

ホエザルは、先の項で述べた生態や行動のみならず社会構造の面でも、つかみどころのない不思議なサルである。

メスは群れを出ないのか

観察群について歩きながら、私は群れをかすめるように音もなく移動して行く、三〜四歳のワカモノ・メスを連れたハナレザルをすでに三回目撃していた。ハナレザルに追随するこのメスこそ、どこかの群れを出たメスなのではないか。もしそうなら、観察群のワカモノ・メスも、いつか群れを出るに違いない。

調査開始当初からのオトナ・メスで姉妹と推定された「パルマ」と「ピーニャ」は、繰り返し出産しているし、季節ごとの移動ルートも確立していて、今の遊動域にすっかり馴染んでいるから、群れを出ることはあり得ない。私は姉「パルマ」の娘「アノン」の動向に注目し続けた。成長とともに母親や叔母「ピーニャ」との関係がどう変化し、どのような変化が生じたときに群れを出るかを知りたかったからだ。

「アノン」は三歳を過ぎる頃から六歳で初めて出産するまで、幼い弟や妹やいとこを抱きかかえて休息したり、橋渡し行動をしたり、遊び相手になったりと、歳下の子の面倒を頻繁に見ていた。出産してからも、母親や叔母との親密な関係に取り立てての変化は起こらなかった。

「アノン」は群れを出そうにない。私が次に注目したのは一九九一年初めに相次いで生まれ、運よく子殺しに遭わず順調に育った姉「パルマ」の子と妹「ピーニャ」の子の二頭のメスだ。しかし、子殺しに遭わずに無事に育ったこの二頭のメスも、コドモ時代を通して群れを出る気配など寸分もなく、成長に伴う行動の変化は先の「アノン」と同様だった。私はそれまで八年間続けた「アノン」を含めたワカモノ・メス三頭の調査から、ハナレザルが連れていたワカモノ・メスについて次のように思い始めていた。すなわち、そのワカモノ・メスは群れに何か突発的な出来事、たとえば母親や中心オスがハナレザルとの闘いで大怪我を負うか死亡するようなことが起こり、その結果ハナレザルに追随することを余儀なくされた例外的な若いメスなのではないか。そして自らの意志で群れを出たのではないのなら、やはりホエザルの社会は、オスだけが移出入しメスは生まれた群れにずっと留まる母系の社会ではないかと。しかも継続して調査してきた八年間、たった一頭のよそ者のワカモノ・メスもオトナ・メスも、群れに加入するどころか、群れに接近することさえなかったし、メスのハナレザルも調査地で全く見ていないのだ。

やはりメスは群れを出る

調査九年目のことである。注目していた三頭の群れ生まれのメスのうち、妹「ピーニャ」の娘が群れを出た。残念ながらその現場に私は立ち会っていないが、助手によれば、かの女は前日までは群れにいて、その日群れにはおらず、翌日隣接群（MN-4群）の近くにいるのを確認したという。年齢は三歳一〇カ月である。

母親（「ピーニャ」）はその一カ月ほど前に病死している。娘にもその病気が伝染して口のまわりに白い吹き出物を作っていたから、隣接群（MN-4群）の近くにいるのをすぐに識別できたと助手はいう。だが、三日後に再び隣接群に出会ったときにはもういなかった。私は三カ月後にキャンプに戻ってから何回も、助手と手分けして調査地を広く捜索したが、やはりかの女を発見できなかった。群れには当時、かの女の兄姉や弟妹はおらず（図2-40を参照。二一一頁）、母親の死後は一頭だけで群れの広がりの端の方にいることが多かったから、母親の死が群れを出るひとつの引き金になったのかもしれない。とはいえ、群れの仲間とのずっと続いた親密な関係に特段変わった点は見られず、仲間から攻撃されることも一切なく、だから群れの中で孤立無縁な状態になったために群れを出たのではけっしてない。

「ピーニャ」の子はこの娘のほかに、調査開始前年に生まれた息子と、開始の翌年に生まれた息子が子殺しに遭わずに無事に育ったが、先の息子は四歳半前後で、ずっと以前に群れを出ていた。あとの息子は、生後すぐに伯母の「パルマ」に奪われて育てられたから、かれは群れにいる間は伯母やその娘「アノン」と非常に親密な関係にあり、しかも「ピーニャ」の娘が群れを出る半年ほど前に六歳半で群れを出ている。この二頭の息子のほかは、二頭が死産、三頭が子殺しで死亡している。したがって、娘が群れを出た時点で観察群から「ピーニャ」の家系は消滅した。記述がいささか繁雑になったが、先に示した図2-40の「ピーニャ」の欄をもう一度見てもらえばわかりやすいかもしれない。なお、群れを出た「ピーニャ」の娘と同年齢の「パルマ」の娘は、そのまま群れに残り、「ピーニャ」の娘が群れを出た一年半後に出産した。

若いメスを連れたハナレザル

「ピーニャ」の娘はほんの一～数日間隣接群の近くにいたあと、ハナレザルについて調査地から出て行ってしまったのだろうか。

調査地には見知らぬハナレザルが何頭も出入りしていた。かつて観察群の中心オスだった二頭も、交代後にハナレザルになり、しばらく調査地に出入りした。そうしたハナレザルはすべてオトナ・オスで、オトナ・メスのハナレザルは一頭も見ていないことは先に述べた。

ハナレザルは普通は単独で行動するが、二頭が一緒に行動しているのを五例、三頭と四頭の集団を一例ずつ観察している。オスが群れを出る母系の社会を持つサル類の多くで、複数のハナレザルが一時的に一緒に行動するのはよく知られているが、その点ではホエザルのハナレザルも変わりがない。

図 2–42　4歳前後のワカモノ・メス（上）を連れたハナレザル（下）。私の接近に威嚇の音声を発した。

また、これら二頭から四頭のハナレザル集団がどれほどの期間続くかは、十分調べられなかったが、持続性のあるオスグループの存在をうかがわせる観察はない。

そんなホエザルのハナレザルだが、ひとつ、きわめて特徴的なのは、一頭のハナレザルが先に述べた観察群を出たメスとほぼ同年齢の、三歳ないし四歳のワカモノ・メスを連れていることのある点だ。私はハナレザルがワカモノ・メスを一頭連れているのを五例、二頭連れているのを三例観察している。ただ、こうしたハナレザルは群れを避け、群れとの吠え合いもしないから、発見は困難だし、ましてやその動向を長期にわたって追跡調査するなど、およそ不可能といっていい。したがって、その持続性ははっきりしないが、唯一、最低でも半年間は二頭のワカモノ・メスを連れていたハナレザルを私は観察している。もしかしたら意外と長続きする場合があるのかもしれない。

このワカモノ・メスを連れたハナレザルを、とりあえずここでは「メス連れハナレザル」と呼んでおく（図2‐42）。

小群の謎

観察群（MN‐1群）や隣接群の一一年間の調査からは、ホエザルのオスは、若オス（四～六歳）になると必ず生まれた群れを出るし、群れに入って来るのはすべてよそ者のオトナ・オスであることは間違いない。一方メスについては、観察群ではワカモノ・メス（当時三歳一〇カ月）が群れを出たことで「ピーニャ」の家系は消滅したが、もうひとつの「パルマ」の家系は、「パルマ」が死亡したあとも、二頭の娘は群れに留まり、アカンボウを産み、群れのまとまりも遊動域も受け継がれている。

これらのことからホエザルの社会は、オスは必ず、メスはときに、性成熟に達するまでに群れを出る。一方で、オスはオトナのよそ者が移入するが、メスは移入しないから、伊谷博士のいう双系でないことは確かで、むしろ母系に近い社会ではないかと私は思うようになった。だが、そういい切れない事実がひとつある。個体数が二頭から最大五頭の、オトナのオスもメスもいる小さい群れ（以下、「小群」と呼ぶ）の存在である。

私は調査開始当初の群れの分布調査で、この小群も、単に群れサイズが小さいだけで、観察群と同等の、基本的単位集団としての群れだと常識的に判断した。それで、調査対象に決めた観察群の近くにいる群れから順に、MNの2、3、4群と順に名付けていったのだが、その後の継続調査で、固有の遊動域を持ち、その遊動域が観察群の遊動域と一部重複している群れは、MN‐2群、MN‐4群、

MN―6群の三群しかいないことが明らかになる（図2―5参照。六九頁）。ほかのMN―3群とかMN―5群と名付けた小さい群れは、いつの間にか調査地から姿を消してしまったのだ。

観察群を含め、私がここまで群れと呼んできたものと、この小群との決定的な違いは、群れが固有の遊動域を持つのに対して、小群は固有の遊動域を持たない、ないしまだ確立できていない、五頭以下の小さな群れである点だ。小群に対しては、発見や追尾が困難で断片的な調査しかできていないが、小群の土地利用の仕方は、ハナレザルと類似はするが、一定地域に留まっている期間がハナレザルよりは少し長いようだ。

調査地には、調査を開始した年には、オトナ・オスの個体識別から小群が四つないし五ついた。その後数が減って、たとえば三年後の調査時には三つ、六年後の調査時には二つしか確認できなかった。それが一〇年後の一九九六年に入ってから急に増えて八つ以上になった。

その時どきに観察されたこのような小群のうち、一一年間で、調査地に固有の遊動域を確立できた小群はひとつもいない。観察群と隣接三群の遊動域と、さらにその外側に隣接する群れの遊動域で隙間なく覆われた地域に、小群が強引に割り込んで新たに遊動域を構えるのが非常に困難だからか。あるいは別に理由があるのか。

このような由来も持続性も、将来どうなるかもよくわからない小群とは、ホエザル社会においてどのような存在なのだろう。

図 2–43　顔が白化する病気にかかって異様な形相をしたこのオトナ・オスは、オトナ・メス１頭、１歳半ほどのコドモ１頭と小群を作っていた。

小群の構成

調査地に入っては消えていくいくつもの小群の構成を整理すると、いくつか共通点のあることがわかる。

共通点とは、二頭から五頭の小群のオトナ・オスは、立派な体格のオス一頭のみというのが圧倒的に多く（図２–43）、二頭いる場合は、うち一頭は群れを出て間もないと思われるまだ若いオスだったこと、オトナ・オスが三頭以上いる小群はなかったこと、性的に成熟したオトナ・メスは一頭か二頭で、いずれも年齢が若かったことだ。メスが二頭いる場合、うち一頭が性的に成熟する前のワカモノ・メスだったこともある。共通点としてはさらに、オトナとワカモノを含め、メスが三頭以上いる小群はなかったこと。アカンボウや小さいコドモのいない小群が多かったが、いてもどちらか一頭がいるだけだったことなどである。

ただ、明らかに一〇歳を超えていると思われるメスと壮年のオスが小群を作っていたことが二例あって、そのいずれにも一～二歳のコドモが一頭いた。

小群の由来

観察群（MN-1群）や隣接する三群（MN-2群、4群、6群）で見たように、ホエザルの基本的単位集団としての、群れの存在は明らかである。そのような群れから、性的に成熟する前のワカモノ・メスが一頭、ときとして出ることは先に観察群で見た。また、直接観察はないが、姉妹やいとこ関係にある仲のいいワカモノ・メス二頭が一緒に群れを出る場合もあるのかもしれない。

群れを出ると、周囲にはハナレザルが何頭も徘徊しているわけだから、いずれかのハナレザルに力ずくで追随させられるか、自らの意思で追随するだろう。あるいは群れを出る少し前から特定のハナレザルか追随オスとなんらかの親和的な関係を持ち、かれについて行く形で群れを出ることもあるかもしれない。

そうしたワカモノ・メスは、年齢からして一年か二年後には発情するだろうし、一緒に行動するハナレザルと性交渉を持つだろう。このようなことが実際に起きているとしたら、発情し性交渉を持つ段階までは、先に述べた「メス連れハナレザル」として観察されることになる。だがメスはここから、群れのメス以上に過酷な道を歩むことになる。別のハナレザルが、性成熟に達した小集団のメスを放ってはおかないからだ。

メスの妊娠期間は約半年といわれているから、交尾で首尾よく妊娠すれば、半年後にはアカンボウを産む。そこからは、観察する私には「小群」として把握される。小群は、観察群のオス二頭が迷子になっていた隙に片足のないオスに襲撃されたように、それまで以上にハナレザルの執拗な攻撃に晒されるに違いない。小群のオトナ・オスがよほどの力量をそなえたオスならともかく、観察群のように固有の遊動域を持つまとまりのいい群れでさえ、一一年間で八回も中心オスの交代が起きたわけだから、小群がハナレザルに襲撃される頻度はもっと高いと考えられる。

群れの遊動域をかいくぐってかなり広い地域を歩き回りながら、そうした幾多の試練を乗り越えて、運良く群れの遊動域の空白地域を見つけて腰を据えることができれば、やっとのこと新群の誕生ということになる。

以上は私の推理だが、実際に、メス連れハナレザルから小群への道を歩み始めたと思しきメスの被った、悲惨な結末の事例がひとつある。生後三〜四カ月のアカンボウを持ったメスとオトナ・オスの三頭の小群が、三日前から観察群の遊動域に侵入していた。そしてその日、観察群の占有域（隣接群の遊動域と重ならず、その群れしか利用しない地域）のほぼ中央部で、メスの死体が発見された。左胸から右の下腹部にかけてたすきがけに切り裂かれていて、内臓はすでに何者かに食い散らされていた。虫は沢山たかっていたが、まだ腐肉臭がないから、死んで間もないのは明らかだ。口を開けて歯の磨耗具合を調べるが、磨耗の少ない点から若めのオトナ・メスと判断された。しかも、死体から三メートル先の低木の枝には、なんとアカンボウが無表情でしがみついているではないか。

その後この小群は目撃されず、その前後で観察群の構成にも変化がないから、小群がハナレザルの攻撃を受け、まず小群のオトナ・オスがハナレザルとの闘いに敗れ、アカンボウが子殺しに遭う前にメスが腹部に裂傷を負って死んだのだと思われる。

メスの一生

メスのことがかなりわかってきたので、観察群のメス「パルマ」と「ピーニャ」に話を戻して、メスの一生について検討してみよう。二頭が姉妹だとして、ひとつの可能性としては、まだワカモノのときに姉妹そろって群れを出て、運良く力量の勝ったハナレザルに追随でき（メス連れハナレザル）、やがて姉「パルマ」が性的に成熟し、交尾してコドモをもうけたことで、小群になったと考えられる。そのとき、これも運良く、今の遊動域が群れの空白地帯だったのでそこに定着でき、現在の観察群になったのではないか。すでに述べたが、ごくまれに二頭のワカモノ・メスがハナレザルに追随しているのを私は目撃しているからだ。

そうすると、メスの一生には、大きく分けて三通りあると考えられる。ひとつは、「パルマ」の娘「アノン」や「ピタ」のように、生まれてから性成熟に達した以降もずっと群れに留まり、繁殖して子孫を残し、群れの中で終わる一生。もうひとつは、性成熟に達する前に群れを出て、ハナレザルとの間で小群を作り、どうにか新しい遊動域を構えて、その群れで生涯を閉じるという、私が先に「パルマ」と「ピーニャ」で推定した一生。三つめは、群れを出たあと追随したハナレザルと別のハナレザルとの激しい闘争に巻き込まれ、メス連れハナレザルの段階で命を落とすか、メスの死体発見で見たように小群の段階で命を落としてしまう一生である。このように、メスの一生が幸か不幸かはほとんど運まかせで、メス自らの手ではどうしようもなく、その点で、オスの一生とはずいぶん異なる。

そしてホエザルが、オスもメスも群れを出る社会を持ちながら、オスは他群に加入するのにメスは加入しない以上、群れの継承性が保障されるのは、メスが三つの生き方のうちひとつめの生き方をしたときのみで、そのときは母系に非常に近い社会ということになる。

ホエザルの社会は本当のところどういう構造になっているのだろう。その構造の中には、中心オスの交代ごとにホエザル自らの手で幼子を殺すとか、もしメスが三つの生き方のうち三つめを選んだとしたら自殺行為といえなくもない。このようにホエザルの社会には、個体維持と種族保存という生物であることの本質から逸脱した、無駄とか消耗とか損失と呼びうるものが内包されているように思えてならない。

群れに覇気がなくなる

話を観察群のその後に戻そう。「ピーニャ」が死に、そのすぐあとにかの女の娘が群れを出た一九九四年末で、群れは、中心オスと追随オス以外には、オトナ・メスが「パルマ」と娘の「アノン」(一〇歳)、ワカモノが「パルマ」の娘「ピタ」(三歳半)と「アノン」の息子「アホ」(四歳)、コドモが「パルマ」の息子（一歳半）という構成になっていた（メスとコドモは図2-40、二一一頁を、オトナ・オスは図2-33、一八一頁を参照）。すべて「パルマ」の家系である。その一年三カ月後に「パルマ」は病死するが、「パルマ」の子で「アノン」の妹「ピタ」が交尾し出産して、オトナ・メスは再び二頭になった。

その間ずっと中心オスの交代もなかったので、群れはいたって平穏だった。ただ「パルマ」が病死した少しあとの一九九六年半ば頃からは、小群が観察群の遊動域へ度々侵入するようになり、しかも四つの小群が遊動域の四方から同時期に侵入したことも確認されている。ハナレザルも二頭目撃された。このような、周囲からのハナレザルや小群や隣接群の圧力みたいなものがあってかどうかはわからないが、隣接群とハナレザルの吠え合いや、隣接群の小群への攻撃など、周辺が何かざわついている感じのする中で、観察群はこれまでより群れの覇気みたいなものが薄らいできているような印象を私は持った。それは、周辺オスと若オスが相次いで群れから出たこと、調査開始当初からの個性的なオトナ・メス二頭が死んで若い娘の世代へと交代したせいもあったのかもしれない。

翌一九九七年初めの調査では、群れの構成は中心オスと、オトナ・メス二頭、若オス一頭、コドモ二頭、アカンボウ一頭の七頭だった。遊動域に変化はなかったが、乾季の真っ只中で森の中は透けて見通しがいいのに、調査期間中一度も隣接群やハナレザルと吠え合うこともなかった。

群れが消滅した

それ以降の助手の調査でも、頭数や構成、移動ルート、泊まり場などに変更はなく、群れの安定した状態がその年の半ばまで続いていたという。それが、助手が所用でキャンプを留守にし、私がキャンプに戻るまでの空白の一カ月の間に、群れに何かが起きていた。

私がキャンプに戻った翌日の、早朝から丸一日かけた調査では、群れを発見できなかった。移動ルートも泊まり場もわかっている。そんなことはあり得ない。それからというもの、助手と二人して、調査地を隈なく捜し続けるが、それでもいない。

隣接する三群はこれまで通りの遊動域にいた。それとは別に、馴染みのない小群が、観察群の遊動域の、ドゥダ川に面した側の一帯に三つうろついていた。ハナレザルも一頭目撃する。これらのどの小群の中にも、隣接三群の中にも、私も助手も、一瞥しただけですぐわかる中心オスや若オス、オトナ・メス「アノン」と「ピタ」を見ていない。

群れがいないのでは調査も何もあったものではない。とりあえず観察群の遊動域を利用している小群を、これまでの観察群の調査と同様、終日ついて歩くことにしよう。そう決めて、個体識別を進めながら追うのだが、いずれの小群も、観察群のこれまでの移動ルートとは違った木伝いに動く。しかも、一〜二日後には観察群の遊動域の外へ出てしまう。そんな地域にまで、ホエザル調査に必須の、きたない森を自在にくぐり抜けられる観察路を作っていない。そんなことで、これまで調査できずにいた小群の実態に迫るちょうどいい機会だと、小群の調査を目論んではみたものの、満足のいく結果は得られなかった。

きたない森の厚い藪に行く手を阻まれては見失い、蔦の絡みつく樹々の中に逃げ込まれては見失う。どの小群も人への警戒心が強いからだといえばそれまでだが、見失うたびに、これまでの経験で身につけたと思っていたホエザル調査に対する絶対的な自信がぐらぐらと揺らぐ。雨季の激しいスコールに打たれてずぶ濡れになりながら、日暮れてキャンプに戻る足取りはどうしようもなく重かった。

では、観察群が突如消滅したことで、群れの継承性は否定されたのだろうか。継承性が保障されていなければ母系ともいえなくなる。メスの一生も、先に述べたほど単純ではないのかもしれない。ひとつの群れに狙いを定めて、一九八六年からずっと通時的社会構造を私は追って来た。その間にいろいろな出来事に遭遇し、それらの詳細な観察を通して、根気強くひとつひとつ疑問を解決してきた。だから、その先に群れの消滅という予想だにしない結末がまさか待っていようとは。しかも、決定的ともいえる消滅の瞬間を、私は観察できていないし、運が悪いことに、そのときに限って助手も長期不在だった。

群れに何が起きていたのか

とはいっても、群れの消滅という現実に、茫然自失の状態を続けているわけにはいかない。そのとき群れに何が起きたのか、可能なかぎり推理を巡らせておくことは必要だろう。

空白の一カ月間に起こったこと、それは事件なのか事故なのか。事件とは、ホエザル社会のあり方そのものに関係する何かが起きた可能性であり、事故とは、ホエザルの社会のあり方とは直接関係しない偶発的な何かが起きた可能性である。そして事件か事故かは、ホエザルの通時的社会構造を理解するうえできわめて重要なのだ。

事件の可能性とは、たとえばこういうことだ。群れが不安定な状態になるのは、きまって中心オスの交代前後のしばらくであり、空白のある日、観察群に中心オスの交代が起きる。少し前から群れに追随し始めたオスが新しい中心オスになるが、追随オスになってからの期間が短いため、まだ経験の浅い若い二頭のオトナ・メスはこのオスにすぐには馴染めず、怖がって、オスが接近すると逃げたり悲鳴を発し続ける。それに苛立ちを募らせたオスが初産の幼子を持ったメス「ピタ」を攻撃して大怪我を負わせ、幼子を殺す。メスも大怪我がもとで死亡する。新しいオスは続いて、気を許そうとしないもう一頭のメス「アノン」にも執拗な攻撃を繰り返し、死亡させる。その結果群れが崩壊する。

これと類似の推理はいくらでもできるが、いずれにせよホエザルが自らの手で群れの継承性を断ち切った事件という場合である。ただ、小さいコドモやアカンボウを持った二頭のメスがかれらを連れて群れを出て、ハナレザルに追随して調査地の外に出たというようなことは、これまでの調査からは考えられない。

一方、事故の可能性とは、たとえばこうだ。雨季で周囲の草むらの丈が高くなった状態の川岸の崖のサラオへ群れが下り、オトナ・メス二頭が夢中で採食しているときに、背後からジャガーかピューマが突如襲って命を落とす。あるいは、かつてパナマ運河にあるバロ・コロラド島のマントホエザルで黄熱病が流行し大量死した事例があるが、何か熱帯性の伝染病が調査地を襲い、それを患って死亡する。実際に、当時マカレナ調査地のウーリーモンキーでは、顔の黒い皮膚の色が真っ白になる病気が流行っていて、研究仲間が長期調査をしている観察群では、一九九六年から一九九八年にかけて、その病気が原因で六頭が死亡しているし、ホエザル観察群でもかつて（一九九四年）オトナ・メス「ピーニャ」がこの病気で死に、娘も群れを出る前に同じ病気で口のまわりが白化しつつあった。

しかし本当のところ、事件と事故のどちらだったのか、決め手となる証拠はなにも得られていない。

ホエザル調査その後

帰国を前に私は助手に三つのことを頼む。ひとつは、観察群のサルたちの行方を、改めて調査地を広く歩いて探すこと。もうひとつは、これまでの観察群の遊動域に定着する新しい群れが出現するかどうかを調べること。それは、観察群がこれまで頻繁に使用していた五つの泊まり場を夕方に時どき見回り、快晴の昼間にキャンプから二〇〇メートル先の川岸の崖のサラオを見に行くだけでおおよそのことがわかる。三つめは、隣接群の群れサイズや泊まり場、遊動域などに変化がないかを機会を見つけて調べることである。

三カ月後にキャンプに戻って受け取った助手からの報告はこうだ。あのあとしばらくは、人馴れしていない小群に観察群のかつての泊まり場やサラオでときどき出会ったが、乾季に入ってからはホエザルの姿をほとんど見かけなくなり、泊まり場に行っても、ときたまハナレザルが所在なさげにぽつんと寝ているだけだったという。また、キャンプから三五〇メートル先の川岸の崖のサラオでは、これまで通り隣接群（MN-4群）に三回出会い、キャンプからすぐの川岸の崖のサラオにはもうひとつの隣接群（MN-2群）が二回やって来たという。

淡いながらも私が一番期待した、観察群のサルの消息は皆無だった。これらの情報をもとに、私は早速調査を開始したが、結果は助手の報告と変わらなかった。一年余り前には、どこからわいてきたのかと思うほど調査地にいた小群やハナレザルは、いったいどこへ行ってしまったのだろう。

ホエザル調査との決別

さてと、今後どうしたらいいものか。キャンプの近くに今もいるMN-2群かMN-4群のどちらかを選び、観察群で行ったと同様の、根気のいる継続調査を一から始めるとするか。もし始めたら、観察群の調査結果と比較するうえで、最低でも一〇年は追い続ける必要がある。

一方で私は、当時までに膨大な研究がなされているアフリカの大型類人猿チンパンジーと比較しようと、チンパンジーと同じくサル類の中ではきわめて珍しい父系の社会を持ち、かつ、群れのサルたちが日常的に離合集散するといわれているクモザルの調査を開始する準備を進めていた。マカレナ調査地には幸いクモザルが沢山いて、観察者への警戒心も年を追うごとに薄らぎつつある。

これまで営々と行ってきたホエザルとフサオマキザルの同時進行の調査と違って、フサオマキザルの調査を続けながら新しく選ぶホエザルの一群と、群れの輪郭さえまだよくわからないクモザルを、深い森で同時進行で追うのに有効な、どんな調査方法があるというのか。

幸いというべきかどうか、私が一九九七年一二月にキャンプに戻ってから追い始めたクモザルで、群れの輪郭が短期間のうちに把握できると、その群れの遊動域は、ホエザル観察群の遊動域のうち、キャンプに近い側の半分と重なっていることが判明する。ホエザルの新しい群れを追うのは断念し、クモザルに専念しよう。ただ、日々のクモザル調査の往き返りに、ホエザル観察群の遊動域のうち、クモザルと重複する地域を見て回ることで、差し当たりホエザルについて、調査した観察群の後始末だけはつけられるだろう。そして、その後の四年間、観察群のかつての遊動域を占有する新しい群れの出現はなかった。また、ホエザルの調査開始の当初からいた二つの隣接群（MN-2群、MN-4群）は、それまでと同じ遊動域にずっと居続けたことからは、観察群の消滅はどうやら事故である可能性が強くなった。

5　ホエザルの別の顔

ホエザルの意外な側面

私はマカレナ調査地でひとつの群れにこだわって、その群れに起きたさまざまな出来事を忠実に記録してきた。そうすることで、ホエザル社会のありようを明らかにできると考えたからだ。しかし、一群一一年の継続観察中には見せてくれなかった事実が、ホエザル社会にはまだ潜んでいるに違いない。そういった事実が、いつの日にか次世代の研究者にしかと目撃され、その観察を通して、私自身がまだ納得しきれていないホエザルの通時的社会構造がより鮮明に描き出される日が来るかもしれない。むしろ近い将来にそうなることを、ホエザルのさらなる調査を断念した私は期待するしかない。だいたい、ホエザルに限らず寿命が長いサル類では、たった一種でも、通時的社会構造を明らかにするには、調査期間や観察時間が中途半端な長さではどうしようもないのだ。

この節では、観察群にこだわるあまり書きそびれた、ホエザルの知られざる側面、川を泳いで渡ったり、地上を歩いて移動する観察事実を紹介し、別の角度からホエザルを見直してみよう。

川を泳いで渡る

ホエザルは一面ではなんともぐうたらなサルだ。群れが平穏な局面での日常は、信じがたいほどの早寝遅起きで、日中も食べては長時間休息することの繰り返しだけである。そんなホエザルだが、不思議と川の流れを怖れないし、泳いで対岸へ移動することが新世界ザルの中では一番多い。

かれらは川岸の崖のサラオを頻繁に利用する。そこでは、土を食べに地上に下りるのだが、水量の多い雨季にサラオはしばしば水を被るから、激しい濁流のぎりぎりまで行かざるを得ない。おそらくそういった経験を通して、水の流れに馴染んでいるのかもしれない。

水量が減り、流れが穏やかになる乾季には、川を泳ぐホエザルが流域住民に度々目撃されている。私は一頭のオトナ・オスが泳いで対岸に向かっているのを、カヌーから二回観察した。いずれも川幅は五〇メートル以上あった。流域住民の誰に聞いても、サルで川を泳いでいるのを見たのはホエザルが圧倒的に多く、次がクモザルで、フサオマキザルが泳ぐのを見たのはわずかに一人、ウーリーモンキーやリスザルなど、これら三種以外のサルが川を泳ぐのを見た人は皆無だった。しかもホエザルで、ハナレザルが他群のメスを求めて対岸へ泳いで渡るのは想像できるにしても、群れの全員が川を渡るのも実際に観察されている。

乾季の只中の一月、マカレナ調査地の、キャンプの前を流れるドゥダ川の水量は著しく減少し、流れもゆるやかだった。その日助手は一人で、キャンプからカヌーで一時間ほど遡った淵で釣りをして

図 2–44　キャンプの前のドゥダ川を泳いで対岸に渡るミツユビナマケモノ。

いた。午後一時過ぎのかんかん照りの中である。はるか前方の砂洲に、林縁の草むらから相次いでホエザルが現れ、ためらうことなく幅が七メートルほどの砂洲を横切って、一列縦隊で川に入り、約三〇メートルを泳いで対岸に渡ったという。私がキャンプにいない期間、観察群の調査を担当してホエザルを見慣れている彼の識別によると、オトナ・オス一頭、オトナ・メス三頭、コドモ二頭の計六頭で、先頭はオトナ・オスだったという。

日常生活では動きが鈍く怠惰ともいえるホエザルに、このように川を泳いで渡る能力と決断があるのはいささか驚きだが、同じ樹上性でホエザルよりもっと動きが鈍く、名前が示す通りのナマケモノについても、私は五回（フタツユビナマケモノ三回、ミツユビナマケモノ二回）、泳いで流れを渡って行くのを見ているし（図2–44）、地面に穴を掘って暮らすココノオビアルマジロでも三回見ているから、それほど驚くには当たらないかもしれない。

ところで、ホエザルの群れの遊動域が長期間ほとんど変わらないことはすでに述べた(図2-13参照。八八頁)。したがって、助手の観察した群れの川渡りが大胆な遊動域の変更だったとしたら、そうせざるを得ない何か深刻な理由が背後にあったはずだし、あるいは何年かに一度のイチジクの大豊作といったことが対岸にあって、群れにとってはそれを求めての普通の移動であったかもしれないが、詳しいことはわからない。

また、スミソニア熱帯生物研究所の研究フィールドになっている中米パナマの、パナマ運河にある島バロコロラド島(巻末の付図のａ)を私は三回訪れているが、その島に棲むマントホエザル(図2-46参照)が、いずれの場合も一頭だけだが、しばしば運河を泳いで向かいの岸辺の森へ移動するという話を、そこの職員から聞いた。職員によれば、島にいるミツユビナマケモノも同様に運河を泳いで渡るという。

地面を歩いて移動する

川を泳ぐホエザルのほかに、地上をかなりの距離歩いて移動するホエザルも、私は観察した。それはアマゾン調査を開始した一九七一年のことで、コロンビアの環境省から調査許可がなかなか下りず、首都ボゴタに滞在していたときである。コロンビアには戦後間もなく移民した日本人がかなり住んでいる。休日を利用して知人を訪れたとき、同じ日本からの移民で、ボゴタよりずっと北、カリブ海に注ぐ大河マグダレナ川の下流域で農場を営んでいる方がいて、そこの森にサルが沢山いるという情報を彼から得た。

次の週末、私は飛行機を二回、バスを二回乗り継いでアンデス山脈の峰々を越え、最後はタクシーを使って、ボゴタから丸々一日を費やし、夜遅くにやっとのこと目的地に着く（巻末の付図のb）。大きな農場で、水源確保のため伐り払わずに残されたほぼ長方形の、面積が〇・一平方キロメートル（一〇ヘクタール）ほどの森が一五〇メートルほどの間隔で二つあった。訪れた農場の主人はその森にはホエザルだけがいて、両方の森を行き来しているという。きっとひとつの森だけでは狭すぎて生きていけないのだろう。

翌日、七頭の群れは林縁近くに泊まった。隣りの森へ行く可能性が高い。翌々日、私は朝から、その地点からは少し距離をおいたダイズ畑の中に身を隠し、じっと待ち続ける。日陰がなく、照りつける直射日光はあまりにもきつい。何度も目まいを覚えるが、おそらく私を警戒するだろうから、日陰になった林縁で待つわけにはいかない。午前一〇時二〇分、一頭が林縁の茂みから顔を出し、地面に下り、向かいの森へ歩き始める。残り六頭がすぐに続く。かれらは手の指を半ば握るように内側に曲げ、肘を外側に折り、背を丸め、尾を後方斜めに巻き上げている。ニホンザルなどの四足歩行と比べたらぎこちない足運びだが、それでも、全員がほぼ真っすぐに畑の中を小走りに歩いて、ものの四分ほどで向かいの森に到着し、奥へと姿を消した。ホエザルの群れはこのように、必要に迫られれば開けっ広げの大地を歩いて移動することもあるのだ。

図 2–45　ブラジル西部のマットグロッソ地域の疎開林で観察したクロホエザル。
オトナ・オス（a）とオトナ・メス（b）で体毛の色に性的二型が著しい。

また私は、アマゾン川より南、パラグアイ川の流域に棲むクロホエザルを、その源流域に当たるブラジル西部の、世界最大の湿原として知られるパンタナール地域（巻末の付図のp）やマットグロッソ地域（巻末の付図のo）を訪れたときに何回か観察した。それらの地域では、湿原のほとりや川の流れに沿ってのみ背丈の高い樹々が密に繁った森（川辺林）が発達し、川から離れると土地が乾燥しているからだろうが、キャノピーが連続せず、地上まで日の光が直接届く疎開林（木のまばらな林）が広がっている。マメ科の植物など疎開林を構成する多くの樹種は、雨季の初めに芽吹いて花を咲かせ、雨季の終りに実を熟らせ葉を落とす。クロホエザルはその新葉や花や熟れた実を求めて川辺林から疎開林に進出するが、そこでは樹々の枝が連続していないから、木から木へは地上を歩くことになる。距離的には五メートルから最長でも二〇メートルほどだが（図2-45）。

一方で、クロホエザルと同所的に生息するクロクモザルは疎開林を利用しない。棲むのは幅が広く規模も大きな川辺林だけだ。この地域にはフサオマキザルも同所的に生息するが、このサルは疎開林で頻繁に見かけたし、地上に下りて何かを採食していることも度々だった。

街の中で暮らす

ホエザルの話題が熱帯雨林から農場や疎開林にそれたついでに、もうひとつ話を付け加えよう。今度は大都市の中で生活するホエザルである。

私は一九七七年に、コロンビアのマグダレナ川河口、カリブ海に面した大きな港町バランキージャを訪れた。近くにある国立公園の広大なマングローブ林に棲む大型の水鳥、カッショクペリカンやアメリカトキコウ、ベニイロフラミンゴなどを撮影する日本のテレビ取材班に協力するためだ。

撮影地へは翌朝早くに向かうことになっている。私は取材班から依頼された物品を買い揃えるため、ホテルで休む間もなく、熱帯の強烈な日差しで焼けた舗装道路脇を、汗を滴らせながら歩いていた。通りの街路樹はジャカランダで、紫色の可憐な花を咲かせている。と、道路の向かい側、少し先のジャカランダの木で、なんとホエザルが紫色の花を貪り食べているではないか。メスとコドモがそれぞれ二頭ずつだ。一本先の木にはオトナ・オスとアカンボウを持ったメスがいる。そして、通行人も樹上のサルも、たがいに相手を気にする様子は全然ない。

急いで道路を横切り、ホエザルのいるすぐ近くの雑貨屋に入る。この店でとくに買うものはないが、何かに役立つかもしれないと太い紐を購入しながら、このホエザルについて店主に聞く。

店主によれば、かれらは近くにある動物園で三〜四年前から放し飼いにされているサルで、ジャカランダの花や新葉の出る季節になると、動物園を勝手に抜け出し、高い塀の上や民家の屋根伝いに、日中ここまでやって来ては採食し、夕方動物園に戻って行くという。幅広くて交通量も多い舗装道路はさすがに横断しないが、街路樹の間隔が開いていると、平気で地上に下りて次の木まで歩くという。

このホエザルと類似のことを、のちにボリビア第二の都市サンタクルスで観察した。それはホエザルではなくフタツユビナマケモノだが、やはり動物園の柵を木伝いに乗り越えて近くの公園までやって来ては、公園の樹々の若葉を採食し、そこで泊まっていくこともあるという。私は夕方の人混みの公園で、人々の脇を這いつくばるように歩いて上手にすり抜けながら目的の木を目指すナマケモノを、尊敬の念を抱きながら眺め続けたものだ。

同じ葉っぱ食いのホエザルとナマケモノは、川を泳いで渡ることを含め、行動上も何かと共通点が多いのではないだろうか。

ホエザルの種類と分布

ホエザルは、中米メキシコのベラクルス地方からアマゾン川流域のほぼ全域を含めてさらに南、パラグアイとアルゼンチン北部にまたがるパラグアイ川中流域やブラジル南東部の大西洋に面した森林まで、広域に分布する。そして、分類学上はホエザル亜科ホエザル属のサルたちの総称で、一般的には八種に分類される（表2-1）。そのうち、私がこれまで集中調査した地域に生息していたのはホエザルを代表するアカホエザルで、この章でホエザルとだけ記したのはすべてアカホエザルである。

アカホエザルはホエザル属八種の中では分布域がもっとも広い。体毛は全身が栗色ないし銅色がかった赤色だが、とくにオトナ・オスでは肩から背中にかけての毛が黄色を帯びていて艶がある。八種の中で体格は一番大きく、体の大きさの性的二型（オスとメスの違い）もはっきりしていて、オトナ・オスでは体重が七キログラムを超える。

ホエザルの名前の由来である大きな吠え声をかれらが出せるのは、舌の根元の部分にある舌骨が異常に発達し、中は空洞で、これが共鳴・増幅器として働くからである。そして、特殊化したこの舌骨

表 2–1　ホエザルの仲間の一般的な分類と分布域(分布域の北から順に配列)。

亜科	属	種	分布域
ホエザル亜科	ホエザル属	グァテマラホエザル	メキシコ南部からグァテマラ
		マントホエザル	ホンジュラスからコスタリカ、パナマ、コロンビアとエクアドルの太平洋に面した地域
		コイバホエザル	パナマのコイバ島
		アカホエザル	コロンビア、ペルー、ボリビア北部からベネズエラ、ガイアナ、ブラジル北西部
		サラホエザル	ボリビア中部の狭い地域
		アカテホエザル	ブラジルのアマゾン本流右岸の下流域
		クロホエザル	ブラジル西南部からボリビア東部、パラグアイ、アルゼンチン北部
		カッショクホエザル	ブラジル南東部の海岸森林

がもっとも大きいのもアカホエザルで、とくにオトナ・オスでは、形は角が丸くなった四角錐、大きさは缶コーヒーの丈が短い方の缶の半分ほどだ。吠え声も八種の中で一番大きいし、しかも朗々と長く続く。当然、大きな舌骨を収める下顎骨の縦幅も広いので、オスの顔を正面から見ると、上半分に目や口、鼻など顔の造作全体が収まり、下半分は長く密な赤褐色の毛で覆われた下顎になる。だからその顔つきは、顎髭を伸ばした古代中国の仙人を想像すれば当たらずとも遠からずである。ただその際、仙人の長い髭の下半分を切り落とすことが必要だが。それほど他の新世界ザルと比べて一風変わった、野球のホームベース型の顔をしている。

アカホエザルのほかに、私が生息地まで行って直接観察したのは、中米パナマのパナマ運河に浮かぶ島、バロコロラド島（巻末の付図のa）でのマントホエザル（図2-46）と、ブラジル南西部の世界最大の湿原パンタナール地域とその周囲に広がるマットグロッソ

図 2–46　パナマのバロコロラド島で観察したマントホエザルの群れ。

地域でのクロホエザル、ブラジル南東部の大西洋側に発達した海岸森林でのカッショクホエザルの、計三種である。そのうちマントホエザルは、吠え声に迫力がなく、群れサイズは一五〜二〇頭と大きく、アカホエザルとは生態や社会構造を少し異にしているようだ。観察していてひとつ気になったのは、アカホエザルと比べてオトナ・オスの陰のうが相対的に大きいことである。

一方クロホエザルは、オトナのオスの体毛は黒色、メスは薄茶色で、性的二型がはっきりしている。群れサイズは五〜八頭で、オトナ・オスのほかに体毛が黒くなり始めたワカモノ・オスのいる群れはいたが、真っ黒なオトナ・オスが二頭いる群れを私は見なかった。カッショクホエザルは一群のみの観察で、時間も短く、その群れがオトナ・オス一頭、オトナ・メス二頭、コドモ二頭、アカンボウ一頭という構成だということがわかっただけだった。

第3章

ずば抜けた賢さ

フサオマキザルを追って

フサオマキザルのオトナ・オス。
かれの目には今、藪の中のどんな
世界が映っているのだろう。

1　固いヤシの実を割って食べる

表情がじつに豊かだ

アマゾンを訪れた最初の一九七一年と次の一九七三年の調査で、私はコロンビアの南部、プトマヨ川とカケタ川流域をカヌーで広く旅した（巻末の付図のdとf）。その途中に立ち寄った民家の多くで、いろいろな種類のサルが飼われていた。

新世界ザルはすべて樹上性で、ヨザルを除けば昼行性である。しかも、群れを作って樹上を動き回り、音声を発することが多いから、猟師に発見されやすいし、撃たれやすい。また、どのサルのアカンボウも、生まれた直後を除けば、母親の背中や腰の上にしがみついている。そして、アカンボウを持った母親は逃げる際、どうしても仲間から遅れがちで、標的になりやすい。一方、猟師は林床からサルを見上げ、頭部や心臓を狙って銃を撃つ。だから、上半身の腹側を撃たれた母親は死んで落下するが、背中や腰の上にしがみつくアカンボウには弾が当たらず、無傷で落ちてくることが多い。そうして、アカンボウは生捕られ、民家で飼われることになる（図3-1）。

飼われていたサルでは、フサオマキザルが圧倒的に多かった。フサオマキザルのどのコドモも短い紐でつながれていたが、私が近づくと、警戒や恐怖、甘えや媚び、怒りや威し、興奮や物ねだりとい

図 3–1　民家で飼われていた、左がフサオマキザルのコドモ。右がシロガオオマキザルのコドモ。

った、目まぐるしく変化するさまざまな表情を示した。新世界ザルでこれほど表情豊かなサルはいない。前章のホエザルとはあまりに対照的だ。

プトマヨ川やカケタ川流域では、かれらはトウモロコシ食い（マイセロ）と呼ばれている。そう呼ばれるほど、民家近くのきたない森にやって来ては畑荒らしをすることが多く、流域住民にとってはごく馴染みの、どこにでもいるサルである。また、仲間同士しょっちゅう鳴き交わし、その軽やかな声が人の口笛にそっくりなことから、口笛を吹くサル（モノ・シルバドール）とも呼ばれ、親しまれている。

ところが、いったん森に入って調査する段になると、動きはとても敏捷だし、じっとしていることがなく、しかも人の通り抜けが困難なきたない森を好んで利用するから、群れを追尾しようにも、あっという間に置いて行かれてしまう。かれらがリスザルと混群を作っているときはなおのことだ。したがって、人への警戒

図 3–2　フサオマキザルのふさ毛。
a：オトナになると、頭の両側の黒いふさ毛が発達して目立つ（オトナ・メス)、b：コドモだと、まだふさ毛は見られない。写真は1歳のアカンボウを背に乗せて運ぶ3歳の姉。

心の薄い群れをやっと見つけても、群れを連日追尾したり、群れのサル一頭一頭を個体識別するのは不可能だと思っていた。それに、ホエザルと比べたら五倍ほど群れの遊動域が広い。なお、オトナでは目立つ側頭部のふさ毛が、このオマキザルの名前の由来である（図3-2）。

新たな調査地を求めて

一九七五年の三回目の調査では、研究仲間二人を誘い、集中調査地を二つ設ける計画を立てた。ひとつは、すでに二回調査しているカケタ川の支流ペネージャ川で、これまでと同様、ウーリーモンキーを中心に、そこに棲むすべてのサルを調査する（巻末の付図のA）。もうひとつは、初めての地域だが、コロンビア中部のマカレナ国立公園内で調査地（巻末の付図のB）を探し、そこにいるサルをペネージャ調査地と比較しながら調査するというものだ。同時進行で、遠く離れた二カ所で調査を展開するわけだから、両方を掛け持ちする責任者の私の負担は大きいが、それは承知の上である。

一九七一年に設営したペネージャ調査地では、苦労して観察路を伐り開きながら人馴れさせたサルを、私の留守中に地元の猟師が食用やネコ科の動物をおびき寄せる餌として撃ってしまい、二回目の一九七三年には、ペネージャ川で調査地探しを一からやり直さなければならなかった。幸い三回目の今回は、前回の調査地より少し下流に、人を恐れないウーリーモンキーの棲む場所を早々に見つけることができた。これで一カ所は決定した。ひと安心だ。

一方、マカレナ地域は国立公園になっているので、ペネージャ川流域でのようにサルが撃たれていることはないだろうという期待があったし、いい調査地が見つかれば、今後はペネージャ調査地を捨て、そこで継続調査をしたいとも考えていた。ところが実際に訪れてみると、ペネージャ川を含むカケタ川流域に比べ、森林の伐採がはるかに進んでいた。

南北一二〇キロメートルのマカレナ山脈の東側の森では、六年前にカナダ人サル学者が一年ほどクモザルの調査をしていた。私は今回の調査地探しの旅で、最初にそこへ向かったが、すでに森はなく、人が住み、広大な牧場に変わっていた。そのあと、マカレナ山脈の東斜面を流れ下ってグァジャベロ川に注ぐ四つの比較的大きな支流のうち、流域に人があまり住んでいないという二つを選んでカヌーで遡ったが、人手の入っていない森など、それらの流域にもなかった。しかも、二つのいずれの支流も、河口から半日も遡れば急峻な山脈を登り始めることになり、急流が多く、次々に大きな滝が現れたりして、先へ進むのが困難だった。

調査地探しの旅をしながら、私は山脈西側についての情報を精力的に集めた。西側には、マカレナ村からグァジャベロ川を半日ほど遡った先に大きな急流（現地ではラウダールという）があり、今は雨季のためカヌーでの航行は不可能だが、乾季には水量が減り、流れも穏やかになって、なんとか通れるという。また、急流より上流の人口密度は、山脈東側よりずっと低いという。

私はマカレナ国立公園一帯をよく知る男を助手に雇い、山脈東側を一週間旅して、結局良好な調査地を探し出せなかった。そこで彼には、雨季が終わる一〇月には必ず戻ってくるから、山脈西側で、人を怖れないサルのいる場所を探しておいてくれるよう頼んだ。日程の関係で、マカレナ国立公園で

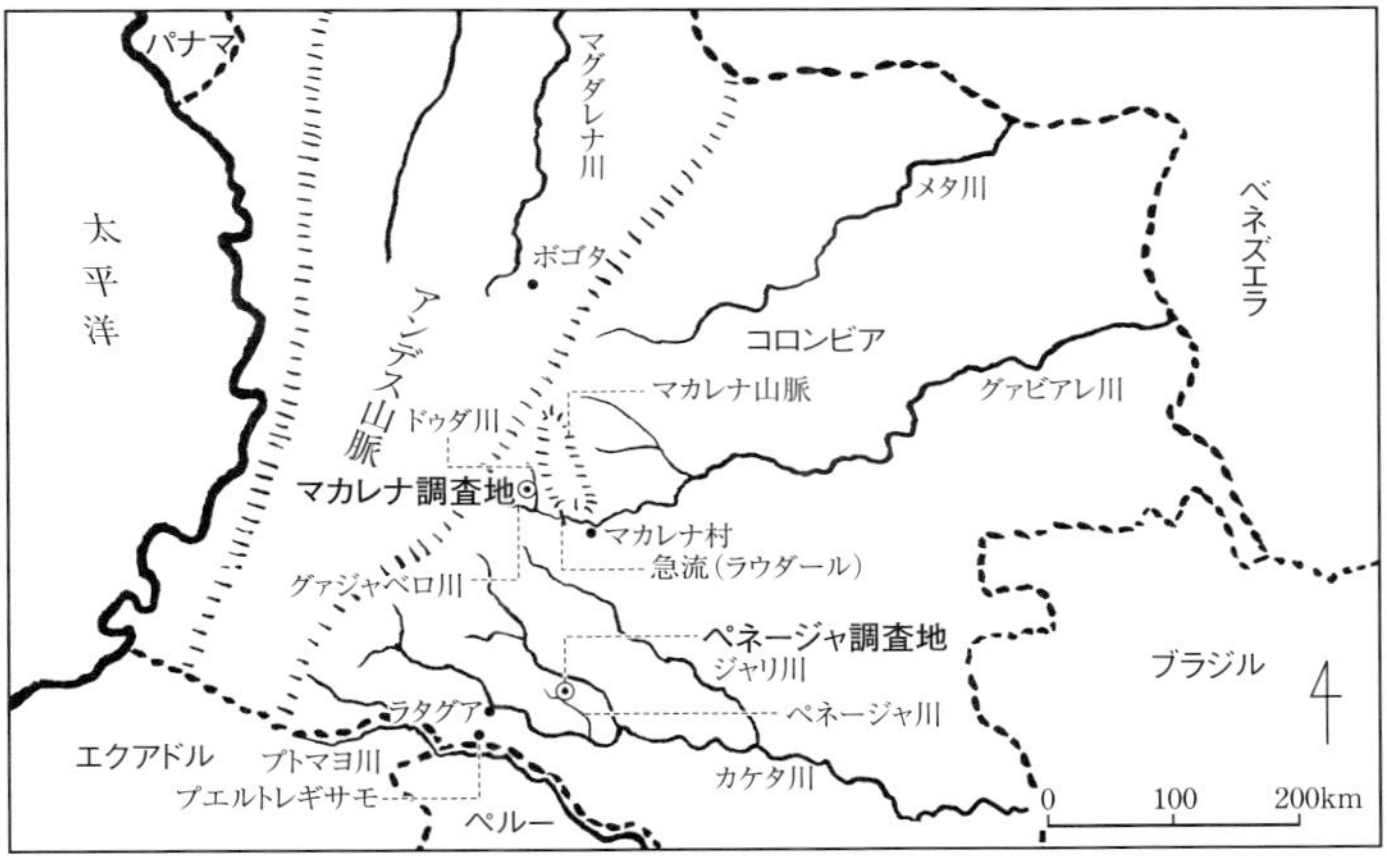

図 3–3　1975 年のマカレナ調査地とペネージャ調査地。

の予備調査はこのように不完全燃焼のまま終え、ペネージャ調査地に戻った。

ペネージャ調査地に戻るといっても、週に一～二便しかない飛行機を上手に四回乗り継ぎ、マカレナ村から首都ボゴタ経由で、プトマヨ川のほとりの町（プエルトレギサモ）まで行く。そこで、たまにしか通らないトラックに便乗してカケタ川のほとりの村（ラタグア）へ向かう。さらにそこから、カヌーに丸一日揺られてカケタ川を下り、ペネージャ川を遡る。このような、どんなに急いでも最低一週間は要する長旅になる。それが雨季だと、飛行機の運行はいい加減になり、便乗するトラックはぬかるんだ悪路で走らず、道中待たされ続けの、乾季の二倍の長旅になる。ペネージャ調査地ではウーリーモンキーのほかにセマダラタマリンを重点的に調査した（第7章参照）。

私がペネージャ調査地から、マカレナでの調査を担当する研究仲間をボゴタに迎え、マカレナ地域へ再度向かったのは、雨季の終盤一〇月だった（図3―3）。

コンドルが呼んでいる

首都ボゴタからマカレナ村までは予定通りだったが、まだグァジャベロ川の水量が多く、急流をカヌーで遡るのは危険だという。そのため、私たちはカヌーを捨てて丸四日間、急流沿いにつけられた細い五キロメートルの道を歩き、調査用具はもちろん、食糧からカヌーの外装エンジン、それに使うガソリンまで、すべての資材を天秤棒で担ぎ、アマゾン特有の粘土質の赤土（ラテライト）のぬかるんだ泥に足を取られながら、何回も往復した。

散々時間を浪費し、体力を消耗した急流越えのあと、再び荷物を整え、助手の知り合いの近くの民家でカヌーを借りて上流へ出発する。半日遡行して、グァジャベロ川と支流ドゥダ川の合流点に着く。ドゥダ川の左岸にはマカレナ国立公園管理事務所があって、二人の役人が駐在していた。急流から合流点までの川の両岸もそうだったが、合流点一帯はユカイモ（キャッサバ）や料理バナナ（プランテインバナナ）の畑が開かれていた（図1―8参照。四八頁）。

この、マカレナ山脈西側の裾野を北から南に向かって直線的に流れるドゥダ川が、マカレナ国立公園の西の境界である。すなわち、マカレナ山脈のある側、ドゥダ川の左岸までが国立公園だ。ドゥダ川流域には、管理事務所から一時間ほど遡った先、公園の外側（右岸）に民家が一軒あるだけだと駐在の役人はいう。そのような話をしていて、私は助手が、頼んでおいた適当な調査地探しをドゥダ川

図 3–4　キャンプの前のドゥダ川に面した崖を上流側から見る。この崖の尽きる所（カヌーを止めてある所）にキャンプへの入口がある。

を含むマカレナ山脈西側ではしていないことを理解した。こうなったら自力で探すしかない。

ドゥダ川はいくら遡っても、プトマヨ川やカケタ川の川旅で見慣れた、川を縁取る緑の壁のような高木の林立が出現しない。丈の低い木の連なりや蔦の絡みついた藪ばかりだ。私は途方に暮れる。これでは、森はおそらく浸水林になっていて、キャンプを設営するのに適した場所などないかもしれない。

時間は容赦なく過ぎていく。上空にはどす黒い雨季の雲が低く垂れ込め、いつ雨が降り出してもおかしくない。そのとき左手、川の大きな湾曲を曲がりきった先の右岸に、突然四〇メートルほどの切り立った崖が現れる（図3–4）。こんな崖を見るのはドゥダ川に入って初めてだ。気づくと、崖の一番高い所の高木のてっぺんに、白い大きな鳥の姿がある。急いで双眼鏡を当てる。それは、アマゾン川上流域でコンドルの王様（レイ・デ・ガジナソ）と呼ばれる、警戒心がとても強いトキイロコンドル

図 3–5　トキイロコンドル。見晴しのいい高木のてっぺんや枯れた立ち木の太い枝で羽を休めていることが多い。

だった（図3-5）。

カヌーがコンドルのいる崖の縁ぎりぎりを通過する。それでも微動だにしない。よし、今までの調査地探しでもよくやったが、今回も験を担ごう。人やカヌーのエンジン音を怖れることなく、コンドルの王様が悠然と止まっているのだ。この崖の背後にある森なら、浸水林にはなっていないだろうし、サルも人を怖れていないかもしれない。私は助手に指示し、崖の尽きる所でカヌーを停止させる。

私の野外調査での験担ぎは不思議に的中する。この地には、それから一一年後の一九八六年に、、コロンビアのロスアンデス大学と協同して熱帯雨林研究の恒久調査基地を建設することになるのだが、そこにいるどの種類のサルも人を怖れず、ウーリーモンキーは翌々日の朝、空地を作るために木を伐り倒しているすぐ近くまでやって来て、一〇頭余りが大騒ぎし、私たちを威していった。

図 3–6　1975 年に建てたマカレナ・キャンプ。すぐ背後（写真の向こう側）に急斜面が迫っている。

調査地作り

ここを調査地に決める。わずかな平坦地に空地を作り、落ち着いて調査できる小屋の設営にとりかかる。だが、背後には急斜面が迫っていて、雨が降るたびに空地は泥の海と化す。夕方から夜明けまでは、蚊柱が立つなどというなまやさしいものではない、すごい量のカに散々悩まされる。小屋の屋根を葺き終わって地面が固まるまで、空地での夕食はカが顔や手に止まって刺すのを少しでも防ぐため、皿に盛った料理を泥まみれになって走りながら、手で口に運ぶ以外に方法がなかった。

ここの森は、ペネージャ調査地の平坦な森と違って細かな起伏が多い。五日間で、雨露をしのぐだけの簡単な小屋を建て終わり（図 3–6）、六日目からは観察路作りにとりかかる。しかし、小さい川を渡り、急斜面を登り、尾根を越えての真っすぐな観察路は、何度も厚い藪に行く手を阻まれ、なかなか距離を稼げない。それでも、真南と真西へ向かって二キロメートルずつ二本の観察路をまず作り、南道の終点からは真西へ、西道の終点からは真南へ、各々二キロメートルずつ観察路を作って、両者を接続させた。そうして、真四角の調査地がひとまず完成する。あとは、藪のない尾根のきれいな森に沿って道を作り、それら四本のどれかに接続させればいいので、これまでよりは楽になるだろう（図1-8、四八頁と図2-3、六五頁を参照）。

起伏があることで、同じ熱帯雨林でも、平坦なペネージャ調査地の森より、多様性に富むと思われるが、ここの森の方がどのサルも高密度に生息し、頻繁に出会える。しかも、人に危害を加えられた経験を持たないから、逃げ足も速くない。新しい調査地で最初にやらなければならない、生息するサルの種類と、種類ごとの群れの数を把握する調査は順調に進む。そうしながら私は、しだいにフサオマキザルの調査にのめり込んでいく。

キャンプにいるときも、森を歩いていても、あちこちからコンコンコンと、乾いた、よく響く音が聞かれる。大型のキツツキ類が枯木をたたく音に似ているが、少し違う。しかもその音は、多くが三拍一休止で、じつにリズミカルなのだ。助手は、フサオマキザルがクマレというヤシの実をタケにぶつけて割っている音だという。何回もたたきつける音からして、割って中身を食べているのだろうが、かれらは私でも無理な、殻がとてつもなく固いヤシ科アストロカリウム属のクマレヤシの実を、本当に割ることができるのか。あるいは、割るときに何か特別な工夫でもしているのだろうか。その詳細を早く知りたい。

悪戦苦闘

かれらがそうしているのはタケ林の中である。ホエザルが泊まり場にしている例のグアドゥア属のタケ林だ。タケ林はすでに述べたように、密生したタケというタケの下部の節から伸びる細枝の〝鉄条網〟でしっかり囲まれている。だから、音のしている所まで入っていけない。しかも、タケ林の周囲はどこも、低木の茂みや蔦の絡みつきが密で見通しもきかないから、タケ林の外側からはサルが見えない。

ここのフサオマキザルは人をあまり警戒してはいない。それでも、体重がオトナ・オスでも三キログラムほどのサルなので、なんとか見ようと私が藪をかき分け騒音を立てると、かれらにとっては、体重が一五倍も二〇倍もある見知らぬ巨大な動物が無理矢理接近して来るわけだから、やはり逃げてしまう。

タケ林でいったい何をしているのか。その行動をしかと観察できない日々が続く。私は雨で濡れた森の底に這いつくばっては鉄条網をくぐり、何回も音のした真下まで行く。かれらが食べ終わって捨てたクマレヤシの実や、食べずに落とした実を拾い集めたかったからだ。しかし、どんなに注意を払って這いつくばっても、鉄条網はなんとも手強い。すぐに腕や脛は引っ掻き傷だらけ、服は鉤裂きでぼろぼろになる。夜はタケの刺の毒で傷口が腫れ、ずきずき痛む。

拾い集めた食べられていない実は、キャンプに戻ってから、皮を剝いたり、マチェテ（山刀）で割って丹念に調べた。そうして、クマレヤシの実の特徴がおおよそ理解できたのと、直接観察する機会がやってきたのとが、ほぼ同時だった。

接近の仕方も徐々に上達する。フサオマキザルも連日の私とのつき合いで、私の立てる騒音に馴れてくる。かれらがしていることの詳細が明らかになる。

ちょうどその頃が、クマレヤシの実が熟れ始める時期に当たっていて、しかも、のちにわかるのだが、この年は、調査地一円でクマレヤシの実が何年に一度あるかないかの大豊作という幸運にも恵まれた。かれらは本当に来る日も来る日も、森のあちこちにあるタケ林で、ヤシの実をタケにたたきつけていた。

クマレヤシの実の熟れ方

やっていた仔細を述べる前に、まず、クマレヤシの実の熟れていく過程を見ておこう。

クマレヤシに限らず、幹が伸びて樹高が高くなる種類のヤシの木はおしなべてそうだが、普通の樹木と違って、葉や雌花序、雄花序は幹の先端部のみから出る。また、葉の一枚も花序のひとつも、普通の樹木に比べると圧倒的に大きい（図3-7）。

クマレヤシの花序は先の尖った細い円筒形で、斜め上方に向かって伸びていき、成長すると長さは一メートルを超す。花序を覆っていた上下二枚の固い鞘は、花序が伸び切ったところで開いて落ちる。これが一般には花が咲いたという状態である。

図3–7　クマレヤシの木。
a：実のなっているのが雌花序（手前と左後方）、なっていないのが雄花序（左と右）。紫色の雄花はすでに散っている。幹や花序軸や葉柄には刺が密生している、b：クマレヤシの雌花序（房）に熟れた実を取りに来たフサオマキザル。上にかぶさっているのは葉。

図 3–8　クマレヤシの雄花序。
a：色は紫色で、小花軸ごとに長細い雄花がつく、b：クモザルが食べ残して捨てた雄花。

花序の中央にある太い花序軸（花軸ともいう）からは多数の分枝（小花軸）が出ていて、雄花序では分枝の先に紫色の雄花がつく（図3-8a）。一方、雌の花序軸の分枝につく雌花はクリーム色だから、両者の区別は簡単だ。なお、一本のクマレヤシの木から出ている雌雄合わせた花序の数は三つから多いと八つである。

雄花序につく紫色の雄花はウーリーモンキーの大好物で、クモザルもよく食べるし（図3-8b）、フサオマキザルやホエザルもときに食べる。ただクマレヤシは、幹にも葉柄にも花序軸にも、毒を持つ鋭い刺がびっしり生えているから、花序に乗り移るのに、隣りの木から都合のいい枝が伸びていれば別だが、どのサルもが苦労する。

花が咲いている期間は、一週間ほどでごく短い。花が散ったあと、雌花序には小さい緑色の実が五〇〇個以上も結実する。先端に突起状の膨らみを持つ丸い実は急速に大きくなり、実の中に種子を覆う殻（内果皮）ができ始め、殻の中には水分が溜まる。この段階の水分は青臭いだけで甘みはない。なお、花が散って果実になると、花序を果序と言い換えることがあるが、ここではややこしくなるのでそうしない。

調査中にたまたま、急斜面の一本のクマレヤシが強風で倒れた。いい機会だ。ひとつの雌花序に緑色の小さい実がいくつなっているかを数える。そうしたら、なんと五六五個もあった。木にはさらに二つ雌花序がついていたから、単純に三倍すると、この一本のヤシの木が稔らす実の数は合計一六九五個になる。すごい生産量といえる。

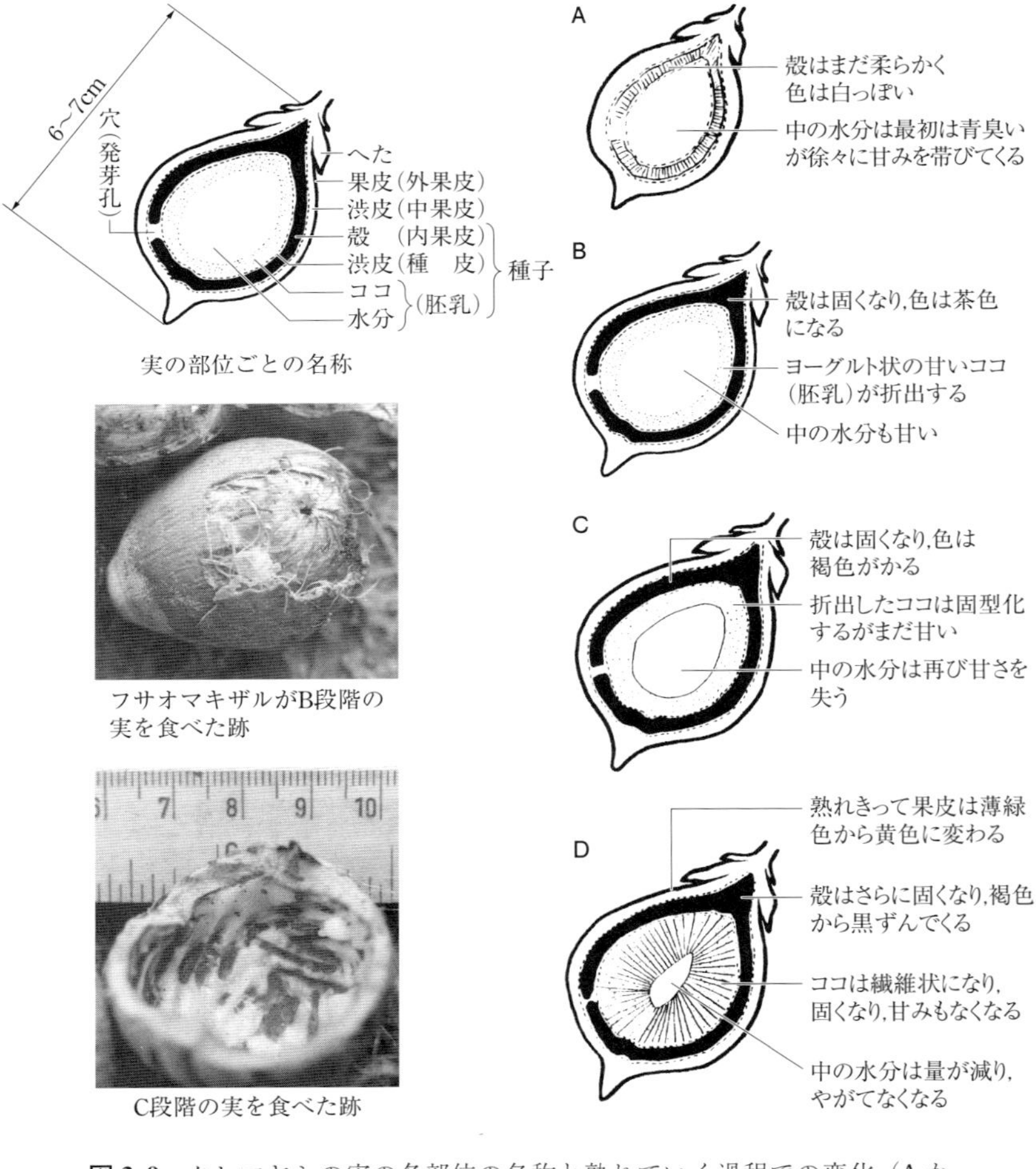

6〜7cm
穴（発芽孔）
へた
果皮（外果皮）
渋皮（中果皮）
殻　（内果皮）
渋皮（種　皮）
種子
ココ
水分
（胚乳）

実の部位ごとの名称
フサオマキザルがB段階の実を食べた跡
C段階の実を食べた跡

殻はまだ柔らかく色は白っぽい
中の水分は最初は青臭いが徐々に甘みを帯びてくる

殻は固くなり，色は茶色になる
ヨーグルト状の甘いココ（胚乳）が折出する
中の水分も甘い

殻は固くなり，色は褐色がかる
折出したココは固型化するがまだ甘い
中の水分は再び甘さを失う

熟れきって果皮は薄緑色から黄色に変わる
殻はさらに固くなり，褐色から黒ずんでくる
ココは繊維状になり，固くなり，甘みもなくなる
中の水分は量が減り，やがてなくなる

図 3–9　クレマヤシの実の各部位の名称と熟れていく過程での変化（A から D へと変化していく）。

実の直径が三センチメートルほどに大きくなり、殻の中に水分が一杯蓄えられ、かつ、殻がまだ白っぽい色で固くなっていない状態の実は、クモザルの大好物で、ウーリーモンキーも好む（図3-9A）。かれらは花序にどうにか乗り移ると、その上に座り、実をひとつずつ手でもぎ取る。そして、実のつけ根の部分を口に持っていき、顔を天に向け、歯で噛む。実はごく簡単に割れる。かれらはそうして、中の甘味を帯びてきた水分を、上手に一滴もこぼさず飲む。実が直径六〜七センチメートルの大きさまで達すると、殻は茶色を帯びて急速に固くなり、水分は非常に甘くなる。殻がこの固さになると、クモザルもウーリーモンキーも歯で噛み割れず、お手上げ状態で、クマレヤシの実への関心をなくす。ここからがフサオマキザルの出番である（図3-9B）。

ヨーグルト状の胚乳を食べる

殻の中の水分が十分甘くなると、水分から殻の内側へヨーグルト状のココ（胚乳）が析出し始める。ココは人が食べても大変美味しい。フサオマキザルはヨーグルト状のココが溜まる頃合をよく知っている。

クマレヤシの殻には、芽を出すための大きめの穴（発芽孔）がひとつと、予備の小さめの穴二つが、殻の尖端から三分の一ほどの所に、ほぼ等間隔に横に並んでいて、そのすぐ下（つけ根側）が殻では一番膨らんでいる。かれらはヨーグルト状のココの溜まった実を手のひらに持ち、大きい方の穴のある膨らんだ箇所をタケにぶつけ、まず、殻の表面を覆う厚めの果皮（外果皮）にひび割れを生じさせる。そうしてから、手や歯で果皮を剝き、殻の穴を露出させる。穴は犬歯で貫通させる。そのあと、穴から中の水分を吸い出すようにして飲む。飲み終わると、タケの節の少し上の部分に、実を軽く三回ほどぶつけ、穴からヨーグルト状のココを出し、タケの表面に付着したココを舐め取る（図3‐10）。三回たたいてはひと舐め、また三回たたいてはひと舐めを繰り返すから、これまで三拍一休止のリズミカルな音として聞かれたのだ。ココの出が悪くなるにつれ、たたきつける力は強くなる。ヨーグルト状のココを食べ尽くすと、実を捨て、新しい実を取りにヤシの木へ戻る。それを何度も何度も繰り返す。タケを使うのは、表面がほかの樹木では考えられないほど固くてつるつるし、出てきたヨーグルト状のココを無駄なく舐め取れるからだ（図3‐11）。

また、タケの節のすぐ上には一カ所だけ、節に向かって少しだけ窪んだ縦の溝がある。まさにその溝になった所の、タケの節から一〇～一五センチメートル上を選んで実をぶつけることが多い。溝に沿って流れ落ちるココが、節の所で確実に止まるからだろう。以上のことがわかってから、ココを食べているどのサルもが、私には得意気にも楽しそうにも見えたものだ。

胚乳が固型化したら殻を割る

ココがヨーグルト状の時期は長くは続かない。ココの、殻の内側への析出が終わると、中央部に残る水分は甘みを失う。ココも固型化する（図3‐9C）。固型化した状態では、大きい方の穴を犬歯で貫通させ、そこをタケにいくらたたきつけても、ココは穴から出てこない。かれらが固型化したこの甘いココを食べようと思ったら、殻を割るしかない。

このようなココの状態の変化と、それに合わせたフサオマキザルの、たたき出す行動から割る行動への変化は、タケ林から聞かれる音の変化でわかる。三拍一休止の、爽やかでリズミカルだった音が、不規則な力強い音へと変わるからだ。また、前者はぽとっとヤシの実が地面に落ちる音で終わり、後者はビシャとかグシャという固い殻が割れてひびが入ったときの鈍い音で終わる。

フサオマキザルがヤシの実をたたき割る方法はこうだ。殻には三つの穴（発芽孔）が等間隔に横に並んでいて、その部分のすぐ下が殻では一番膨らんでいることは先に述べたが、そこを強打すると、殻は三つの穴を結ぶ線を境に、上下二つに割れる性質がある。私も試してみたが、そこ以外の所をいくら何かに強くたたきつけても、殻はけっして割れない。このことをかれらは熟知している。というより、その割り方を私の方がかれらから教わったのだ。

かれらはクマレヤシの花序から実をひとつ取って来ると、その実をタケにぶつけ、果皮の側面半分ほどをひび割れさせ、歯や指の爪で剝く。

初めのうち私は、わざわざたたいて果皮をひび割れさせなくても、かれらの強力な顎の力と歯をもってすれば、果皮を剝くのにそんな小細工する必要などないだろうにと思っていた。しかし、果皮を剝くのにどれほどの力がいるかを自分で実際に試してみて、合点がいった。殻と果皮の間には薄い渋皮（中果皮）があって、歯だけで直接剝こうとすると、その渋皮を一緒にそいでしまい、渋皮の一部が口に入ってしまう。かれらが最初に、それほど固くない果皮をわざわざひび割れさせて剝くのは、

図 3–10　ヨーグルト状のココ（胚乳）の食べ方。A：タケの節の少し上にたたきつけて、ヨーグルト状のココを出し、B：それを舐める（画：木村しゅうじ氏）。

図 3–11　フサオマキザルがヨーグルト状のココを食べた痕跡。a：食べて捨てた実、b：繰り返し使ったタケの節のすぐ上は、舐めた跡がはっきり付いている。

渋皮が口に入らないようにするために違いない。私の歯でも果皮は剝けたが、口に入った渋皮の渋みたるや、どうしようもないほど強烈だった。

かれらは縦に半分ほど果皮を剝いた方を外側にして手で握り、露出させた殻の一番膨らんだ、大きい穴のある方を、今度はタケの節めがけて思い切りたたきつける。そのとき、皮を剝いていない方を内側、手のひら側にしているのは、手のひらに伝わる衝撃を果皮によってやわらげている可能性が高い。さらに、二つに割れた際に、片方が割れたはずみで落ちてしまうのを、つながっている果皮が防いでいるのかもしれない（図3-12）。

タケの節めがけてヤシの実をたたきつける回数、すなわち殻が割れるまでの回数は、性や年齢によって異なる。また、どの程度まで殻が固くなっているかにもよるし、クマレヤシの木ごとで殻の厚さ（固さ）に違いがあることにもよる。たとえば、クマレ割りに熟達したオトナ・オスでは、早いと二～三回、普通は七～八回で割ってしまうが、殻が特別固いと二〇回以上のこともある。一方、力がまだ弱いコドモは自分で割ることができない。かれらはオトナが割っているすぐ近くまでにじり寄って、顔を突き出し、のぞき込むのが常だ。あまりに身を乗り出し過ぎて、後頭部に固いヤシの実をたたきつけられはしないかと、私はいつも心配したが、割るオトナものぞき込むコドモも、そうならない阿吽の呼吸を十分に心得ているのか、そのようなことは一度も起こらなかった（図3-13）。

コドモは真剣な表情でのぞき込みながら、割った瞬間にこぼれ落ちる水を、口を大きく開けて下から受け止めたり、割った殻の破片をもらって付着する少しのココを食べたりと、ちゃっかり分け前を

図 3–12　固いヤシの実の食べ方。
a、b：タケの節にたたきつけて割る（a は図 3–14 の C の姿勢、b は同図の B の姿勢）、c：固型化してもまだ柔らかいココを爪でこそぎ取って食べている途中で落とした実。爪跡がはっきり見える、d：割られて、中の固型化したココが食べられ、捨てられた殻、e：たたきつけて割ることに頻繁に使われた竹の節。

図 3–13　ヤシの実割りに対する年少のコドモの行動。a：オトナ・オスが割っていると、コドモがにじり寄って来る、b：まだ割れず、再びたたきつけようとした瞬間、コドモは飛びのく、c：割れてオスが食べ始めると、コドモは手を伸ばし、指先でココをちょっと引っ掻き取って、その指を舐める。

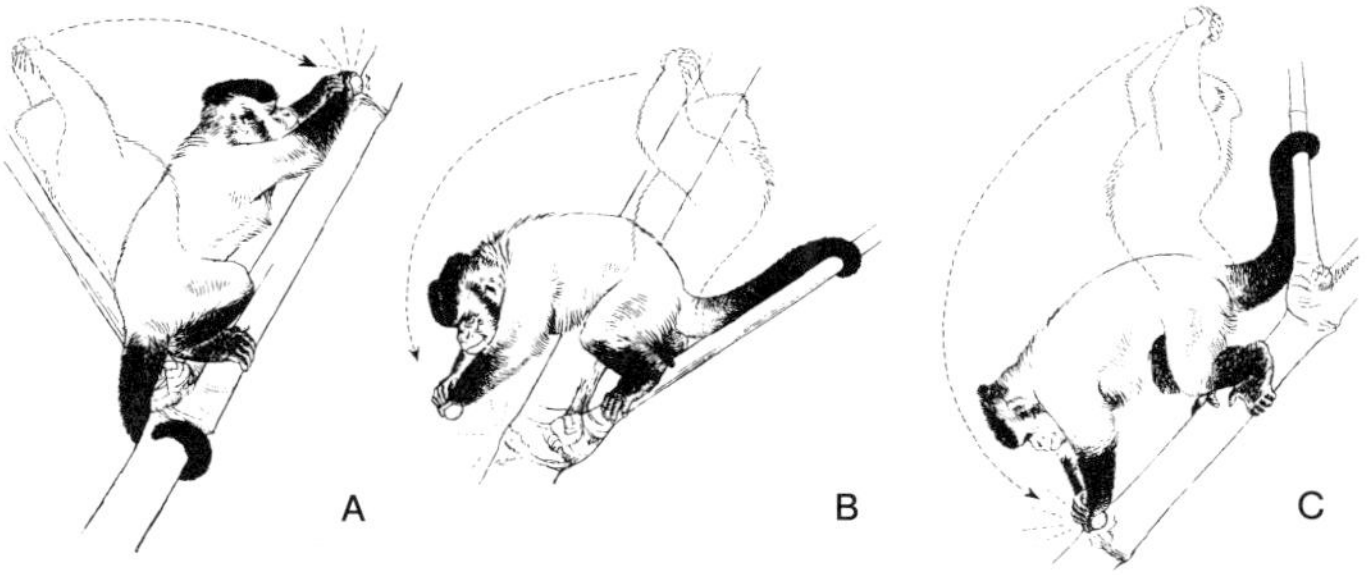

図 3–14　クマレヤシの固い実の3通りの割り方（画：木村しゅうじ氏）。

得ている。

オトナは実を割ったあと、ココがまだ柔らかいと、手の爪でこそぎ取って食べる。そうできないほど固くなっていると、下顎の前歯でこそぎ取る。

殻を割るときにタケの節を使うのは、たたきつける力を一点に集中して最大限に生かすのに、タケの節ほど勝れたものが熱帯雨林にはないことを、かれらが知っているからに違いない。また、割るときには、オトナ・オスでも、殻の固さに応じて三通りの姿勢をとる。ひとつは、タケの節から出ている枝で体を支え、そこを支点に、体軸を立ててひとつ上の節めがけてたたきつけるやり方（図3–14A）。もうひとつは、枝のつけ根に座るようにして、そこを支点に、枝とは反対側にある節にたたきつけるやり方（図3–14B）。三つめは、逆さの姿勢になり、後肢で体を支え、下の節めがけてたたきつけるやり方である（図3–14C）。いずれも片手で実を持ち、その手の甲にかぶせるようにもう一方の手を添えながら、体を思い切り反り返し、反動をつけてたたきつける。そのうち、三つめのやり方が、一番強い衝撃力を殻の一点に加えられるのはもちろんである。これら

図 3–15　体が不安定な状態のとき、尾の先は必ず何かに巻きつけられている。

三つのいずれの割り方をするときも、後肢とともにてんめん性のある尾が体をしっかり支えていて、支点の確保に重要な働きをしている。

フサオマキザルの尾

フサオマキザルの尾は、クモザルやウーリーモンキー、ホエザルのように、尾の先の内側に感覚の鋭い皮膚が露出してはいないし、尾の先で物をつかむ能力も持っていない。尾の先まですっかり毛に覆われていて、体長（頭胴長）と比較しての長さも、前記三種ほど長くない。だから、木の枝伝いの移動の際、クモザルに典型例が見られる、尾を五本目の手足のように使った腕渡り（ブラキエーション）という移動様式はとれない。

しかし、先端部を内側へ曲げたり伸ばしたりは自由にできるし、曲げた尾の先に力を込め、体を支えることもできる（図3–15）。コドモの遊びでは、二頭が尾の先を鉤状に曲げて枝からぶらさがり、逆さになって手足でじゃれ合うのがしばしば見られる。また、地上に下りたとき、背筋をぴんと伸ばして直立姿勢をよくとるが、両足と尾の先の三点で体を支えることもある。

このような尾を持つのは、フサオマキザルを含むオマキザル属のサルとリスザル属のサル（表3-1と2を参照。三九三頁、三九七頁）だけである。

真剣勝負は終わった

一〇月下旬から延々と続いたフサオマキザルのクマレヤシへの極度の執着は、一月末に終わる。殻が茶色から黒褐色に変わって一段と固さが増したことと、中のココが甘みを失ってかすかすの状態に変わるからだ（図3-9D。二六八頁）。そして私の、かれらの知的能力に対する興奮と感動に満ちた奮闘の日々も終わった。

かれらはクマレヤシの実について、熟れ方や、果皮の性質、渋皮の存在、芽を出す穴が殻のどこにあるかや殻の構造など、すべてを熟知している。一方で、とびきり美味なココを食べるのに、道具として使うタケの節の固さや、節の上部から節まで縦についている溝など、タケの特性に関しても熟知している。そのうえに、自らの身体的諸能力を自在に駆使する。それらを総合して初めて、この固いヤシの実を食べることができるのである。私は、アマゾンに棲む新世界ザルの中に、これほどまでに知能の優れたサルがいるのを知ったことと、そのサルと心躍る真剣勝負ができたことに、なんともいえない満ち足りた気持ちになったし、じつに誇らしい気持ちにもなった。

ところで、年じゅう暑い熱帯雨林といえど、どの樹木にも、雨季と乾季の季節変化でできる年輪がちゃんとあるが、ヤシの仲間とタケの仲間には年輪がない。両者は樹木の中では一風変わった植物だが、その両方がフサオマキザルの知的能力の発露と関わっているのは面白い。

再びマカレナ調査地へ

フサオマキザルのヤシの実割り行動で、それでも調べ足りないことがいくつか残った。真剣勝負から離れ、少し余裕を持ってかれらの日常行動を観察したいというぜいたくな望みもあった。

翌一九七六年、私は第5章で述べる「生きた化石ザル」、ゲルディモンキーの調査に向かう前に、クマレヤシの実が熟れる季節に合わせて、再びマカレナ調査地を訪れた。幸い、この年の乾季の訪れは例年になく早く、同じ一〇月だったが急流はカヌーであっさり通過できた。キャンプの建物は、ミルペーヤシの葉で葺いた屋根はさすがに朽ちて落ちていたが、丸太で作った建物の骨組みはそのまま残っていた。私の留守中にこのキャンプを誰かが使った形跡も全くない。伐り開くのにあれほど苦労した観察路も、それほど塞がっていない。なによりも、キャンプ地を昨年明るくし、整地もしたせいで、悩まされたあの大量のカがめっきり減っていたのは大助かりだ。念願のフサオマキザルにも、着いた翌朝に出会えた。

クマレヤシの実のなりは悪かった

クマレヤシの、ヨーグルト状のココの食べ方と固型化したココの食べ方は、前年と変わりがなかった。オトナ・オスだと、花序から三つの実を取り、ひとつを口にくわえ、残り二つを両手に持って、タケ林へ急ぐこともしばしばだ。その際、細い枝や蔦を手でしっかりつかまなければならない瞬間があったりして、三回に一回ほどは手に持ったひとつを落とす。欲張って三つも持って、タケ林へそんなに小走りで急がなくてもいいのにと思うが、オトナ・オスに限らずどのサルも、花序から実をもぎ取るとやけに急ぐ。早く食べたい気持ちを抑え切れないのだろうか。熟れた実のなっているヤシの木から、どれほどまでの距離ならタケ林まで持っていくかを調べたら、直線距離で計って最長が四〇メートルだった。

図 3–16　クマレヤシの幹。リング状に毒のある鋭い刺が密生している。

しかし、なかには横着なサルもいて、ときにタケ林まで持っていかず、実がなっている太い花序軸の、刺の生えていないわずかな箇所を実をたたき割るのに使ったり、隣りの木の枝などで足場を確保できれば、幾重にも輪になって長く鋭い刺が生えているクマレヤシの幹の、密生した刺の輪と輪の間をたたき割るのに使うこともある（図3-16）。クマレヤシの幹や花序軸はタケの節ほど使い勝手はよくないが、タケと同じくらいに固くて、なんとか実が割れるからだろう。

この年は前年に比べて実のなりが悪かった。あまりならないと、隣りの木などから跳び移れる、都合のいい実のなった花序はどうしても限られる。周囲の樹々から孤立して突っ立つクマレヤシには、いくら実が沢山なっていても、かれらは取りに行きようがない。しかし、実は熟れ切ると地面に落ちる。前年は地面に落ちた実に関心を示さなかったが、この年はなりが悪いせいだろうが、地上に降りてはその実を拾い、何度も何度もタケの節にたたきつけ、かすかすになったココを割って食べるサルもいた。

余談だが、クマレヤシの幹や葉柄にある鋭い刺を手や足にうっかり刺してしまうと、そこが非常に痛む。ずっとのちの話、転んで手のひらに一〇カ所以上も刺を刺したロスアンデス大学の学生は、その夜高熱にうなされて一睡もできなかったという。別の学生はたった一本を手のひらに刺しただけで、翌日には、その真裏にあたる部分の手の甲が大きく腫れ上がった。

地面に落ちた古い種子も食べる

地面にはこのような実のほかに、明らかに前の年に落ちて、芽をまだ出さない状態の実もかなり落ちている。果皮はもちろん腐ってなくなり、露出した殻はてかてかに黒光りしている。見るからに固そうだ。その殻を割れるのはオトナ・オスとワカモノ・オスに限られる。オトナ・メスが挑戦するのを私は三回観察したが、いずれの場合も途中で諦めて捨てた。年長のコドモ・オスがそうするのは二回見たが、二回とも、コドモにメスのような真剣さはなく、遊びでやっているとしか思えなかった。

地面に落ちているこの黒光りする種子を食べる動物は、フサオマキザルだけではない。クビワペッカリーやクチジロペッカリーの成獣は奥歯で嚙み割って食べる。テンジクネズミの仲間のアグーチやアマゾンオオアカリスは、殻をかじって穴を開けて食べる。また、殻が持つ三つの穴からキクイムシなどの昆虫が入って中のココを食べてしまった、いわゆる虫食いの種子も多い。

フサオマキザルは地上に降り、手のひらでそれを持って、種子の重さを手で量っているような仕草や、殻の中がどうなっているか耳の近くで振って確かめるような仕草、殻を手のひらの中で回して虫食い穴があるかないかを調べるような仕草をする。林床は暗く、草が茂り、かれらは私からは後向きでやることがほとんどで、かつ一瞬なこともあって、そこで何をしているのか、本当のところはわからなかった。しかし、かれらが虫食いかどうかを調べ、虫食いでない種子を正確に選んでいるのは間違いない。かれらが割ったあとの殻をすべて拾って調べたが、百発百中実入りだったからだ。

いずれにしても、クマレヤシの実が熟れ、ヨーグルト状のココが固い殻の内側に析出し始めてから、ココが固型化してかすかすになって地面に落ちるまでの間、すなわち、栄養価が高く非常に甘い食べ頃の状態にある期間、フサオマキザルはそれを食べる術を習得することで、他の六種のサルや多くの種類の動物が同所的に棲むマカレナの森で、かれらとこの実を巡って一切競争せずに、悠々と独占しているのは確かだ。

地域によってはヤシの実割りをしない

ヤシの実割り行動について、同時に調査していたペネージャ調査地にもフサオマキザルがいて、このヤシの木もあり、実がなっているのを私は何度も目撃している。助手が一本を伐り倒してくれ、マチェテで実を半分に割って、甘いヨーグルト状のココを貪り食べたこともある。しかし、フサオマキザルが固い殻を割るコンコンコンという乾いた音は一度も聞いていない。カケタ川やプトマヨ川の流域住民の誰に聞いても、見たことも聞いたこともないという。両河川の流域にマカレナ地域よりタケ林が少ないことと関係しているのだろうか。

のちにボリビア北部のムクデン調査地（巻末の付図のC）でゲルディモンキーの集中調査を行ったとき（第5章参照）、マカレナ地域に比べて密度は低いが、そこにもクマレヤシの木はあった。その一帯で天然ゴムの採集をしている何人もの住民に私は尋ねたが、フサオマキザルは直径が一五センチメートルにもなる丸くて大きく、かつ果皮の部分が厚くて固いブラジルナッツ（サガリバナ科の巨木）の実（図3-17）は、両手に持って、水平の太い枝に力一杯たたきつけて割り、中にある種子（ナッツ）を取り出して食べるが、クマレヤシの固い殻割りは見ていないという。私も調査中に、現場は見られなかったが、フサオマキザルがブラジルナッツを割る大きな音を、近くの樹上から二度聞いた。なお、この実は砲丸投げの球そっくりで重く、自然落下した実が頭を直撃して死んだ人もいるから気をつけろと、住民はしつこいほど私に注意を喚起した。

石でヤシの実を割る

それからずっとあと、私がヤシの実割り行動を観察してから四半世紀がたった二〇〇〇年、ブラジル高原の乾燥した疎開林に進出したフサオマキザルで、石を石器のように使用する行動が発見された。その地域には、乾季に実が熟れるヤシ科アタレア属のジャグアというヤシの木がある。実の大きさはクマレヤシとほぼ同じだが、殻ははるかに厚くて固い。フサオマキザルはその実を中央部に窪みのある平たい石の上に置き、かれらの頭ほどの大きさの石を、二本足で立って両手で頭上まで持ち上げ、ヤシの実にたたきつけて割って食べるという。しかも、ジャグアヤシのある一帯には崩れやすい石しかなく、かれらは頑丈で手頃な石を一キロメートルも先の岩山から両手で持って運んで来るという。

図 3–17 マチェテを使ってやっと割れるほど固いブラジルナッツの実。

このヤシは、クマレヤシと違って幹が

なく、地面から直接葉や花序が出る。クレスパと呼ばれる近縁種がマカレナ調査地にもあり、調査地のフサオマキザルも、この実をクマレヤシの実と同じようにタケの節で割って食べる。しかし、この実をたまにしか食べないのは、熟れる時期がクマレヤシと同じなことと、クマレヤシの実の方が殻が薄くて割りやすいこと、中のココの量がクマレヤシの実の方が比較にならないほど多くて甘いこと、クマレヤシの木がマカレナ調査地に高密度にあること、などによると思われる。私も試食してみて、かれらがクマレヤシの実の方を好むのがよくわかった。

ブラジル高原のフサオマキザルの、この石を道具として使ったヤシの実割り行動（石器使用行動）は、大型類人猿チンパンジーの、草の茎や小枝を使ったシロアリ釣り行動が発見された一九六〇年代初頭と同様の、サル学にも一般の人たちにも大きな反響を呼んだ。しかしそれは、マカレナ調査地でのヤシの実割り行動や、次に紹介するいくつもの知的な行動から、フサオマキザルはチンパンジーに匹敵するほど賢いといい続けてきた私には、溜飲の下がる出来事だった。

チンパンジーとヒトとの遺伝的距離は、チンパンジーとニホンザルとの距離よりずっと近く、チンパンジーとフサオマキザルとの距離よりはるかに近い。そして、ヒトは万物の霊長できわめて賢く、だからヒトに近縁なチンパンジーも、ほかのサルに比べたらずっと賢くなければならないし、賢さについて新世界ザルなど比較の対象にもならないというのが、長いことサル学に通底する考え方だった。それゆえこれまで、チンパンジーの知的行動が微に入り細を穿って調査されてきたし、実験室で知能テストが繰り返されてきた。こうした、ヒトとの遺伝的距離が近ければ近いほど賢いという先入観や固定観念が崩れ去ったという意味で、フサオマキザルの石器使用行動の発見は大きかったと私には思える。また、この行動を、疎開林まで利用するようになったフサオマキザルの環境への適応という、わかったようでよくわからない説明で理解するより、かれらの日常生活の場であるきたない森で見せる数々の知的な行動の、ひとつの応用（バリエーション）だと理解した方がいいだろう。私は、発見された行動そのものに対しては、驚嘆するよりもっともだという思いの方が強かった。

タケの中のカエル捕り行動

一九七六年の調査では、前年に比べてクマレヤシの実のなりが悪かった。そのため、フサオマキザルは前年ほどこの実には執着せず、きたない森でいろいろなものを食べていた。また、かれらが私にさらに馴れてくれたので、群れの移動にどこまでもついて行けた。そのようなことで、ヤシの実割り行動のほかにも、かれらの知的な行動をいくつも観察できた。その最たるものがタケの節の中に棲むカエルを捕まえて食べる行動である。

体長五～一〇センチメートルのアマガエルの一種が、縦に四センチメートルほどの細長い穴の開いたタケの節と節の間（節間部）に潜んでいる（図3-18）。そこには冷たい水が三分の一ほど蓄えられているから、カエルにとって身を隠すだけなら居心地は満点なはずだ。

フサオマキザルは、タケの節間部に縦に細長い穴が開いていれば、中にカエルが潜んでいる可能性のあることをよく知っている。タケ林に来ると、穴の開いているタケを探す。見つけると、そおっと近づいて、穴のあたりに耳を当て、タケの表面を手のひらでたたく。中にカエルがいると、カエルは、普段は水から出て節間部の内側の上部に張りついていると思われるが、タケが突然たたかれたことで、おそらく驚いて水の中に飛び込む。その水音がするかしないかで、カエルのいるいないを判別しているに違いない。いるとわかると、その小さい穴をとっかかりに、歯でタケを強引にかじって、引っぱがしにかかる。引っぱがしは手で行うが、そのタケ片は縦に割れて節の手前で止まる。一回ごとに、それを足や尻の下に敷く。そうやって、引っぱがしたタケ片がはね返るのを防ぐと同時に、椅子がわ

図 3–18　タケに棲むカエル。
a：カエルが中に潜んでいることが多い縦穴の開いたタケ、b：タケの中に潜むアマガエルの一種。

りに使う。五回から一〇回ほど引っぱがして穴が十分大きくなると、躊躇なく腕を突っ込み、中にいるカエルを手でわしづかみにして引きずり出す。あばれるカエルの首を手か歯で力一杯締めつけて殺す。そうしたあと、すぐ近くの木へ移動し、枝に擦りつけて体表面のぬる（粘液）を取り除く（図3―19）。

私はこの行動を二六回観察して、フサオマキザルが引っぱがしを行ったタケの中から、カエルをつかみ出さなかったことは一度もない。かれらにとって太くて固いタケを、小さい穴をとっかかりにして表面から歯でかじり、手で引っぱがすのは、見ていてもかなり大変な作業で、ヤシの実をひとつ割るのとは比べものにならない。賢いかれらがそんな作業を一か八かでやるはずは絶対にない。タケの節間部にいるカエルの習性を、かれらは熟知しているのだ。

ただ、直径一〇～一二センチメートルの青いタケの節間部に、どんな動物が四～五センチメートルの縦穴を開けるのかは、わからずじまいだった。昆虫がタケの木質部に卵を産み、幼虫がタケの木質部を食べながら成長して羽化していった跡なのか、昆虫が幼虫や蛹でまだそこにいる状態のときにキツツキの仲間のような虫好きの鳥が、くちばしで昆虫を掘り出して食べた跡なのだろうか。

もうひとつは、中に入っているカエルはその穴よりずっと大きく、その穴からの出入りなどとても不可能に思える点だ。いったいどのようにして、カエルはタケの中に入ったのか。中に入って何をしようとしているのか。生きるに十分な餌となる昆虫が、穴から頻繁に中に入って来るとでもいうのだろうか。私は何か手掛りが得られないかと、小さい縦穴のあるタケをずいぶん切り倒して中を調べた

a：手で軽くたたく
b：犬歯で強引に引っぱがしにかかる
c：それを足で押さえる
d：カエルをわしづかみにして引っぱり出す
e：体表面のぬるを枝に擦りつけて落とす
f：内臓からおもむろに食べ始める
g：太股の肉を歯でちぎり取って食べる（残りの部分は左足に握られている）

図 3–19 カエル捕り行動の連続写真（オトナ・メス）。

が、生きたカエルはいたが死体はなく、ほかにこれといった手掛りは得られなかった。

これらの疑問を、結局私は解けずじまいだったが、フサオマキザルはきっと答えを知っているに違いない。いつのときも、かれらはいとも簡単に、しごく当然のように見つけては、好物を見つけたときの興奮したキケキケキケという声をひとしきり発して、タケの引っぱがしに取りかかるからだ。かれらは固いクマレヤシの実の、素手での割り方は教えてくれた。しかし、縦穴の秘密とカエルの謎を私に教えてくれることは残念ながらなかった。

熱帯雨林の隅々まで知っている

ヤシの木は、大きな葉や花序が幹の先端部から重なり合うようにして出る。そのつけ根（基部）は葉鞘網《ようしょうもう》と呼ばれる強靭な繊維に包まれている。幾重もの網状になった繊維の中には、昆虫などが身を隠しているのが常だ。

調査地には、ヤシ科オエノカルプス属のミルペーヤシという、葉をキャンプの屋根を葺くのに使うヤシの木が非常に多い。このヤシはクマレヤシと違い、一年を通して花序が出、花が咲き、結実する。実は熟れると黒紫色になる。長さ四～五センチメートルの紡錘形をした熟れた実を、クモザルは固いが薄くてひび割れしやすい果皮を数回歯で噛んでから、種子ごと丸呑みし、果皮の内側に一～二ミリメートルほどの厚さしかない果肉を栄養分として摂取する。一方、顎の力が強いフサオマキザルは、果肉を歯でそいで食べたあと、非常に厚くて堅い殻を持った種子を奥歯で強引に噛み割って、中の固

図 3–20　フサオマキザルとミルペーヤシ。
a：熟れた実を大きな花序の垂れ下がった小花軸から取って食べるオトナ・メス（下）とコドモ、b：葉鞘網の中で虫や小動物を探すオトナ・オス。

型化した胚乳も食べる（図3-20a）。

ミルペーヤシの実を歯で割りながら、かれらはすぐ隣りにある、実がすっかり落ちてしまって枯れた花序の中に目を凝らす。体長七〜八センチメートルの、おそらく葉鞘網の中の昆虫を餌としていると思われる小型のトカゲが、そこによく潜んでいるからだ。見つけてから捕まえるまではほんの一瞬の出来事である（図3-20b）。

背丈が四〜五メートルになるタリアゴというバショウ科フェナコスペルムス属の、バナナによく似た植物は、大きな葉が茎を包み込む形で出るが、その基部にはいくらか水が溜まっていて、ツユムシの仲間など、緑色や薄茶色をした大型の昆虫がしばしば潜んでいる。

図 3–21　タリアゴの葉のつけ根で虫を捕まえたコドモ。

かれらはタリアゴの上方から体を逆さにして中をのぞき込む。そして、尾と後肢で体を支えながら、頭を茎に沿って突っ込んでいくから、葉は外側にどんどん開く。そのとき、両手は自由に使える状態なので、かれらに見つかったら最後、ツユムシに逃げる術はない（図3–21）。

高木の太めの枝が枯れていることがある。近くに来たフサオマキザルが目を凝らす。アリの這いずりや虫の穴を点検しているのだと思われる。枯枝の中に昆虫などが巣食っているのを察知すると、周囲を見渡し、足場になる木の枝を探す。そして、木の枝を後脚と尾でしっかりつかみ、力任せに枯枝を折って地面に落とす。オトナ・オスのその力たるや、体重がたかだか三キログラムほどしかないのに、私を凌駕するのではないかと思えるほどだ。

枯枝が地面に落ちるやいなや、オスは一気に木を駆け下り、枯枝を両手や歯で割り始める。その力とともに俊敏さも、私を惚々させる。また、木の茂みや地上近くの藪から興奮した声が聞かれると、次の瞬間、姿を見せたフサオマキザルの片手には、大型の鳥の卵や雛、ハチの巣などがきまって握られている。樹木や蔦の熟れた果実のみならず、このような高栄養なものを日常的に食べていることが、このサルの類いまれな腕力や脚力、顎の力、俊敏さや休みなく動き回る運動量を支えているのだろう。

2 どれほど賢いか

マカレナ調査地の変貌

コロンビアのロスアンデス大学との共同研究計画を実施する調査地探しで、一九八六年七月、私は久し振りにマカレナ村を訪れ、カヌーでグァジャベロ川を遡ってドゥダ川を目指した。

その道中で私が目にしたもの、それは、マカレナ村とグァジャベロ川流域の驚くほどの変貌だった。村の宅地面積は二倍以上広くなっていた。飛行場の滑走路は相変わらず裸地のままだが、飛行場の脇にはコロンビア政府軍の大きな駐屯施設ができていた。村の中央通りにはきらびやかな商店が立ち並び、都会と変わらぬさまざまな物資で溢れていた。そして、グァジャベロ川を遡っても、急流までの両岸にすでに森はなく、牧場や農耕地に姿を変えていた。

一方、急流の出口（下流側）には、コロンビア反政府ゲリラ組織では最大の、ＦＡＲＣの兵士たちが検問のために駐屯していた。グァジャベロ川とドゥダ川の合流点にかつてあったマカレナ国立公園管理事務所は、ゲリラ組織の駐屯所になっていた。九年前まで三年続けて訪れたときには、一軒の民家しかなかったドゥダ川下流域にも、新たに民家が五軒建てられていて、森は伐採され、料理バナナやユカイモ畑が広がっていた。きっと民家の裏手に広がる森の奥深くでは、麻薬のコカやマリファナが栽培されているはずだ。

道中ずっとこんな風景を見続けて、私は、かつて調査地とした森にも人が入り、そこのサルたちはすでに姿を消してしまったのではないかと、暗たんたる気持ちだった。これほどまでに暗くて重い心を背負ったアマゾンの川旅は、今まで一度もなかったし、以後もない。

九年前まで、調査地の入口はドゥダ川に面していた。しかし、川の流れが変わって、そこには大きな砂洲ができていた。少し先の、流れのゆるやかな所で砂洲にカヌーを乗り上げ、そこから二〇〇メートルほどを歩く。かつてキャンプを建てた所には、当時の助手が植えたのか、バナナがひとかたまりで生えているが、ここに人が短期間でも住んだという形跡はない。背後に急斜面が迫り、畑や牧場にする平坦地がわずかしかないことが幸いしたのかもしれない。

着いた翌朝、早速森を歩いてみる。最初にここを訪れた一九七五年、キャンプの屋根を葺くために伐り倒したミルペーヤシの切り株や、机と椅子を作るため半円形にくり抜いたマタパロの木（イチジクの仲間で、絞め殺しの木という）の大きな板根は、朽ちずにそのまま残っている。尾根沿いや平坦地のきれいな森に作った観察路はそのままでも使えそうだ。地面から一～数メートルで成長を止めている若木は、私が邪魔だからとマチェテで斜めに伐ったところから寸分も伸びていず、伐り口の下から一～二本の細い枝を出しているだけだ。

森では、かつてと変わらぬ人を怖れぬウーリーモンキーやクモザルに出会い、ほっと胸をなでおろす。調査地の森は伐採されず、サルたちは食用に撃たれていなかった（図1-8参照。四八頁）。

バナナのまだ青い実を食べに来た

空地にしてキャンプを建てた跡地はひどい藪になっていた。着いた翌日から、人が住めるように整地して簡単な小屋を建て、古い観察路を修復する。修復を始めて五日目の正午過ぎのことだ。調査開始にあたっては必ずしなければならない、雨季の暑くて湿度が高い森での小屋建てや観察路作りの過酷な肉体労働の連続に、私はさすがに疲れ、キャンプでチンチョロ（網目状の携帯ハンモック）を吊ってひと休みしていた。

キャンプに向かって流れるごく小さな川の奥から、聞き慣れたフサオマキザルの、人の口笛そっくりな鳴き交わしが聞かれる。フイーフイーという澄んだ声はキャンプにどんどん近づいて来る。そして、先頭の若いオスが近くの木からバナナの大きな葉に跳び移り、好物を見つけたときの興奮したキケキケキケという声を連発しながら、実をつけているバナナの花序に跳び移る。それで気づいたのだが、バナナの実は熟れるにはまだほど遠い、青くて細い状態だが、その何本もの先端部がすでにかじ

図 3–22　熟らすために食堂に吊るした2つのバナナの花序。アカハナグマがときどきやって来ては、覆いのずだ袋を器用にずり下げて熟れた1～2本を失敬していく。

られているではないか。かれらがこれまで何回か、ここに来た証拠だ。

続いてオトナ・メスとコドモが花序に乗り移り、実をひとかじり、ふたかじりする。かれらは、チンチョロから降りて近づいて行く私を気にもとめない。あとからさらに三頭が来て、同じようにバナナをちょっとだけかじって行く。

ちなみにバナナの花序では、一五～二〇本の実が二列のひとかたまりで、それが太い花序軸に一〇個以上ついている。したがって、良く育った状態の実の数は、ひとつの花序で二〇〇本ほどである（図3–22）。なお日本の店頭で普通に売られているバナナの実のほとんどは、二列のひとかたまりをさらに三つか四つに割って五～六本にしたものである。

フサオマキザルがバナナを食べに来てから去るまでの時間は五分ほどだっただろう。バナナを食べに来なかったサルを含め、一五頭ほどがあっという間に小さな川の下流（北西方向）へと去って行った。

私は、数日前まで大工仕事の騒音がひっきりなしで、しかも今は小屋が建ってすっかり様変りしたキャンプにやって来て、平然とバナナを食べて行ったかれらのごく自然な振舞いに、茫然自失の状態でそこに立ち尽くしていた。その光景は、密な藪の中で苦労して追ったかつてとはあまりにも異なり、夢を見ているのではないかと思うほど衝撃的だった。

朝の残りのコーヒーを温め直して飲み、一息入れる。やっと頭が回転し始める。この群れは、一〇年前の一九七六年に、連日ついて歩いたとき以上に人を怖れていない。そのときとは世代交代しているはずなのに、私を覚えているサルがまだ群れにいるのだろうか。いずれにしても、かれらはバナナの味を十分知っている。最初に来たサルのあの声から、バナナが好物であることも確かだ。人に馴れているとはいっても、きたない森が好きで動きの速いかれらを、毎日追尾して調査するのは、これまでの経験で大変なことがよくわかっている。かれら一頭一頭を個体識別し、何年も継続して調査して、群れの通時的社会構造を明らかにしたい。それには、バナナで餌づけしたらどうだろう。私はむやみな餌づけを好まないが、ここでの餌づけなら、これからずっと調査を継続する心づもりでいるから、サルに悪影響を与えないよう、管理方法を含めて一切の責任を私はとることができる。餌台はキャンプから少し離して作ろう。

次々にアイディアが浮かび、観察路の修復作業から戻って来る助手が待ち遠しかった。そして、戻った助手に、私は息せき切って餌づけの計画をしゃべった。翌朝、夜明けとともに、助手は餌づけに使うバナナを買いに民家のある下流へカヌーで出発した。

餌づけに成功する

この調査地は、かつて最後に訪れた一九七七年から九年もの空白期間があったのに、人に荒らされていなかった。荒らされていないうえに、当時の助手が一～二本植えたのか、自然に生育したのか、キャンプの脇でバナナの株が育ち、今は一一本にもなっている。しかもそのバナナは、これまで何回も実をつけ、その味をフサオマキザルに教えておいてくれた。その上に、私が着いて早々、かれらはまだ熟れていないにもかかわらず、それを食べに、藪を伐り払って整地したばかりのキャンプに来てくれたし、かれらは以前にも増して人を気にしていない。これほどまでの幸運がいくつも重なっていいのだろうか。

なお、バナナは多年生の草本で、芽を出してから一～二年で育ち切り、花序が出て、生育がいいとその花序に二〇〇本ほどの実をつける。そして、実が大きくなって熟れると、その重みで茎（草本だから幹ではなく柔らかい茎）は折れて枯れる。しかし、そのときまでには地下の株（地下茎）からいくつもの芽が出ていて、うち二～三本はもう立派に育っている。したがって、生育条件さえよければ、日本の多年生の雑草のように増えて広がっていく植物である。

ところでその日、バナナを買いに走らせた助手は戻って来なかった。私は興奮して眠れなかった。翌朝、私はマカレナ村から買ってきた食糧を総点検し、その中から、もしかしたらフサオマキザルが食べるかもしれない飴とビスケットとジャガイモを、実をつけたバナナとバナナの間に細紐を横に張って、それに吊るした。かれらがここに戻って来たとき、食べもののないことがわかって、二度と来なくなるのを心配したからだ。

夕方に戻った助手は、二カ月ほど前の集中豪雨で、どの畑も壊滅的な打撃を受け、バナナ二房（二つの花序）しか手に入らなかったと、疲れ切った表情を浮かべて私にいった。房ごとに実も一〇〇本ほどしかついていない。

私は早速、黄色く熟れた三〇本のバナナを一本一本紐で縛って吊るす。次の日も、その次の日もかれらは来ない。紐で吊るした熟れたバナナはじきに皮が黒ずみ、虫に食い荒らされ、落下する。毎日のように新しいのと付け換えるが、貯えのバナナはどんどん痛んでいく。気は焦る。最後に残った、すっかり皮が黒くなって腐り始めたバナナ二五本のうち、一五本を吊るした日の翌朝、先に来た日から一〇日たって、やっとかれらは現れる。

誰がバナナを食べるかは早い者勝ちだ。最初に到着した六頭が、先を争ってバナナを二〜三本紐からもぎ取り、口にくわえ、手に持って、すぐ近くの木に跳び移ったあと、がつがつと食べる。なんとも騒々しいいっときだ。バナナがなくなって静寂が戻る、私は台付き梯子に登り、残りの一〇本を先ほどと同じ所に吊るす。そうしたら、私が作業中にもかかわらず、かれらは走ってバナナに戻って来て、私が台付き梯子から下りるやいなや、吊るしたばかりのバナナを引きちぎるようにして持っていくではないか。同じ横紐には、吊るしっ放しの飴とジャガイモがそのままの状態で残っているが、そ

図 3–23　餌台にバナナを食べに来た観察群（MC–1 群）。

れには目もくれない。

私はこれで、フサオマキザルの餌づけ成功を確信する。

餌台は一・五メートルくらいの高さにしよう。そこに熟れたバナナを輪切りにして置けば、かれらは交代でバナナを食べに来るし、その間、同じ高さで真正面の至近距離から、一頭一頭の顔をしかと見ることができる。個体識別は一気に進むに違いない。そうすることで、これから何年かかるかわからないが、かつてヤシの実割り行動で血湧き肉踊る野外調査の醍醐味を思う存分に味わわせてくれた同じフサオマキザルの、通時的社会構造を明らかにすることが必ずできるはずだ（図 3–23）。

餌づけザルの大活躍

マカレナ調査地での私の研究対象が決まった。一方で研究とは別に、私には、共同研究計画を進めるにあたって、ロスアンデス大学との間で、卒業研究の学生を毎年五名前後受け入れて指導することと、年に二回、三週間ずつ野外実習の授業で一五～二〇名の学生を受け入れて指導するという契約があった。野外実習については、まず最初に、餌台でフサオマキザルを間近に見せてやれば、サルがいかに興味深い動物であるかをわかってもらえるだろう。卒業研究では、一頭一頭を個体識別し、名前をつけて観察することで、どんなことを明らかにできるかを具体的に説明してやれるだろう。

実際、以後一五年余り、このサルは卒業研究や野外実習で大活躍してくれた。さらに、ゲリラ兵士や地域住民への教育的効果も絶大だった。ここに恒久的調査基地の建設を本格的に開始した翌一九八七年、彼らとの間に生じた誤解の解消に、餌台に現れたかれらは大変重要な役割を果たしてくれたのだ。

先にも述べたが、ドゥダ川流域はコロンビア最大の反政府ゲリラ組織ＦＡＲＣの支配下にある。ここに恒久的調査基地の建設を開始してから、私は、様子を見に立ち寄るＦＡＲＣの司令官（コマンダンテ）や部隊長（カピタン）に、私という一外国人がこの地で何をしようとしているかを懇切丁寧に説明してきた。マカレナ村までは有効だった、首都ボゴタで取得したいくつもの証明書や許可証は、ここではなんの役にも立たないからだ。それでも、全然金にならないサルの生態研究をなぜするのかはなかなかわかってもらえず、地域住民の間では、黄金の採掘に来た、ウランの採掘に来た、麻薬の買い占めに来たなどと、あらぬうわさが立っていた。

麻薬について、この地域、マカレナ山脈の西側は、川の途中に、どんな馬力の強い外装エンジンを装着しても、雨季にはカヌーでの往来が不可能な急流（ラウダール）のあること、国立公園として森林の伐採や開発が他地域に比べれば抑えられてきたこと、地形も起伏が激しいから、コカやマリファナなど麻薬植物を栽培しても空から発見されにくいことなどで、一九七〇年代末からは、コロンビア最大の麻薬産地として世界に名を馳せていた。そして、麻薬を栽培しても見つかり難ければ、森の奥にあるゲリラ基地も発見され難いわけで、ゲリラの一司令部が置かれるようになっていたし、麻薬売買を牛耳ることで、ゲリラが多額の活動資金を得ているともいわれていた。

そんなところへ突然、一外国人がやって来て、流域住民の家に比べたらましな、トタン屋根の調査基地を建て、朝早くから夕方遅くまで一人で森の奥に入って出て来ないのだ。いったい何をしているのだと疑われても仕方ないだろう。

一度は、ホエザルの観察中に助手がゲリラの部隊長を連れて来たが、ホエザルはそのとき昼の長い休息中で、私は高木の根元にもたれて座っていた。それから一時間余り、部隊長と助手も私の近くに座って時折サルを見上げていたが、サルが全く動かず何もしないのに飽きて、戻って行った。その間私も、記録を取ることがないので、ノートを開くこともなかった。夕方キャンプに戻って助手に聞いたら、「あの日本人は何をしているのか、全くわからない」といって帰ったという。

しかし、都合よく私がキャンプにいて、フサオマキザルがちょうど餌台に来ているときは、かれらの社会構造を、ゲリラ組織の司令官や部隊長や兵士（ソルダード）に当てはめては、わかりやすく説明を繰り返したので、彼らもサルに大変興味を持つようになってくれた。なかには、私から教わったうろ覚えの、餌台を舞台に繰り広げられるかれらの社会のありようを、上司をわざわざ連れて来て説明する兵士すら現れるようになった。私に対するゲリラのわだかまりを解いてくれた最大の恩人は、餌づいたこのフサオマキザルだといっても過言ではないだろう。

やがてゲリラは、私の調査地一円で新たに畑を開くことはもとより、麻薬の栽培や野生動物の狩猟、材木用の木の伐採などを禁止する通達を流域住民に出してくれるまでになった。

卵の割り方を調べる

私にも餌台にもすっかり馴染んだフサオマキザルが、藪の中での観察では、咄嗟で一瞬の出来事なので仔細がよくわからなかった行動を、私の目の前で再現してくれるのも大助かりだった。

そのひとつが卵の食べ方である。私はかれらが、藪から鳥の卵を手に持って跳び出して来るのを何回も見ている。しかし、一気に近くの木を駆け登ってしまうか、再び藪に潜り込んでしまうので、木にぶつけているのはわかるのだが、実際にどうやって食べるのか、一部始終をしかと見る機会はなかった。かれらが手にする卵はニワトリの卵よりも少し大きいホウカンチョウの卵や、やや小さいシャッケイの仲間やシギダチョウの卵だ。

私は食糧の買い出しついでに、マカレナ村でできるだけ沢山の卵を買って来るよう助手に頼む。卵一ダース入りのパックが六個届く。私は早速、どうやって割って食べるか、観察の手筈を整える。

最初に輪切りにしたバナナをいつも通り与える。全員がひと通り食べ終わったのを見計らい、隠し持った卵をひとつ、布袋から取り出し、樹上で休むサルたちに見せる。その瞬間、好物を見つけたと

図 3–24　私に追加のバナナをせびるときの、半ば劣位の、半ば威嚇の表情（オトナ・オス）。

きの例の興奮した声を一斉にあげる。すぐに中心オス二頭が木の枝から餌台に跳び下り、私に対し半ば劣位の、半ば威嚇の表情を浮かべて、苛立ちと催促の、前肢と首を使った屈伸運動を繰り返す（図3–24）。

卵を餌台に置こうとした瞬間、力量の差で優る一頭が、私の手から引ったくるようにそれを取り、片手に持って木へ駆け上がる。さらにひとつを布袋から取り出し、もう一頭にも渡す。かれも同様に木を駆け上がる。入れ代わって三頭が餌台に来るが、かれらには構わず、二頭の卵割りを観察する。

強い方の中心オスは、水平の枝にとんとんと二回、片手でそおっとぶつけ、ぶつけた面をちらっと見て、もう二回少し力を入れ気味にたたく。卵のひび割れした音がかすかに聞こえる。ひび割れしたところの殻を、爪の先でちょっと剝ぎ取る。そして、そこに口を当て、両手で持って天を向き、開いた穴から吸い出すように、一滴もこぼさず、中身のすべてを飲み干して、殻を捨てる（図3-25）。

もう一頭は、片手で三回ゆるくたたいて割る。そして、足で卵を持ち、ひび割れたところに両手の親指を立て、途中まで割る。続いて中身のうちの白身を指でかき出すように垂れ流して捨てる。そうしてから、中に残った黄身を直接口を持っていって食べる。そのときにはもう、小さいコドモが卵割りをのぞき込みにすぐ下の枝まで来ていて、垂れ流された白身をすくうように手を伸ばし、手のひらや手首にべっとりついた白身を舐め取って食べる。

図3-25　卵をもらい慣れてくると、中心オスは餌台で悠々と食べるようになった。

強い方のオスの捨てた穴あきの殻は地面に落ちるが、積もった落葉の上なので割れなかった。オトナ・メスが素早く木から下りてそれを拾い、オスが穴を開けた所から手で簡単に二つに割り、殻の内側をぺろぺろと舐める。

餌台の一番手前まで来て身を乗り出し、私が手に持つ布袋をじっと凝視しながら、しきりにせびる二頭の若いオスにも一個ずつやる。一頭は、先の中心オス二頭の弱い方がしたと同じようにして殻を割る。

しかし白身をかき出さず、二つに割れる途中で口をつけ、すするようにして食べる。白身がいくらかこぼれ落ちる。もう一頭は、強い方のオスとほぼ同じ要領だが、穴を開けた所から吸い出しはせず、口を天に向け、両手で穴の所から一気に割って、口に入れる。口の脇から白身が少しこぼれる。

食べ終わった二頭の中心オスが、また餌台に来て卵をねだる。かれらがいるとほかのサルは誰も卵を取りに来ることができない。もう一個ずつやる。結果は両者とも同じ食べ方だった。弱い方が割るとき、さっきと同じコドモが、白身が垂れ流されるのをすでに学習したのだろうが、割り始めるとすぐに、その枝に手足の両方で仰向けにぶら下がり、そのオスが割って白身をかき出したときには、コドモの口は割っている卵の直下にあり、捨てた白身のほとんどを口で受け止めることに成功する。

中心オス二頭にさらに卵をもう一個ずつを与えて満腹させたあと、メスたちにも与える。オトナ・メス四頭のうち年配の一頭は、オスの強い方と同じ要領で食べる。あとの三頭は、若いオス二頭とほぼ同じ要領で食べ、白身を捨てるサルはいなかった。

ずいぶん卵を消費したあと、やっと、自分より強いサルたちがいて餌台に下りられなかったコドモにも与えることができる。二～三歳のコドモは、木の幹や枝に腕の力そのままにたたきつけてしまい、殻はぐしゃりと割れ、中身のほとんどが流れ落ちてしまう。

この観察から、以下のことがはっきりする。ひとつは、鳥の卵がかれらにとって飛び切りの好物であり、布袋から卵をひとつ取り出した直後から、外からは絶対に見えない布袋に卵がまだ入っているのを全員が見抜き、凝視し続け、くれるよう催促し続けたことだ。卵割りに関しては、殻がどのくらい固いかや、中に何が入っているかを四歳以上のサルはよく知っていること、殻の固さを十分理解したうえで、腕に込める力を自在に調節していること、割り方には何通りかあること、それはメスごとの家系とは関係がないこと、白身を捨てて黄身だけを食べるぜいたくな食べ方をするサルが一頭いたこと、などである。ただ、中心オスの弱い方がなぜ白身を捨てるのか、そのような食べ方を身につけたのにはどんな過去があるのか、といったことはわからずじまいだった。

また、おこぼれの白身をちゃっかり頂戴できたコドモの状況判断と身のこなしの的確さにも驚かされた。そういえば、人間の子供は何歳でちゃんと卵を割ることができるようになるのだろう。

ところでここまで、フサオマキザルの主だったオスにも、前章のホエザルと同じ中心オスという用語を使ってきた。しかし、両者は社会構造を異にするので、中心オスの定義も異なる。その点は3節で述べる。

二本足で地上を歩く

私がコドモの全員に卵をやろうと、布袋に残っている卵を全部餌台に置いたときだ。どこで様子をうかがっていたのか気づかなかったが、最近群れに追随し始めたオトナ・オスが、一陣の風の如くに餌台を駆け抜けて、一・五メートルの高さの餌台から地面に飛び下りる。見ると、両手に一個ずつと片足に一個、卵が握られている。かれはすぐに手に持つ二個を胸に押しつけるようにして抱え、キャンプ脇の整地された所を上体をかがめ、二本足でちょこちょこと、懸命に小走りする。中心オスの攻

図 3–26　フサオマキザルは普段でもよく地上に下り、二本足で歩く。

撃を避けるためだ。

しかし、片足で握っている卵が歩行を妨げるのだろう、落としては慌てて拾うが、三回落としたあと放棄する。そこからは、背筋が伸び、歩幅も大きくなって、地面を二〇メートル以上小走りに歩いて、低木に登る。

足に持つ卵を捨ててからの歩行はかなりの速さだ。途中で一度も休んでいない。また、尾はやや後方に伸び、先端は内側に曲がっていて、地面には着いていなかった。

フサオマキザルがこのように地上に下りてかなりの距離、直立に近い二足歩行ができるのは、ひとつには、地上を歩くことにほかのサルのような抵抗感を持っていないからだろう。かれらは森でも、とくに乾季には、しばしば地面で昆虫などを探す。もうひとつには、おそらく日常的な姿勢に関係していると思われる。かれらは垂直な幹を背もたれにして休息をとることがよくあるが、そのとき背筋は伸びている。また、先に見たヤシの実割りの際には、むしろ背は反り返っている。胸を前に突き出した反り返りの姿勢は、顔を上に向けて卵の中身を吸い出すときやクマレヤシのまだ若い実の水分を飲むときにも見られる。このような、背筋を真っすぐ伸ばしたり反り返らせる動作を日常生活の中で頻繁に行っていることが、地上を歩く際の直立した二足歩行につながっているに違いない（図3-26）。先に述べたブラジル高原の疎開林を利用するフサオマキザルが、ヤシの実割りに適した大きな石を両手で胸に抱え、二本足で歩いて一キロメートルも運ぶことができるのも、それほど驚くには当たらないだろう。ちなみに、クモザルやホエザルはサラオ（塩場）で土食いする際に地上に下りるが、そこで二足歩行をしたことはないし、ウーリーモンキーは三歳前後のコドモが一度キャンプに持ち込まれたが、野生に戻るまでの一カ月余り、キャンプの空地を二足で歩くことはなかった。

にせの卵を与えてみる

私は、見た目も大きさもニワトリの卵そっくりに作られた、白くてかちかちに固い砂糖のかたまりで中央部にチョコレートの入った、菓子とも飴ともいえる子供用の食べもの（チョコエッグ）が、マカレナ村の店でも売られているのを知っていた。それを後日、村に出たときに二個購入する。

キャンプに戻った翌朝、私はバナナの輪切りに混ぜて、それを餌台に置く。中心オスの一頭が即座に下りて来て、バナナには見向きもせず、にせ卵のひとつを片手に持ち、ひとつを口にくわえて木を駆け上がる。そして、口にくわえたひとつを足に持ちかえ、片手に持ったもうひとつを木の幹にそっと三回たたきつける。ひび割れを見る。においを嗅ぐ。次に、両手を重ねて二回少し強くたたきつける。再びにせ卵を見る。においを嗅ぐ。そして捨てる。足に持っていたもうひとつは、片手で二回幹に強くたたきつけただけで捨てる。

地面に落ちた二つのうち、ひとつはコドモが、ひとつは若いオスがすぐに拾い、木に登る。若いオスは先の中心オスと同様のことをしたあと捨てる。それをメスが拾い、一回だけたたきつけて、卵を見て、においを嗅いで捨てる。それをコドモが拾う。二頭のコドモは、木にたたきつけてはにせ卵を眺め、においを嗅ぐ。やがて一頭は捨てるが、一頭はにおいを嗅いだあと舐める。そして甘いことに気づいて、そのあとしばらく、舐めては木の枝にぶつける行動を繰り返すが、餌台に下りて来るサルがいなくなったのを潮時に捨て、餌台にまだ少し残っているバナナを食べに向かう。

再び地面に落ちた二つのにせ卵は、そのあと誰も見向きすらしなかった。残りの仲間たちは、中心オスやメスやコドモがやったことの一部始終を、それとなく観察していたに違いない。いくら見た目が卵そっくりでも、卵でもなく食べられるものでもないことを理解したわけだ。そのことからは、とくにオトナやワカモノには、身のまわりのすべての物に対する経験を通した正確な認識があり、コドモはそれを見てすぐに学習し、日常的に全く無駄のない行動をしていることがわかる。

オセロットの毛皮に反応する

前日の夕暮れどき、上流から五〇歳がらみの小太りの男が手漕ぎの小さいカヌーでキャンプに来る。助手の知り合いだという。一泊していく。彼は乾かしてぐるぐる巻きにしたオセロットの毛皮を一枚持っていて、それを屋根裏の梁の上に無造作に置いて寝た。

翌朝六時、キャンプの前の小さな川の上流（南東方向）から、フサオマキザルが普段通りにやって来る。そして、キャンプに着く直前、先頭の若いオスが突然、ヒヒヒヒッと警戒の鋭い音声を発する。何が起こったのか。次も若いオスで、さらに身を乗り出して、母屋の方を見ながら鳴く。目線は毛皮の置いてある方向だ。そうだったのか。二頭は戻る方向へすぐに移動し、あとからやって来るサルたちに合流する。群れの動きがいったん止まる。

少しして、同じ若いオス一頭と中心オス二頭が来る。三頭は先ほどと同じ場所から、腕を折り姿勢を低くして顔を突き出したり、後足で跳ねたりしながら、毛皮のある方向を凝視する。上腕部から肩にかけての毛が逆立っている。時間にしてほんの一〇秒くらいだろうか。中心オスの一頭がキコキコキコと強い響きを持った威嚇の音声を一回発する。そのあとは、いつもの平静さで、餌台へ急ぐ。残りのサルたちも三頭に続く。ただ、餌台でバナナを採食中、メスはずっと緊張気味だった。

かれらが凝視した木からオセロットの毛皮までの距離は一五メートルある。私はかれらがバナナに満腹して立ち去ったあと、同じ木の同じ所まで登って毛皮を見ようと努めたが、毛皮はそこからは母屋の一番遠い隅にあって、全く見えない。しかも、かれらが来たときはまだ早朝で、屋根裏は今より格段に暗かったはずだ。

そんな悪条件下でも、かれらの視覚は確実に毛皮を捉えていたのだ。最初の若いオス二頭の緊張し切った警戒の行動からわかる。しかし見えたとしても、真っ暗な中での毛皮のほんのわずかな部分だったろう。それでも見た瞬間に若いオスは、それを葉の生い茂りの暗い中に潜むオセロットと認識したのだ。

フサオマキザルの、私の想像を絶する眼力は、本当のところどこまで鋭いのだろう。

オセロットの縫いぐるみで試す

帰国後私は、アマゾンで何回も見たオセロットに色も模様も大きさもそっくりの、縫いぐるみをたまたま店先で見つけ、購入する。それをマカレナ調査地に持参する。

餌台からフサオマキザルが引き上げた夕方、私は、かれらが翌朝餌台でバナナを採食後、おそらく移動していくだろう先の深い藪の中に縫いぐるみを置く。縫いぐるみはオセロットが休息中の姿勢、すなわち水平の枝に腹這いになって、手足をだらりと垂らした姿勢にし、しかも、ぎりぎりまで接近しないと見えないように周囲をすっかり葉で覆う。餌台からは六〇メートル先である。

翌朝、バナナに満腹したあと少し休んでから、群れは予想した通りの方向へ移動を開始する。先頭はいつものように若いオスだ。どんどん先へ行く。そして、まだ見えないはずの一五メートルほど手前で、早くも縫いぐるみを見つける。かれは眉を吊り上げ、キコキコキコと威嚇の音声を発して藪をのぞき込む。そうしながら、一～二メートルずつ、素早く横跳びして位置を変える。そのあと何ごともなかったように、藪の上方の枝伝いに通り過ぎる。次も若いオスだ。かれはやさしい性格の先頭のサルと違って、気性が荒い。かれは先頭とほとんど同じ所で縫いぐるみに気づく。口を大きく開け、威嚇の表情で凝視する。つかつかと縫いぐるみに接近する。鼻を近づけてにおいを嗅ぐ。そして次の瞬間、左手で思い切り払いのける。水平の枝の上に腹這いで載せたら非常に安定したので、紐で括りつけてはいない。若いオスの一撃で縫いぐるみは無残にも地面に落ちる。黄色い物体が突然木から落下したことで、後続のコドモとメスが一瞬後退りするが、かれらの反応はそれだけで、残りのサルは落下物に見向きもせずに通過する。

なんともあっけない結末に私は拍子抜けし、こんなまがいものにフサオマキザルがだまされるはずなんてないよなと、ひとり愚痴る。同時に、前章で述べたホエザルの吠え合いを縫いぐるみで再現させようとして失敗した苦い経験を思い出しもした。今回は捕食者、ホエザルは同じホエザルという違いはあるが、野生動物の眼力は私の思惑をはるかに超えている。

数日後、下流に住む住人が、一〇歳になる娘を連れてキャンプに来る。彼はユカイモが沢山収穫できた、トウモロコシが稔った、バナナが熟れた、大きなナマズが釣れた、といってはよく差し入れに、手漕ぎの小さいカヌーで二時間ほどかけてやって来る、話好きの四〇歳前後の男だ。一方娘は、眼がくりっとして愛くるしい顔をした好奇心旺盛な子で、餌台に来るフサオマキザルの一頭一頭を、あっという間に個体識別して名前を覚えた子だ。ちょうどいい。「このオセロットのお母さんになってやってくれないか」といって手渡す。ジャングルで生まれ育った女の子にとって、縫いぐるみなどという代物は生まれて初めて手にするものだ。満面に笑みを浮かべながら、手でやさしく撫で、口づけし、それからキャンプを立ち去るまでの一時間余り、ずっと抱きしめていた。実験では散々だったが、これほどまでに喜んでくれたことで、日本からわざわざ、かさ張るオセロットの縫いぐるみを抱えてきた自分の馬鹿さ加減が、いくらかは救われた気持ちになった。

卵を釣糸で吊るしてみる

こうまでフサオマキザルに勝れた眼力を見せつけられると、私も少々意地になる。

サルディーナと呼ばれる小魚は川での大物釣りの餌として最適で、森の中の澄んだ小川にいるが、警戒心がとても強い。だから、直径が〇・二ミリメートル以下の、きわめて細い透明なナイロン製の釣り糸が必要である。それを日本から持参していて、今手元にある。よし、これを使おう。

この糸を餌台の脇にある木の、餌台の真上に伸びている枝に縛り、その先端にかれらの大好物の卵を吊るす。卵はかれらが跳躍してもぎりぎり届かない餌台の真上二メートルの距離にし、上方や横から手を伸ばせば届きそうな周囲の枝はすべて切り落とす。卵は、釣り糸をひと巻きして透明なセロハンテープで固定する。卵は二つ吊るそう。枝から卵までの釣糸の長さは二・五メートル。さて、かれらはどうするか。

私は群れがキャンプに来なかった日の夕方遅くに準備を整える。次の日の早朝、いつも通りかれらは来る。先頭は中心オスと若いオスだ。二〇メートル余りも先から、二頭はもう卵を見つけ、キキケキケキケと興奮の声を発し、そこから餌台まで一目散だ。

二頭はなんのためらいもなく、まっしぐらに、餌台ではなく卵を吊るした木の枝に向かい、じつに速い両腕の回転で釣糸をたぐり寄せ、一瞬のうちに卵を手に入れる。

卵を見つけ、興奮して夢中で走っている最中に、どうして極細で透明なナイロン糸が見えたのか。餌台のまわりはまだ本当に暗かった。また、糸をたぐれば糸の先の物体を手元に引き寄せられるというからくりを、いつどこで学習したのか。そして、糸をたぐるじつに馴れた手つきを、いったいどこで習熟したのだろう。私は森で、かれらが何かを手でたぐり寄せるという行動を見たことがない。またしても完全に脱帽である。

ネズミを捕まえて食べる

すがすがしいある朝のことだ。バナナを与えて群れの全員がいるのを確認し終わった私は、母屋から四メートルほど離して建てた小さい食堂で、助手がいれてくれた熱いコーヒーを飲んでいた。数日前から中心オスの一頭が、仲間が休息している餌台の周囲の樹々ではなく、食堂の前、小さな川を挟んですぐ向かいの二メートルほどの低木にやって来ては、地面を見ているのに気づいていたが、今もまた来ている。

キャンプで出る生ごみは穴を掘って埋めることにしているが、このところ、ゲリラや地域住民が立ち寄ることが多く、かれらは習慣で生ごみを食堂の外にぽい捨てするから、その中心オスは、捨てられたごみの中から食べられるものを探しているのかと思っていた。生ごみ漁りをするサルは今まで一頭もいないのだが。

図 3–27　中心オスがネズミを捕まえて食べ始めると、すぐにコドモがねだりに来た。

タバコをくゆらせながら見るともなく眺めていると、そのオスは突然低木の枝を蹴って地面に跳び下り、片手にネズミを持ってひとかじりして殺したあと、好物を手に入れたときの興奮した声を発しながら、隣りの高木に登っていくではないか（図3–27）。その声を聞きつけたコドモ二頭と若いオス一頭が、休息していた木から一目散に走って、そのオスの所に行く。オスが捕まえたネズミは日本のアカネズミほどの大きさで、キャンプの食糧棚に穴を開けては、あらゆるものをかじり、食い荒らしているネズミたちの一匹だ。最近数が増えたせいで被害は大きく、私はその対策に苦慮していた。

三頭にちょっと遅れて、別の中心オスとメス三頭が来たので、ネズミを食べ始めたオスとネズミをねだる二頭のコドモは木伝いにさらに走って移動し、五〇メートルほど先の、蔦の絡みついた木の茂みに入ってしまった。

ネズミをどのように食べるのか興味があって、私はかれらのあとを追って走ったが、木の下からは姿が見えずに諦める。食堂に戻り、オスがネズミを捕まえる直前までいた低木の周囲を調べに行く。そうして、オスが凝視していた地面で、ネズミが出入りできる大きさの穴を発見する。細い枝を折り取って差し込んでみる。穴は深い。穴はオスのいた所から約四五度斜め下方、一・五メートルほどの距離にある。

このネズミは夜にもっぱら活動して食糧荒らしをするが、昨夜泊まっていった客がさきほど帰りがけに生ごみを捨てたので、それを食べに巣穴から出て来たのだろう。

すばしこいネズミのことだから、その中心オスは、ネズミが生ごみ漁りのあと巣穴に戻る一瞬を狙って、ネズミへではなく巣穴めがけて跳んだに違いない。そうすれば、危険を察知して慌てて巣穴に逃げ込もうとする瞬間のネズミを捕まえることができる。そのオスがネズミのそのような習性をここ数日の観察を通してどこまで知っていたのか、過大評価するのは禁物だが、それでも、非常にすばしこい、しかも日中は夜間よりさらに警戒心の強いネズミを、素手で捕まえたことだけは事実である。

またこのことから、フサオマキザルが森で小型の哺乳類を、その習性を理解したうえで的確に捕まえて食べていることが容易に想像できる。実際、ある夕方、ホエザルの調査からキャンプに戻ったら、食堂の脇に、体長二五センチメートルのアグーチ（テンジクネズミの仲間）のコドモの、内臓が半分以上食べられた真新しい死体が置かれていた。助手に聞くと、藪からフサオマキザルの大騒ぎが聞かれたので様子を見に行ったら、上からこの死体が落ちてきたという。だれかが地上で捕まえ樹上に持って行ったところを、皆が集まって来て取り合いで食べていたに違いないから、証拠として持って帰って来たのだという。

模造品なんかにだまされない

フサオマキザルがタケの中に棲むカエルを好むことは先に述べた。私は帰国後、人を驚かすために使うヘビやカエルやネズミの玩具を売る店に行き、かれらが食べていたのと大きさも色もよく似たカエルとネズミ、それに地味な色のヘビ大小二種類の、ゴム製の模造品を購入した。

マカレナ調査地に戻って、まず最初に、助手にタケの中に棲むカエル捕りを頼む。半日で二匹捕まえてくる。翌朝、少し弱らせたその二匹をバナナの輪切りに混ぜ、餌台に来たかれらに無造作に与える。餌台のすぐ上の木の枝で待っていた中心オスが即座に餌台に跳び下り、迷うことなく両手で一匹ずつカエルをわしづかみして、木を駆け上がる。コドモ二頭がオスのあとを追う。

これで準備は完了だ。次の朝、日本からの玩具のカエルを前日同様バナナの輪切りに混ぜ、同じように無造作に与える。前日本物のカエル二匹を食べた中心オスがすぐに餌台に跳び下りるが、いつも通りに、急いで口にバナナの輪切りを三つ詰め込み、両手に二〜三個ずつ握り、そのあと玩具のカエルに近づいてにおいをちょっと嗅ぎ、木へ駆け上がっていく。続いて、別の中心オス一頭と若いオス二頭が餌台に来る。群れの個体間にはバナナを巡っての強い弱いの関係があり、今やって来た三頭のうちで一番強い中心オスは、餌台で余裕があるため、まずカエルのにおいを嗅ぎ、そこに座ってバナナを食べ始める。一方、弱い若オス二頭はカエルを無視し、せわしげにバナナを口と両手に持てるだけ持って、近くの木へと去る。

三頭いる中心オスの全員が食べ終わって去ったあと、メスが来る。どのメスも、オスに比べるとずっと用心深く、見慣れない物に対してはいつもそうだが、玩具のカエルをちらちら見つつ、及び腰で、カエルから遠いところにあるバナナから順に取っていく。しかし、メスと共に餌台に来たコドモは好奇心が旺盛で、においを嗅いだり、手のひらでそっと触ったり、ちょっと転がしたあと、うち一頭が手で払いのける。カエルは餌台から地面に落ちる。そうなったカエルに、以後どのサルも関心を示さなかった。

この実験から、好物のバナナに神経が集中し、バナナを早く食べたいという興奮がどんなに高まっていても、フサオマキザルは見た瞬間、バナナに混ぜて置かれたカエルが本物か偽物か、正確に識別していたのは明らかである。かれらには、人ではよくある目の錯覚というか、とっさの誤認のようなものはないのだろうか。カエルを試した翌朝には、ネズミとヘビの玩具を同じ要領で餌台に置いたが、結果は予想通り、前日のカエルの場合と変わらなかった。

私は、フサオマキザルが自然の中でやっている行動に手掛りを得ながら、餌台を利用し、かれらの知的能力を知ろうと、いくつかのことを試みた。それらすべては、かれらに対しては、なんとも子供騙しというか、人間の浅知恵のように思えてきて、そうすることに急速に興味を失っていった。かれらが持つ、私たちには想像もできない、研ぎ澄まされた視覚を中心とした五感と、五感を通して得た情報をどんな状況下でも瞬時にして正確に判断し切れる能力とは、いったいどれほどのものなのだろう。それを理解するのに、このようなことをいくら繰り返しても、全く役に立たないことだけはよくわかった。

オリンゴを追いかけ回す

ロスアンデス大学の卒業研究の学生が、餌台から移動を開始した観察群について歩いていたときのことだ。突然かれらが何かを追って大騒ぎを始めたという。そして、三〇メートルほど先の、蔦の絡みついた木の茂みに入って騒ぎはいったん収まったが、その少しあと、上からこれが落ちてきたと、日暮れてキャンプに戻って、私にアマゾンオオアカリスの尾を見せてくれた。尾からはまだコドモのリスとわかったが、フサオマキザルは群れで獲物を追いかけて捕まえることのあることを、私は知った。

一方でかれらは、食べる気がないのに動物を追いかけ回すこともある。観察群の一頭の若いオスが突然キコキコキコと威しの声を発し、何かを追い始める。すぐに、周囲にいたオスもメスもコドモも続く。皆は大騒ぎして枝から枝へ跳び回り、二〇メートルほどの高さの木の枝先に、全身が明るい黄褐色をした動物を追い詰める。その動物は、落下するように地面に飛び下りる。小型で樹上性の食肉類オリンゴだ。追うフサオマキザルの四歳のコドモほどの大きさである。

オリンゴが必死に地上を走る。木の下方にいたサルが次々に飛び下りて追う。オリンゴが木に逃れる。一〇メートルほどの低木だ。すぐにまた枝先に追い詰められ、飛び下りる。サルが走って追う。オリンゴは今度は地面を二〇メートルほど走って、蔦によじ登り、茂みの中に逃げ込む。

そこで、かれらの興奮は急に収まり、今までの大騒ぎが嘘であったかのように、どのサルもが再び虫探しに戻る。

この間、かれらがオリンゴを捕まえる機会は何度もあった。地上を走っても、オリンゴよりかれらの方が速い。それでも捕まえようとする仕草を一度も見せなかったのは、オリンゴが捕食の対象ではなく、からかい遊びの対象だったからだろうか。あるいは、藪の中で寝ていたオリンゴが、ちょっかいをかけに来た若いオスを威嚇し、若いオスがそれに反応して威す意味で追いかけ、周囲にいたサルが野次馬的に同調したということだろうか。

介助ザルとしても活躍

話は変わるが、フサオマキザルの知能を考えるうえで書き添えておきたいことがある。一九八〇年代にアメリカで大きな話題になり、日本でも一時注目された介助ザル（介護ザル）についてである。介助ザルとして、手足が不自由で車椅子生活を送る人の日常生活を手助けするように訓練されたのは、まさにこのフサオマキザルで、盲導犬と同様、飼い主にとってかけがえのない伴侶となった。

身体に障害のある人の日常に寄り添う伴侶として、どんな動物が選ばれるかには、いくつか条件がある。ひとつは、両者間には太い絆が形成されるわけだから、伴侶を失ったときの人の精神的負担は計り知れない。したがって、伴侶は長生きする動物でなければならない。もうひとつは、手先が器用で、指に対向性があり、ごく小さいものでもつまんだりつかんだりでき、かつ、室内で人と一緒に暮らすのだから、テレビやエアコンや電子レンジなど、あらゆる電気製品の把手を回したりスイッチを入れたりが、人の指示通りにできる高い認知能力を持っていることだ。また、人とやり取りができ、意思の疎通が図れる社会的な認知能力を備えていることも必要である。その上に、体ができるだけ小さいことだ。家の中という限られた空間で共同生活する以上、小さければ、伴侶の生活する空間は場所をとらないし、万が一のことを考えても、身の危険を感じないで済む。

この、体が小さいという条件と相反する条件が、最初に述べた伴侶が長生きするという条件である。哺乳類は一般的にいって、寿命の長さは体の大きさに比例する。ところがフサオマキザルは、動物園での最長寿命の記録が四七年で、小さい動物としては例外的に長い。すなわち、以上述べたすべての条件を満たす動物は、サル類のみならず現存するすべての動物の中で、唯一フサオマキザルだけなのである。たとえば、サル類の中でもっとも賢いといわれるチンパンジーは、体が大きすぎ、手先が器用でないという点で、介助ザルにはとても向かない。

なお、フサオマキザルを介助ザルにする訓練や実験は、今もアメリカで続いているようだが、日本ではその後どうなったのか、最近のニュースを私は耳にしていない。

キャンプに来た飼育ザルの行動

フサオマキザルが介助ザルに適していることのひとつとして、先に、人とやり取りができる高度な社会的認知能力をあげたが、それを嘲笑うかのような行動を、三歳前後のまだコドモのオスが私に対してとった。マカレナ村の知人がかれを家で飼っていたが、いたずらが激しくなり、家の中ではもう飼い続けられないから、キャンプに持っていってほしいと頼まれた。乳飲み子のときにもらい、今まで育ててきたから、人にはすっかり馴れているという。

このコドモは、生まれて初めて経験する川旅で緊張していたのだろうが、マカレナ村からのカヌーの中では、私の腕や足にしがみついて離れようとはしなかった。また、村で買ったバナナやリンゴを美味そうに食べ、毛づくろいしてやると気持ちよさそうに目を閉じ、私にもすっかり懐いてしまったように思えた。途中立ち寄った民家では、五頭の恐ろしい顔をして吠え続ける猟犬が飼われていたせいもあったのだろうが、私がカヌーを降りて用事を済ます間もずっと、腕にしがみついたままだった。私は首に食い込んでいる紐の首輪も、つなぎ止めて置くための短い紐も、カヌーに乗った直後に外してやっていた。

丸一日かかって、日暮れにキャンプの入口の砂洲にカヌーを乗り上げる。と、カヌーが止まったその瞬間、かれは躊躇することなく、私の膝を思い切り両足で蹴り、カヌーの舷を蹴って、一瞬にして砂洲に跳び下りる。そして、真一文字に疾駆し、サラオ（塩場）のある川岸の崖を登り、森へと姿を消した。その直前までの、私に対するあれほどまでの馴れ馴れしさは、いったい何であったのか。カヌーが止まった瞬間にどっと押し寄せた熱帯雨林のたたずまいやにおいや音が、かれの五感を強烈に刺激し、野生の本能を呼び覚ましたとでもいうのだろうか。

このとき以前にも、以後にも、私はマカレナ村にある国立公園事務所が没収した動物や、マカレナ村や流域の住民が飼っている動物を何頭も野生に戻してくれるよう頼まれて、キャンプに連れて帰った。しかし、このような反応をしたのは、このフサオマキザルとウーリーモンキーの四歳のメスだけである。私はその後、森でも、餌づけした群れの中でも、かれの姿を一度も見ていない。ウーリーモンキーのメスの方は、翌日森で見つけたとき、私に食べものをねだりに来たのでキャンプに連れ帰ったが、腹一杯になったあと森に戻って、その後の行方はわからない。

キャンプでカピバラを放し飼いにする

ここで突然、キャンプに連れて来た動物のうちの一頭、カピバラの話になる。餌づいたフサオマキザルにあれこれ実験を行っていたと同じ時期、助手が流域住民からカピバラのコドモを譲り受け、キャンプで放し飼いにしていた。メスで、そのコドモは半年余りキャンプでの生活を謳歌し、日々私に山ほどの泣き笑いを与え続けたあと、やはり野生に帰った。ではなぜカピバラのコドモについて書くかというと、フサオマキザルも賢いが、カピバラだってフサオマキザルに優るとも劣らぬほど賢いことを、そのコドモが私を驚嘆させるほど教えてくれたからである（図3-28）。

図 3–28　キャンプで放し飼いにしていたカピバラのコドモ「ポンポーニョ」。
a：食堂の脇で餌を食べる、b：キャンプに来る前は流域の民家で飼われていた。

カピバラは南米に広く分布し、ネズミ類（げっ歯類）の仲間では世界最大で、オスの成獣では六〇キログラムを超える。足の指の間には鰭があり、泳ぐことも水に潜ることも得意である。かつて日本の高度経済成長期、「貧乏人は麦を食え」といった首相がいたが、ベネズエラでは「貧乏人はカピバラの肉を食え」といって大統領が罷免されたほど、南米の熱帯地域では馴染みの動物で、その肉は食用にされる。草食動物で、もっぱら水辺で草をはんで暮らしている。それなのに、キャンプに来た「ポンポーニョ」（すでにそう名付けられていた）は、魚でも肉でも残飯でも、本当に何でも貪り食べた。日本にいるクマネズミやドブネズミなどと少しもかわらない。

また、食べるのが目的か、伸び続ける切歯が痒いのでかじる（結果として切歯を磨耗させる）のかはよくわからないが、当時まだ床のない建物だったので、うっかりゴム長靴を地面に脱いだまま寝たりすると、夜中にかじられて大きな穴が開き、使い物にならなくなってしまう。また、厚い布製のハンモックを吊って寝ていたのだが、低く吊るとその中央部がかじられたし、ハンモックをすっぽり包む一人用の蚊帳の裾が地面まで垂れ下がっていると、それもかじられて穴が開いた。一度は、日本からテレビの撮影隊が来たとき、ビデオカメラの色や音量を調節する機械に複雑につないである何本もの細い電線をかじり切られてしまい、カメラ技師はそれを修復するのに丸一週間もかかった。

私はそれまで、大きな腹を横たえてのんびり川辺で憩うカピバラや、目と耳と鼻だけを水面から出して川をすいすい泳いで渡るカピバラしか見てこなかったが、キャンプでの「ポンポーニョ」との共同生活から、やっぱりカピバラもかじり屋で、雑食性のネズミ類の血筋を引いていると納得した。しかし、それはカピバラの生得的な行動で、ここで問題にする知能とは関係ない。私を驚かせたのはそういうことではない。

カピバラが私を弄ぶ

「ポンポーニョ」はすっかり私に懐き、森へホエザルの調査に出掛けるときは、私が強引に追い返さないかぎり、いつでも黙ってついて来た。かの女は起伏のある森の坂道登りが大の苦手だった。とくに太い倒木があると、丸々と太っていて足が短いからどうにも乗り越えられず、しきりにキルキュル・キルキュルと甘えた声で鳴いては私に助けを求めた。その度に、重い体を抱き上げて越えさせたが、そういう登り下りに疲れ果てるのだろうが、休息中のホエザルをチンチョロを吊って観察していると、一時間でも二時間でも、かの女はすぐ近くに座っておとなしくしていた。

それが、観察を終えて夕方戻る段になって、キャンプへの最後の下り坂にさしかかると、森ではけっして私の前を歩くことのなかった「ポンポーニョ」が、太った体を滑稽に揺すり揺すり、ころげるようにキャンプに向かって懸命に走り、かの女用の皿に載った残飯をかき込んだあと、ぷいとキャンプからいなくなるのが常だった（図3-29）。

夕方キャンプに戻ってからの私の日課は、乾季の話だが、川まで水浴びに行き、ついでにダニを浴びた服の洗濯や、昨夕や今朝に使った食器や鍋を洗うことだった。そして、いつのときも「ポンポーニョ」は先回りして、水辺で私を迎えるように待っていた。私をからかうのを楽しみにしているのだ。

図 3–29　夕方キャンプに戻ると、「ポンポーニョ」は残飯をかき込んだあと、川辺へ一直線だ。

砂洲の水際で、水が少しでもある所では、私が走るより「ポンポーニョ」の方がずっと速い。それをかの女はよく知っていて、わざとゆっくり走り、捕まりそうになった瞬間に深みに飛び込んで逃げたあと、水の中から目と鼻だけを出して、私を小馬鹿にした顔で見つめる。私はかの女とそうやって遊ぶのにすぐに疲れて、膝上まで流れにつかって頭髪や体を洗う。そして、石鹸を落とすために流れに身を沈めるやいなや、水に潜っていたかの女が突然、背後や横から私の背中や尻や脇腹めがけて、四角張って大きな頭を思い切りぶつけてくる。かの女の頭突きがいつ、どこから来るかがわからないからびっくりはするし、頭にもくるので、また追いかけると、水に深く潜って行方をくらます。よし、頭突きに来た瞬間に捕まえてやるぞと、手に持つ石鹸や手拭いを陸に放り投げて身構えると、いつまでたっても来ない。あきらめて、水から出ようと歩き始めると、今度は足に頭をぶつけてくる。水浴び中ずっと、そんなことの繰り返しだ。流れにはメガネカイマンやピラニアがいるので、そうされると、私の神経は過敏にもなる。

それでも水浴びをなんとか終え、食器洗いを始めると、今度は、私の気づかない一瞬の隙をつき、水洗いしている数メートル上流に大きな糞をして、姿を消す。食器洗いの最中に突然大きな糞がぷかりぷかりと流れてくるのだから、たまったものではない。私はわざと知らん顔をし、棒切れを拾って身構える。そして、かの女が水面に浮かんできた瞬間を狙って投げつけるのだが、棒が届くまでに水に潜ってしまう。それを私が繰り返せば、いつまでもかの女はそうする。どうして大きな糞を意のままに何度もすることができるのかは謎だし、結局私は、一度もかの女が糞をする瞬間を見ていない。ただ、かの女が私をおちょくって遊んでいることだけは確かである。

「ポンポーニョ」が来るまでの、のんびりしたふくよかな水浴びとはほど遠い。毎夕方、私はこのことで頭にきて、疲れ果てるが、一方でカピバラの、私という人間の習慣や行動特性や限界を見事に読み切り、茶化し翻弄することで遊び相手になってもらうという知的な行動に、私は知性とはいったい何なのだと、考えさせられたものだ。

知能の進化について

動物の知能は、フサオマキザルが見せてくれたように、かれらがそこで生き抜くうえで役に立つ、あるいは同じ生活資源を求める競争相手に勝とうとして使われるものに焦点を当てて、適者生存という競争原理に基づく適応概念の中で、これまで説明され過ぎてこなかっただろうか。私には、カピバラのコドモが示した、およそ適応云々とは無関係な、私をおちょくり弄んで遊ぶという行為もまた、素晴らしく知的なことのように思えてならない。

すなわち知能とは、よくいわれる適応的意味や、ヒトにいたるサル類の系統進化との関連といった枠をはるかに超えた、もっとずっと奥深く根深いもののように思えるし、私たちが想像する以上に、動物には本来的に、普遍的に、広汎に備わっているものだとも思う。そしてそのすべてが、ほとんどの動物では、それぞれの種の淡々とした日常生活の中では発揮されず、普段は仕舞い込まれているだけで、予期せぬときに驚くような芽の出し方をするものではないだろうか。

野生に帰る

このような大変重要なことを、私はカピバラのコドモから教わった。そして、急速に成長した「ポンポーニョ」は、私の留守中の半年後に、キャンプからぷいと姿を消した。助手は、あまりに人馴れしているから、ドゥダ川を往き来するゲリラ兵士が、急場しのぎの食糧として撃ってしまったのではないかといった。

それが、いなくなってから一年が過ぎた乾季、私は夕方、いつものように水浴びに川に行き、対岸に座ってじっと私の方を見ているカピバラの成獣を発見する。双眼鏡とカメラを取りにキャンプに走って戻り、改めて拡大された顔を見る。鼻の頭にある分泌腺が小さいからメスだ。しかも、いなくなったときの「ポンポーニョ」より体は二倍以上大きいが、かの女と同じく右耳の上部の同じ場所が同じコの字型に切れている。第一、こんな人馴れしたカピバラはドゥダ川流域に今はいない。

私を見つめるカピバラの目は、潤みを帯びて何かを語りかけているように私には見えた。腹が膨らんでいるのは妊娠しているせいかもしれない。

そのカピバラは、私が大声で呼んだら、私の元にドゥダ川を泳いで来るような気がしてならない。しかし今、かの女はかつて私に示した一切の振舞いを封印し、野生の一員として、カピバラ本来の姿で、水辺を移動しながら淡々と草をはむ生活をしているのだ。その状態を、ここで私が呼んで再び元のキャンプ生活に戻すことは、かの女のためにはならないだろう。私は、かの有名な「野生のエルザ」のように、いつの日かかの女が、何頭ものコドモを連れて私の前に現れてくれたらという、心に宿った感傷的な身勝手さを封印した。そして以後、かの女と目線を合わさず、急ぎ水浴びを済ませて川辺から引き上げたが、その際もまだ、かの女は同じ場所に座ったままじっと私を見つめていた。

キャンプを訪れる動物

カピバラのコドモだけでなく、その時どきに、キャンプにはさまざまな野生動物のコドモが放し飼いにされていた。一方で、その逆、調査地に生息する野生動物がキャンプに馴染み、通って来るようになり、私にもすっかり馴れた場合もある。最大の原因は、餌台でフサオマキザルが食い散らしたバナナやその皮を求めてである。

図 3–30　餌台に食べ残しのバナナを求めて頻繁にやって来るアカハナグマのオス。

フサオマキザルが餌台のバナナをまだ食べているときに、キャンプの前の小さな川伝いに餌台の下までやって来るのがカピバラと同じテンジクネズミの仲間のパカとアグーチだ。かれらはジャガーやオセロットなどネコ科の動物の恰好の餌食で、単独で主に夜行動する用心深い動物だが、樹上にいるフサオマキザルのネコ科の捕食者を発見する優れた眼力に頼り切っているのか、餌台の下ではあたりを気にせず、のんびりと食べるのが常だった。

アライグマ科のアカハナグマは、普段メスとコドモが三〇～四〇頭の大きな群れを作り、オスは単独で行動しているが、オスの一頭が半年ほど、バナナを収納する小さい倉庫に毎日やって来ては、隙間に手を突っ込んで熟れた一、二本を盗んでいったし、餌台の上で食べ残しのバナナを貪った（図3–30）。群れの行動範囲はフサオマキザルよりずっと広いと思われるが、年に数回はメスとコドモの大群が訪れ、餌台の下でバナナナの皮を食べていった。イタチ科のタイラは、単独かオスとメスのペアで暮らすが、ペアが来ると、まずは餌台に乗り、そこで食べ残しのバナナを食べ、それから地面に降りて、フサオマキザルが落としたバナナを漁った。ブラジルバクは夜中に度々来て、餌台の下の小さな川のぬかるみに大きな足跡を残していった。ジャガーは夜、キャンプの皆が寝静まったあとに来ては、ンフォオオーという腹にずしりとくる太くて重い咆哮を数回発していった。

鳥類では、ニワトリよりひと回り大きい地上性の鳥クロホウカンチョウやサルヴィンホウカンチョウがよくやって来た。ある年はクロホウカンチョウの番《つがい》がキャンプ周辺に居つき、毎朝キャンプを訪れては、ピッ・ピッ・ピィーと弾むように繰り返し鳴きながら、私にバナナをせがむようになった。そして、しばらく姿を見せないなと思っていたら、ある朝突然二羽の子連れで、計四羽が、替わる替わる鳴きながら観察路伝いにキャンプにやって来るではないか（図3-31）。子連れで戻って来てくれたことがなんとも嬉しく、私は熟れたバナナを一〇本ほど切らずに与えた。おそらく、キャンプからそう遠くない所で巣作りをし、雛を育てたと思われるが、よくぞ卵や雛が、それらを大好物にするフサオマキザルの鋭い眼力から逃れ切れたものだ。

それからというもの、橙色の大きなくちばしを朝日に輝かせ、金属的な光沢を帯びた漆黒の翼をときにぷるると震わせながら、敷地内を一周して行くかれらは、すがすがしい乾季の朝の、キャンプの風物詩になった。そして雨季が訪れ、キャンプで二羽が若鳥二羽を執拗に追う行動が数日見られたあと、追われた若鳥二羽の姿を再びキャンプで見ることはなかった。子別れの儀式だったのだろう。

図 3–31 若鳥を連れてキャンプにやって来たクロホウカンチョウのペア。右は飼っているニワトリ。

いずれにせよ、繰り返しキャンプを訪れたかれら哺乳類や鳥類が、野生を厳然と守りながらも、餌づけされたフサオマキザルの習性や、フサオマキザルと私との関係や、私という見知らぬ動物のかれら側から見た利用価値を、的確に読んで行動していたことは明らかである。

私はフサオマキザルやカピバラのコドモからだけでなく、キャンプや森で私に馴染んでくれた多くの野生動物からも、かれらそれぞれに一番似つかわしい形での、野生に生きる賢さを学んだものだ。もしかしたら先の、紐につながれて人に飼われていたフサオマキザルの三歳のオスが、キャンプに着くやいなや森へ逃げ去ったように、強制的に家で飼い慣らすことを通してではなく、このような人と野生動物との相互の信頼関係の積み重ねを通して、家畜なるものが、一万数千年前に人類進化史の中に登場したのかもしれない。

3　社会のありようを一五年間追う

群れサイズと構成

フサオマキザルはアマゾン川上流域ではどこにでもいるサルである。一九七〇年代の広域調査では、川岸のきたない森で度々目撃したし、集中調査したペネージャ調査地とマカレナ調査地にもいた。しかし、樹々や蔦が密生している場所を好み、動きもいたって敏捷だから、群れサイズや構成を正確に押えるのは至難の技である。それがやっとできたのは、一九七六年のマカレナ調査地で、かれらのさまざまな知的行動を調査したときである。

一九七六年の調査では、それまでの同所的に生息する数種類のサルを対象とした調査と違い、フサオマキザルの、それもひとつの群れに絞って連日追ったから、小さいコドモを除くすべてのサルを個体識別できた。一六頭の群れで、構成は大柄でいかついオトナ・オス三頭、細身でやや小柄な若いオス二頭、オトナ・メス四頭、若いメス二頭、それにコドモが五頭だった。この群れこそ、一〇年後の一九八六年八月、通時的社会構造を明らかにするために餌づけし、以後二〇〇一年九月までの丸一五年間、継続して調査した観察群（MC-1群）である。

ほかに一九七六年の調査では、この群れに隣接する二群についても調べた。群れサイズは一七頭と一二頭で、両群にも複数のオトナのオスとメスがいたから、フサオマキザルが複雄複雌群であることは確かだ。また、三群の遊動域が大幅に重複していたことから、群れのなわばり性は弱いことも明らかになった。

餌台での振舞い

一九八六年に餌づけした当初の観察群の構成は、一〇年前とよく似ていて、大柄なオス三頭、若いオス三頭、オトナ・メス四頭、若いメス一頭、それにコドモ五頭、アカンボウ一頭（この母親は不在で、餌づけ直前に死亡したと推定）の一七頭だった。

地上から一・五メートルの高さに作った二メートル四方の餌台に群れがやって来ると、熟れたバナナを皮付きのまま幅一〜二センチメートルに輪切りにし、バケツ半分ほどの量を一度に与える。そのバナナを巡って、とくにオス間では、腕力の強い弱いの関係があからさまに見られるのは、動物園のサル山や野猿公苑のニホンザルと変わりがない。

どのサルも餌台では落ち着きがない。ほとんどのサルは、すぐ脇の木から餌台に跳び下りると、大慌てで輪切りの二つか三つを口にくわえ、両手にも二つか三つ持って、両足で思い切り跳躍し脇の木に戻る。そして、座り心地のいい水平の枝まで一気に駆け上がる。私は初めのうち、かれらは目の前に立つ私にも餌台にもまだ慣れていないからそうするのかと思っていたが、実際は違っていた（図3―32）。

図 3–32　キャンプと餌台。正面の餌台には 3 頭のサルがいる。餌台のすぐ裏手（下）にごく小さい川がある。右手が母屋。

注意深く観察すると、腹がかなり満たされたあと、三度目や四度目に餌台に下りると、かれらはまず、餌台の縁から下をのぞき込み、そうしてから落ち着いてバナナを取る。私はバナナを餌台の中央部に置くし、餌台は板を張って作ってあるから、そこからだと真下が見えない。しかも、すぐ裏手というか下にはごく小さい川があり、両岸は切り立っている。乾季には水の流れはなく、川の底は私の立っている地面から二・五メートルほど下方にある。草も生えている。このような、自分のいる所より下がまるで見えない〝餌台〟という環境など、かれらが生活する森にはない。どれほど優れた眼力を持ってしても、板で下方が完全に遮られているため、餌台はかれらにとって不安を強いる場所になっていたのだ。

また、欲張って手にいくつも持って木に駆け上がるから、途中でよく落とす。小川に落ちるそのバナナの輪切りを当てにして、最初から小川の脇で待つ弱いサルが出現するのは、賢いかれらにとっては当たり前のことだ。

コドモの性別判定

かれらはよく馴れているから、満腹したあとは、餌台のすぐ脇に私が立っていても、ほとんど気にしない。私とかれらとの距離は二メートルもない。餌台ではじっとしていることがなく、その点で観察のしづらさはあるが、ホエザルと違って一頭一頭が個性豊かで顔つきも違うから、オトナは一週間で、コドモもなんとか二週間で個体識別が完了した。名前は、オスはマカレナ地域の地名、メスは川の名前にする。私だけでなく、助手にも、これから実習や卒業研究で来るロスアンデス大学の学生にも、流域住民にも親しみを持ってもらえるだろうと考えてのことだ。本当は、オスは樹木の現地名、メスは誰もが知っている熱帯の果物の名前にするつもりだったが、先に個体識別が終わったホエザルに使ってしまっていた。

その際、できるだけ短い名前にした方が、私が日々記録を取るにも楽だと思い、長い地名や川の名前は半分に切った。たとえば、オスの一頭「マカレナ山脈」は「マック」に、メスの一頭「グァジャベロ川」は「グァジャ」にするといった具合だ。五頭のコドモと一頭のアカンボウ（孤児）はすべてオスだから地名を付けた。それにしても、なんとオスのコドモの多い群れなのだろう。

フサオマキザルのオスは、オトナもコドモもアカンボウでさえ、緊張するとペニスを立てる。立ったペニスはぴこんぴこんと規則的な上下動を繰り返す。餌台に下りたどのコドモについても、餌台そのものや大きなサルの接近に緊張し、ペニスを立てたところを見ているから、間違いなくオスだ。幼少時代からこのサルを見慣れている助手もオスだというし、見物に来た流域住民も誰一人疑わない。

翌年には二月から五月にかけて、四頭いるオトナ・メスのうち三頭と若いメスが出産した。なんと、四頭のアカンボウも皆オスだ。

四頭に地名で名を付け終わったしばらく後のことである。用事でマカレナ村に出たとき、いつも食糧を買う店の主人が、肩に生後四カ月ほどのフサオマキザルのアカンボウをしがみつかせていた。触らせてもらう。背中側から親指と人差し指を両脇に入れて片手でつかむ。キャンプの四頭と顔もそっくりで、なんとも可愛らしい。緊張しているのか、ペニスを立てている。

間近で見る。えっ、なにこれ。ペニスじゃない。先端部（亀頭）がフサオマキザルのペニスの特徴である釘の頭のようにはなっていない。股間の毛をかき分けて観察するが、つけ根に陰のう（ホーデン）もない。立っているのはクリトリスではないか。それにしても、長さも付いている所もオスのペニスと少しも変わらない。一緒に来ていた助手を呼び、再度確かめる。助手も納得する。

キャンプに戻ったあと、私は助手と、餌台に来たコドモとアカンボウを一頭ずつ、緊張する一瞬の機会を捉えては、立ってぴこんぴこんと上下動しているものの先端に〝釘の頭〟があるかないかを確かめていく。やっぱりそうだ。前年、すべてオスだと思っていた五頭のコドモと一頭のアカンボウのうち、二頭のコドモがメスで（一頭はすでに死亡していて不明）、アカンボウもメスである。また、今年生まれのアカンボウ四頭はオスとメス二頭ずつだ。どう考えても全員オスというわけはないよな。

図 3–33　フサオマキザルのオスのコドモのペニス立て。
a：緊張するとコドモはペニスを立てる、b：遊んでいて興奮してもペニスを立てる、c：どうしてか、よくわからないときも立てることがある。

識別を終わって助手と苦笑する。すぐに、メスとわかったコドモとアカンボウの名を地名から川の名前に変更した（図3-33）。

ではなぜ、幼個体の最初の性別判定に、このような初歩的なミスを犯したのか。それはこういうことだ。オスは、オトナやワカモノなら陰のうが膨らんで股の下に垂れ下がるから、ひと目でわかる。四歳以上の年長のコドモも股間を注意深く観察すれば、毛に隠れていてごく小さいが、それでもなんとか陰のうが見える。メスも、オトナやワカモノは、胸ではなく脇の下近くを見れば、そこは毛がなくて乳首がはっきり見えるし、股間にも陰のうがないからわかる。ただ、三歳までの年少のコドモやアカンボウは、股間が長い毛で覆われていて陰部は全く見えないから、餌台から木へ移動する一瞬の機会を捉えて、真下から、かれらの股間にどれほど神経を集中させても、どうにもならない。かれらの性別を知る唯一の方法は、餌台で緊張した瞬間に立てる細くて小さい〝ペニス〟の先端が尖っているか（メス）、釘の頭状か（オス）を見極めることである。しかし、当時まで私は、クリトリスもペニスそっくりに立つことを知らなかったし、立っているのを一回でも見ればオス、そうでなければメスと判定できると私も助手も思い込んでいたのだ。

群れの中心オス

オスの年齢区分について、いかつい大柄なオスと、細身でやや小柄な若いオスとの差は、ちょっと見ただけでもはっきりわかるが、細身のオスと年長のコドモをどこで区別したらいいか、初めのうちはてこずることが多かった。しかし、小さいコドモやアカンボウの成長を丹念に記録していくと、観察群だけでなく別の群れのサルでもおおよその年齢が推定できるようになる。また、群れを出るオスの年齢がわかると、細身のオスと年長のオスのコドモとの区別もはっきりする。

まず、大柄なオスだが、かれらはいずれも外から群れに加入したオトナ・オスである。群れのまとまりの中心的な存在で、日常的にメスやコドモからも頼りにされている。かれらをここでは「中心オス」と呼ぶ。餌づけの一年後、餌台に台秤《だいばかり》を置いて体重を量ったが、中心オスの二頭は三キログラムと三・四キログラムだった。

どの群れにも中心オスは二頭から四頭いて、三頭の場合が多かった。かれらの間には力量の差による強い弱いの関係があり、それが餌台では、好物のバナナを巡る腕力の差として顕在化する。また、中心オスのうち力量の差で一番強いオスは、日常生活の中でメスやコドモからもっとも頼られていて、恰幅がとび抜けてよく、立居振舞いもじつに堂々としているから、見慣れれば一目瞭然である。このオスをここでは「一番の中心オス」、略して「一番オス」と呼ぶ。したがって、二番目に強いのが「二番オス」、三番目が「三番オス」ということになる。なお、当時の一番オスは、断じて台秤に乗ることを拒否したから体重は不明だが、恰幅のよさからいっても三・五キログラムを超えていたと思われる。

ところで、餌づけした直後、最初に餌台に木伝いに下りて来た一番オスを見た瞬間、私は目を疑った。そんなことあるはずないよな。頭ではいくら否定しても、目の前にいるオスは、一九七六年の調

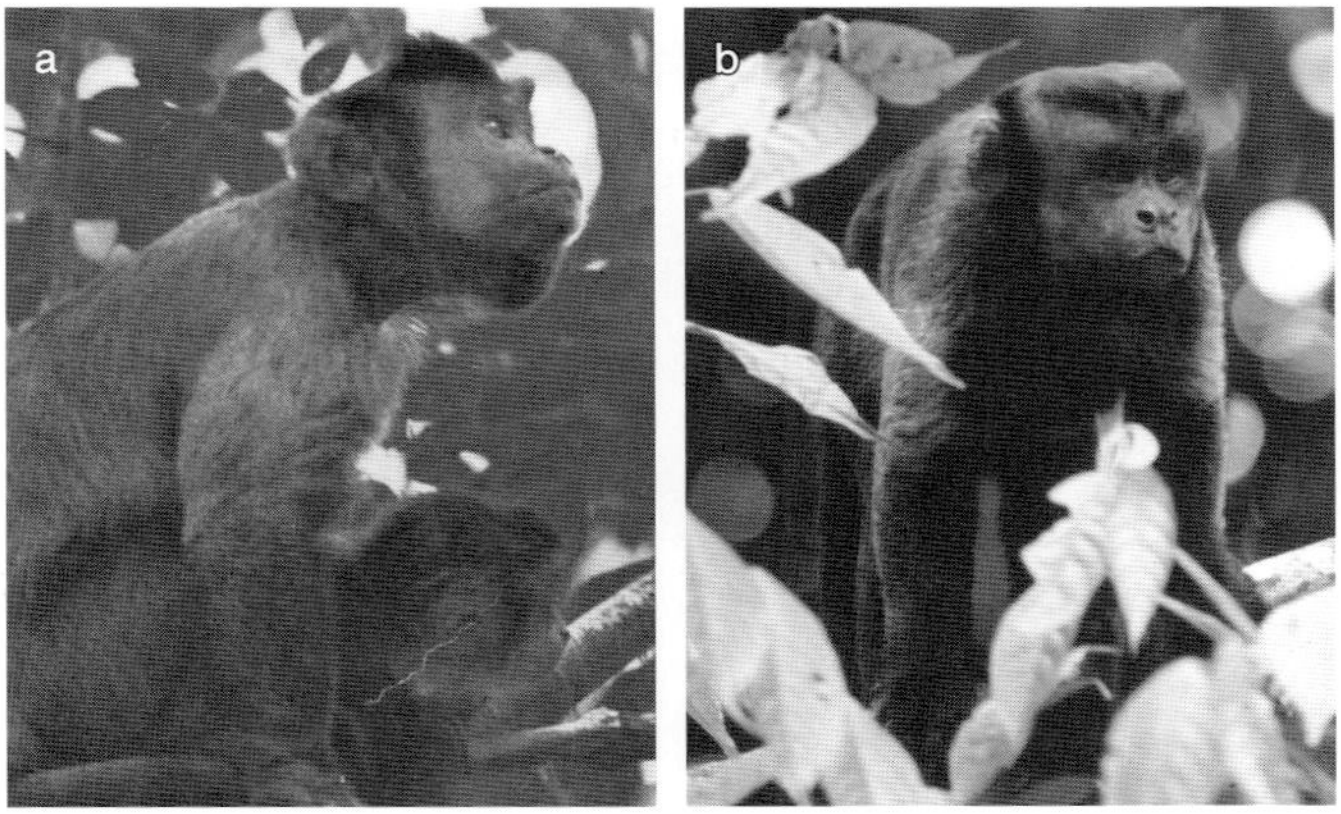

図 3–34　2 頭の「チャムサ」。いずれも〝猿望〟の厚いサルだった。a：1976 年当時の「チャムサ」、b：1986 年の餌づけ当初の「チャムサ」。

査時の一番オスで、惚々とするほどの体格をした「チャムサ」と名付けたオスと瓜二つなのだ（図 3–34）。

一〇年前の「チャムサ」の顔のどこにも傷跡はなかった。手と足一〇本ずつのどの指にも先が欠けた指とか曲がらない指とかはなかった。餌づいた群れの目の前にいるオスも同様だ。もし当時の「チャムサ」が、ホエザルの「ボキンチェ」のように口の脇に目立つ切り傷の跡があったり、野生に帰ったカピバラ「ポンポーニョ」のように右耳の上部が切れたりしていたら、違うサルだとあっさり片づけられるのだが。

フサオマキザルのオトナ・オスは一〇年でどのくらい風貌が変わるのだろう。また、一〇年間に一度もオス同士の闘いに巻き込まれて負傷することはなかったのだろうか。

しばらくあれやこれや詮索するも、答えの出るものではない。私は心の中に同一のサルだという願望にも似た想いを抱きつつも、それを封印した。ただ、餌づけ群の一番オスに同じ「チャムサ」という名を付けたのはもちろんである（図3-34）。
餌づけしてからの五年間は、三頭の中心オスのうち三番オス一頭が入れ替わっただけで、群れは一番オス「チャムサ」を中心に安定したまとまりを維持し続けた。

オスが群れを出る年齢

餌づけ後に生まれて無事に成長し、生年月日がわかっているオスのすべてが、一定の年齢に達すると群れを出た。餌づけ後に生まれて移出したオスは七頭いて、もっとも早いのが四歳半、遅いのが七歳九カ月で、平均すると六歳半になる。ただ四歳半で出たオスは、のちにも述べるが、母親（「ダグア」）が中心オスの一頭と一時的に群れを出た際に（中心オスはその時点でハナレザル）、母親について兄や弟と一緒に出たという特殊な事情がある。このオスを除いて、もっとも早いのは六歳四カ月で、六頭を平均すると六歳八カ月になる。このことから、オスが生まれた群れを移出するのは満六歳になったあとの半年から一年ほどといっていいだろう。

フサオマキザルのアカンボウは、新世界ザルの中では相対的に（母親と比較した大きさ）大きな体で生まれる。生まれた直後のアカンボウでさえ、母親が背中におぶっていると、ひどく重そうに見える。ところが、成長はほかの新世界ザルと比べて遅く、六歳になっても顔つきや行動にまだ子供子供したところが残っている。

そのことから、一歳から群れを出るまで（六〜七歳）のオスを、ここでは「コドモ」として扱う。

また、オス間の力量の差による強い弱いの関係に組み込まれる四歳以上を「年長のコドモ」、一歳から三歳までを「年少のコドモ」と区別して呼ぶ。前章のホエザルとは年齢区分ごとの年齢がずいぶん違うが、それは社会的な発達が種ごとに異なることを反映している。

一歳から三歳までの年少のコドモは、日常生活ではまだ母親にべったりである。休息時には母親から念入りな毛づくろいを受ける。餌台に下りるのも母親と一緒だ。一方、四歳以上の年長のコドモになると、母親と離れて暮らすことが多くなり、休息時には同年齢や一〜二歳違う年長のコドモと遊び呆ける。また、弟に年少のコドモがいると、かれの遊び相手にもなってやる。しかし、母親との親密な関係は群れを出るまで続き、母親が中心オスの一頭と特別に親しい関係になると、その中心オスと行動を共にすることも多くなる。

かれらは成長が遅いこともあってだろうが、群れを出る頃には体の大きさに個体差が目立つようになる。そのため、六、七歳のオスをひと目見ただけでは、年齢の正確な推定は難しい。なお、餌づけ開始後に群れで生まれて移出した七頭のオスのうち一頭は、中心オスと一緒に、二頭は先に述べたように中心オスと母親と一緒に群れを出た。

細身でやや小柄なオスの正体

このようにフサオマキザルでは、オスは六〜七歳で群れを出てハナレザルになることや、その直前まで母親との親密な関係が続き、コドモとよく遊ぶことがわかってくると、年長のコドモより体が大

図 3–35　周辺オス。細身でやや小柄だが、ペニスは中心オスと遜色がない。

きく、しかし細身で中心オスより小柄な若いオスの正体がはっきりする。かれらもまた、中心オスと同じく外から群れに加入した若いオスだったのだ。このオスをここでは「周辺オス」と呼ぶ（図3–35）。

周辺オスは、群れの特定のメスと、日常的に常に行動を共にしたり、毛づくろいし合ったり、身を寄せ合って休息したりといった親密な関係を持たない。年長のコドモ同士のように、休息時に遊び呆けることもない。餌台での一対一の関係では、腕力の差による強弱いの関係にしっかり組み込まれているから、中心オスのどの一頭が餌台にいても、かれらは餌台に下りることができない。そして、日常生活では群れの広がりの端にいることが多く、群れの急速な移動時には先頭にいるか、はるか後方にいる。

私は群れがキャンプに到着したあとにバナナを輪切りにして与えるから、最初に取りに来るのは中心オスで、ほとんどの場合、一番オスと二番オスである。しかし、先に述べたかれらの賢さを知る実験を行ったとき、たとえば、あらかじめニワトリの卵を釣り糸で吊るしておいたりすると、周辺オスは群れのキャンプへの急速移動の際にもしばしば先頭だから、必然的に実験の被験者は周辺オスが多くなる。

周辺オスは、餌づけ当初には若いオスとして数えた三頭がいた。そのうち、もっとも若いオスでも行動は大人びていた。かれらの年齢を推定するのは難しいが、もっとも若いオスは年長のコドモ・オスと比較すると、少なく見積もっても八～九歳、あとの二頭は最低でも一〇歳以上と思われた。以後、一五年後の調査終了時点までに、六頭が「周辺オス」として加入し、そのうち中心オスになったのは四頭である。

周辺オスは中心オスの目の届かない所でメスと交尾することもあるからオトナである。したがってフサオマキザルにとって「ワカモノ・オス」という年齢区分を使うとしたら、群れを出た直後から一～数年間のハナレザルに対して使うのが適切だろう。

中心オスの動向

次に中心オスについて見ると、調査開始後では、群れに加入した直後から中心オスになったのが五頭、周辺オスとして加入した後に中心オスになったのが四頭である。また、調査開始時に周辺オスだった三頭のうち一頭は中心オスになり、二頭は中心オスにならずに群れを出た。その中心オスになった一頭（「マルティン」）は、群れが分裂した五年後に中心オス、しかも一番オスになり、さらに一年

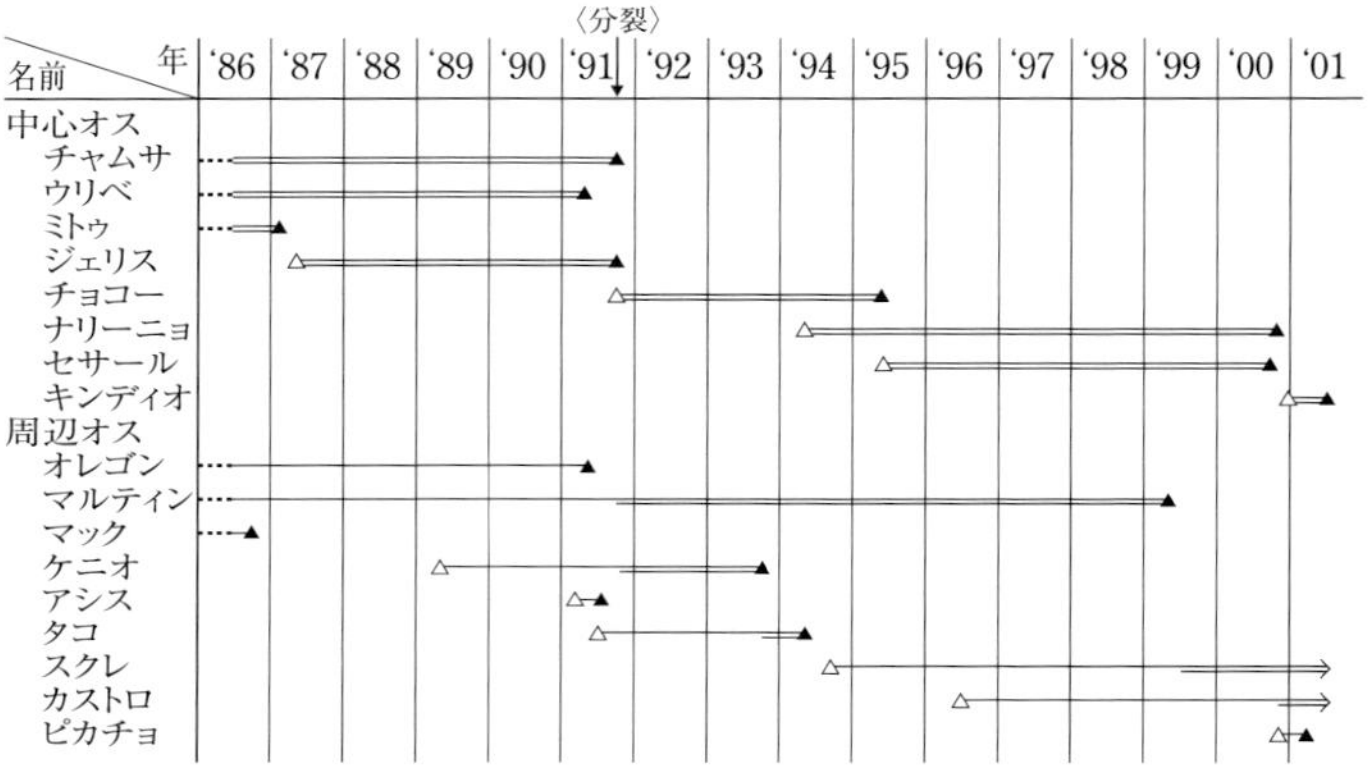

△：移入　▲：移出　══：中心オス　──：周辺オス　……：推定

調査開始当初に中心オスだった個体と移入時に中心オスだった個体は左欄の中心オスに，調査開始当初に周辺オスだった個体と移入時に周辺オスだった個体は左欄の周辺オスと，上下に分けた．

図 3–36　オトナ・オスの観察群への移出入。

フサオマキザルは母系の社会であり、他群出身のオトナ・オスが群れに加入しては、いずれ去って行く。私が 1986 年から 15 年間調査した観察群の加入オスの動向をこの図は示している。調査開始当初すでに群れにいた中心オス 3 頭と周辺オス 3 頭を含め、15 年間に観察群と関わりを持ったオトナ・オスは 17 頭である。ほかに、群れに一時的に追随したが群れに加入しなかったオスが 10 頭以上いるが、個体識別が十分でないこともあって、図には載せていない。

またこの図から、群れに加入後中心オスになったか否か、中心オスとしての滞在期間、周辺オス時代と中心オスになってからの期間を合わせた群れ滞在期間などがわかる。

なお、群れ生まれのオスの移出は図 3–37 のメスの家系図にある。

半後には一番オスの交代が起こって二番オスにはなるが、それでも一三年間、ずっと群れに留まり続けた、私にとっては大変想い出深いサルである。かれは群れを出たあとも、一年余りはハナレザルとして確認されている。このサルについてはのちに改めて述べる。

中心オスとして群れに滞在した年数は、当初からの三頭の中心オスを除いて、最長がこの「マルティン」の七年半、最短が半年だった。また中心オスのうち、一番オスであり続けた期間は、餌づけ当初の「チャムサ」と調査終了前年まで一番オスだった「セサール」が、いずれも五年半近くともっとも長く、最短は「マルティン」ともう一頭のオスで一年半だった。

中心オスの間には力量の差に基づく強い弱いの関係があり、ときにその優劣が逆転することがあるが、それがきっかけで群れを出た中心オスは、一五年間で一頭もいなかった。また、群れに加入した直後から中心オスになった五頭のいずれのオスもやがて群れを出たが、かれらが群れに再加入することもなかった。それは周辺オスについても同様である（図3-36）。

以上見てきたすべてのことから、中心オスも、中心オスの中の一番オスも、前章のホエザルと比べれば長続きすることがわかる。ということは、群れに常時複数の中心オスがいて、子殺しをする習性を持たないぶん、群れのまとまりの安定している期間が長いといえるだろう。

追随オス

群れのサルの広がりからは少し離れて、しかし、群れの動きについて歩いているオトナ・オスがときに観察される。群れの誰とも親和的な関係にないから、群れの一員（群れオス）ではなく群れ外オスである。このオスを「追随オス」と呼ぶ。かれは、群れが餌台でバナナを採食中は、かなり離れた所まで行って昆虫探しや果実の採食をしている。バナナを巡っての競争が激しく、いざこざが頻発する餌台にやって来るのを、初めから敬遠しているのだ。

私が餌台一円でかれらの姿を見ることができるのは、群れがバナナに満腹して近くで小一時間の休息をとってから、移動を開始した直後である。わずかでも餌台や下の地面にバナナの食べ残しがあれば、一目散に餌台や地面を駆け抜け、片手でバナナの輪切りをわしづかみしたまま群れのあとを追う。バナナの食べ残しがないと、遅れて群れのあとを茂み伝いに追う。いずれの場合も、私が姿を見るのはほとんど一瞬である。そのため正確な個体識別などとても無理で、繰り返しちらっと見ても、同一個体かどうかの判定は困難だった。

ただ、見知らぬオスが突然中心オスとして群れに加入したとき、そのオスが何の抵抗もなく餌台に下りてバナナを食べることからは、かれがそれまでのしばらく、追随オスとしてキャンプに姿を見せていたことが想像できる。

ハナレザル

フサオマキザルでは、群れ生まれのオスは六～七歳で群れを出る。一方、中心オスや周辺オスのすべては外から群れに加入したオスである。当然このことから、どの群れにも属さない「ハナレザル」

の存在が予測される。事実、人馴れしていない見知らぬオスが一頭だけで突然餌台に姿を見せることがあるし、森でも目撃される。

餌台に現れたハナレザルのうち、大柄なオトナ・オス七頭については、うち六頭が、群れを出てまだ間もないと思われる細身で小柄なオス（ワカモノ・オス）を連れていた。一方で、このワカモノ・オスが一頭だけで行動しているのを、餌台周辺でも森でも見ていない。どうやら群れを出たワカモノ・オスは、しばらくの間は、大柄なオトナのハナレザルと行動を共にしているようだ。あるいは、群れを出る年齢に達したオス（年長のコドモ）は、日常生活の中で、群れの周囲を徘徊するハナレザルの一頭と懇意になり、それがきっかけで群れを出ることが多いのかもしれない。中心オスが群れを出るときに一緒について出た年長のコドモも三頭いる（調査開始前に生まれたコドモを含む）。

オスの寿命

前節の介助ザルのところで、動物園で飼育されたフサオマキザルでは最長で四七年生きたという記録のあることを述べた。では、野生状態では何歳ぐらいまで生きるのだろう。

野生ニホンザルは戦後の一九五〇年代初頭から日本各地で餌づけされた。そして、餌づけされた群れのすべてのサルが個体識別されて研究され、いくつかの群れについては現在もなお研究が続けられている。にもかかわらず、ニホンザルもフサオマキザルと同様、オスは必ず生まれた群れを出るし、一方で加入したオスの年齢は推定でしかわからないし、しかも、加入したオスも再び群れを出て行方

図 3–37 「マルティン」は私にオスの寿命を推定させてくれたかけがえのないサルだ。

知れずになる。したがって、六〇年以上にわたる全国各地の餌づけ群の膨大な研究をもってしても、まだオスの寿命について確かなことはわかっていない。

この点からして、たったひとつの群れの一五年間の調査で、フサオマキザルのオスの寿命について云々するのはおこがまし過ぎるだろう。ただ、幸運にも私は、オスの寿命に関してひとつの手掛かりを得ている。先に述べた「マルティン」である（図3–37）。

かれは餌づけ当初の一九八六年、すでに群れの周辺オスだった。当時群れにはあと二頭の周辺オスがいたが、より大柄な二頭のうちの一頭で、三頭の中では力量の差で二番目のオスで、体格は一番大きかった。当初は一〇歳前後と推定されたが、その後、年齢がわかっている観察群出身のオスで、群れを出た後も断片的にだが追跡できた個体の年齢や体格と比較すると、「マルティン」は一九八六年の段階で最低でも一二〜一三歳ではなかったかと推定される。また、当時の中心オスの一番オスや二番オスと親和的な関係にあったことからは、餌づけ群に加入してから少なくとも三〜四年は経過しているように思われた。

ここで「マルティン」を、一九八六年の時点で一三歳と仮定する。そうすると一四年後の二〇〇〇年、最後にハナレザルとして確認されたときは二七歳である。しかもそのとき、かれが単独で餌台にやって来たからじっくり観察できたのだが、まだがっしりとした体格の壮年のオスで、老け込んでいる様子は微塵もなかった。気が強く喧嘩っ早いサルだから、顔や体は傷跡だらけだったのだが。

この「マルティン」の例からは、オスの寿命は三〇歳ないしそれ以上と推定していいだろう。そしてオスの一生とは、概して、アカンボウ↓（幼子）↓コドモ↓ワカモノ・オス（ハナレザル）↓追随オス↓周辺オス↓中心オス↓ハナレザルという道を歩むといえよう。繰り返すが、このうちワカモノ・オスと追随オスとハナレザルは群れ外オス、残りは群れオスである。かっこで示した幼子についてはのちに述べる。

餌づけした群れのメスたち

メスについても見よう。餌づけ当初、群れには四頭のオトナ・メスと未経産の若いメスが一頭いた。この未経産のメスと一頭のオトナ・メスとは、顔つきだけでなく、毛の色や体形も非常によく似ていたから、個体識別に少々手間取った。二頭は森でも餌台でも、いつも寄り添うように行動していたし、休息時には両者で毛づくろいし合うのが頻繁に観察された。私はこれらの観察から、両者は姉妹だろうと推定した。残り三頭のオトナ・メス相互の血縁関係ははっきりしない。したがって、餌づけ当初には姉妹と推定された二頭をひとつの家系として、観察群に四つの家系があったと捉えられる。

また餌づけ当初、薄汚れて弱々しい風体をした、生後半年ほどのアカンボウ（メス）が一頭いた。そのアカンボウは、餌台に下りて来るのも一番最後で、しかしいったん下りると、餌台の上でバナナを奪い合う喧嘩が起ころうと、オトナのサルににらみつけられようと、頑として動かず、背をひどく丸めた状態のまま黙々と、ぺちゃぺちゃと舐めるように一片のバナナを食べ続けた。移動の際は、たまたま近くにいるサルに背負われることが多かったが、森でも親身に面倒を見続ける特定のメスはいなかった。毛がぼさぼさで汚れているのは、母親から懇ろな毛づくろいを受けていないからに相違ない。しかも、兄や姉と思しきコドモもいない。衰弱の程度からは、餌づけするほんの少し前に母親が死亡して孤児になったものと思われる。このことから、アカンボウがたった一頭だけとはいっても、やはり観察群の五つめの家系とすべきだろう（図3-37）。

以上、餌づけ当初の観察群の五つの家系について述べたが、オスについて見た餌台のバナナを巡る強い弱いの関係が、メスではこの家系単位で見られることがわかった。母親とそのコドモたちがひとかたまりになって、強い家系から順に餌台を利用するのである。

ただ、中心オスや周辺オス間の力量の差による強い弱いの関係と違うのは、特定のどの中心オスと、日常的に毛づくろいや寄り添っての休息など、親密な関係を維持しているかが重要で、中心オスの一番オスとそういう関係をメスが持てば、そのメスの家系（メスとそのコドモすべて）が一番強くなる。

だから、一番オスが性交渉などを通して別のメスとより親密になれば、別のメスの家系がその時点で一番強くなる。

ところで先の孤児についてだが、私は初めて見たとき、この孤児が生き延びるのはとうてい無理だろうと思った。しかし餌づけしたばかりで、群れの誰もが突然降ってわいたバナナの誘惑に勝てず、キャンプから遠く離れた所まで移動して行くことが少なかったし、近くで休んでは日に二度も三度もバナナ欲しさにキャンプに現れることもあった。きっとこのことが孤児には幸いしたはずだ。移動による体力の消耗が防げ、置いてきぼりを食うこともなく、餌台のバナナで腹を満たすことができたからである。

孤児のみすぼらしさと弱々しさは、もちろん私の情にも訴えた。私は餌台に居続ける孤児に、虎視眈々と追加のバナナを狙うサルたちの目を盗んではこっそりと、熟れきって柔らかくなったバナナの一切れを手渡したものだ。

生まれてくる子はオスばかり

餌づけ以降、観察群（分裂群は含まない）では、一五年間に三〇頭のアカンボウが生まれた（図3−38、39）。性別は二五頭がオスで、メスが二頭、生まれてすぐ死亡して性別のわからなかったのが三頭である。しかも、三〇頭のうち一九八七年生まれのメス二頭と生後すぐ死亡し性別不明の三頭を除く二五頭が、信じがたいことにすべてオスなのだ。もちろん、ペニスとクリトリスの形状の違いをす

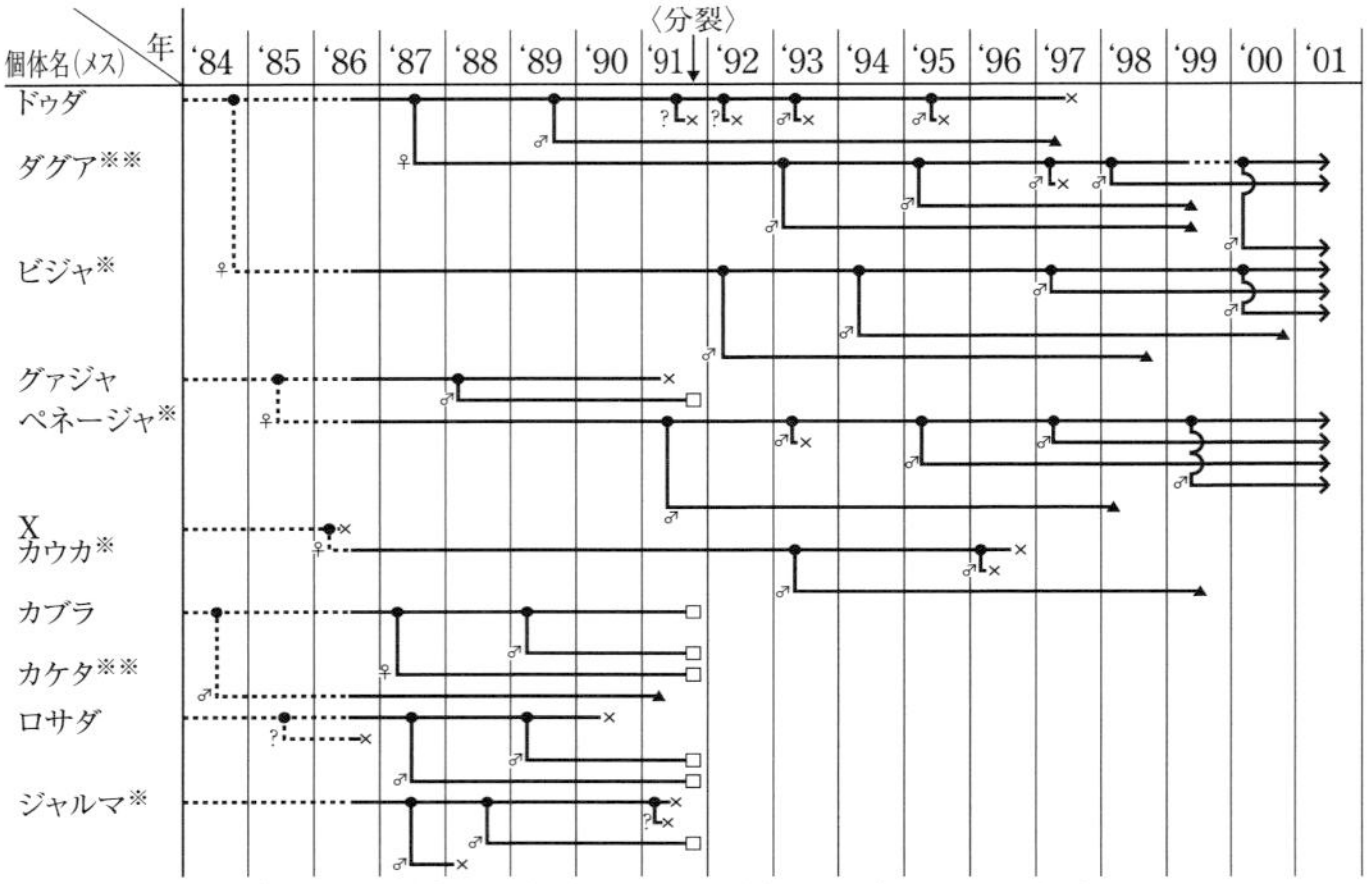

●：出産　×：消失（おそらく死亡）　▲：移出　□：分裂群（MC-0群）へ　……：推定
※：調査期間中にオトナになったメス　※※：そのうち調査開始後に生まれたメス

図 3–38　観察群（MC–1 群）におけるメスの出産状況と群れ生まれのオスの移出。

フサオマキザルは母系の社会だから、メスは死ぬまで生まれた群れに留まるか、群れの分裂の際に分裂群に加わるかのどちらかである。この図には、1986 年の調査開始当初のオスナ・メス「ドゥダ」、「グァジャ」、「カブラ」、「ロサダ」4 頭、若メスで「ロサダ」の妹と推定された「ジャルマ」、および開始直前に死亡したと推定された「X」の出産状況や、産んだ子のうちオスがいつ群れを出たかが示されている。同様のことが、開始当初に 5 頭いたコドモのうちのメスだった「ビジャ」と「ペネージャ」、孤児だった「カウカ」がオトナになった以降について、また開始後に生まれたメス「ダグア」や「カケタ」についても示されている。1982 年前後に生まれたと推定される「グァジャ」の息子は図に載せていない。

図のメスのうち「ビジャ」と「ペネージャ」は、調査開始当初から終了した 2001 年まで、私がマカレナ調査地に滞在中は毎日のように顔を合わせ続けた一番長いつき合いのサルである。

なお、1987 年以降のすべてのアカンボウの生まれた年月、および正確な日付けないしおよその日付けはわかっているが、繁雑になるので図には示していない。死亡した日付け、オスの群れを出た日付けについても同様である。

図 3–39　生まれた直後のアカンボウと母親。
a：ある朝、キャンプに出産直後のメス「ダグア」が現れた。へその緒をくわえている、b：私が接近したら、へその緒を口から離して身構えた、c：そして餌台に立ち寄らず足早に立ち去った。

でに習熟しているので識別は正確である。

では、どうしてアカンボウの性比がこれほどまでに違うのだろう。私はかつて、アルカリ性食品を食べれば男の子が生まれやすいという話をどこかで聞いた覚えがある。男の子を作るY染色体がアルカリ性に強いかららしい。今その説がどうなっているかは知らないが、バナナは私たちが日常よく食べるミカンやリンゴ、イチゴ、ブドウなどの果物に比べてアルカリ度が強いから、バナナの食べ過ぎの影響を考慮しなければいけないのかもしれない。餌づけ前に生まれていた一頭の性別不明を除く四頭の年少のコドモと一頭のアカンボウ（孤児）のうち三頭はメスだったし、餌づけ翌年の一九八七年に生まれた四頭の性別は半々だった。

バナナを毎日、朝夕の二回、一定量を規則正しく与えるようになったのは、ロスアンデス大学との共同研究計画が本格的に開始された一九八七年五月以降である。したがって、バナナが影響していると仮定して、その影響が出るのは一九八八年の出産からになるし、その年以降メスは一頭も生まれていない。しかも、群れが二つに分裂したあと、餌台のバナナを食べられなくなった方の群れでは、分裂の翌年にメスのアカンボウが生まれているのだ。

観察群（MC-1群）に隣接する群れ（MC-2群と3群）には、きたない森でホエザルの観察中にときどき出会ったが、アカンボウやコドモの数や性別をきちんと把握するのに、片手間ではどうしようもなく、これらの群れではどうなっているのか、詳しくは調べられなかった。

生息密度が非常に高くなるとオスの生まれる傾向が強くなるという説もあるが、調査地約一〇平方キロメートルの中で、一九八七年を境にフサオマキザルの個体数が激増したという事実はない。オスばかり生まれるというこの問題は、私にはこれ以上考察のしようがないが、フサオマキザルを参考にすれば、男の子が欲しければ毎日バナナを食べなさいということになるのだろうか。

交尾行動

フサオマキザルは体格でオスとメスの性差が著しい。中心オスになるほどの壮年のオスでは、腕や肩、大腿部や腰まわりの筋肉は隆隆としている。太い枯枝でも簡単に折り、それを拾って私が思い切り力を込めて折ろうとしてもだめだったほど、かれらの腕力は恐ろしく強い。顔もコドモの丸味を帯びた顔から、ごつごつと四角張った顔になる。下顎の筋肉や側頭部の筋肉が盛り上がってくるからだ。当然、腕力のみならず物を嚙む力もいたって強力である。タケの節にたたきつけても割れないヤシの実の固い殻を、たまたま口に入るほどの大きさであれば、最後の手段として歯で嚙み割ることもする。そのときの形相たるや、まことにすさまじい。

一方メスでは、このような筋肉の盛り上がりはどこにも見られず、壮年になっても顔はコドモと同様に丸味を帯びたままだ。そして体の大きさは、群れに加入したどの周辺オスと比べても小さい。

これほどオスとメスで体格に差のある新世界ザルはほかにいない。そのくせ、いざ発情すると、メスの方が積極的で、キュルルリィと円やかな声を連発しながらオスに近づき、オスに尻を向けて交尾に誘う。餌台に来てから、バナナを食べ、近くで休息して移動を開始するまでの一時間半ほどで、発情した一頭のメスが、中心オス二頭と周辺オス一頭と交尾したのを二回観察している。二頭のオスと間を置かずに続けて交尾することも珍しくない。一方で、メスごとの個性の違いにもよるが、あるメスが発情期間中ずっと、一頭のオスのみに執拗につきまとうこともあった。オスがペニスを挿入してから射精にいたるまでの時間は、ホエザルより少し長く、数十秒から一分である。

メスの発情は五日前後続く。その間は、キャンプに来ても餌台に下りてバナナを食べることはほとんどない。また、メスが発情しているかどうかは、独特の鳴き声を聞けばすぐにわかるが、外部性器の形状に取り立てての変化は認められない。

出産期はあるか

一般に熱帯や亜熱帯の森に棲むサル類には、はっきりした交尾期や出産期がないといわれている。フサオマキザルではどうだろう。

生まれた月がわかっているアカンボウ計三〇頭について見ると、二九頭が一月から六月までの半年間に生まれている。それはマカレナ地域の季節でいうと、乾季の後半から雨季の前半にあたる。

もう少し詳しく見ると、その二九頭中二〇頭、三分の二強が一月から三月の、乾季の後半に生まれていて、二〇頭のうち一月が五頭、二月が九頭、三月が六頭と、乾季の後半といっても二月にピークがあることがわかる。すなわち、フサオマキザルには出産の集中する時期があり、それは二月を中心とした乾季の後半から雨季に入った直後までということになる。そうすると、妊娠期間が一四九～一五八日といわれているから、逆算して、雨季の終盤の九月を中心に交尾の頻度が高くなるはずで、実際にもそうだった。

一方、前章で見たホエザルは、いつ中心オスが交代し子殺しが起こるかにメスの発情が決定的に左右されているから、交尾期や出産期について云々すること自体、意味がない。

図 3-40　他の新世界ザルと同様、フサオマキザルのメスの乳首も脇の下に寄った所にある。

メスは何歳でコドモを産むか

一九八八年以降、メスは性別不明の三頭を除いて一頭も生まれていないから、生年月日がはっきりわかっているメスは一九八七年生まれの二頭しかいない。うち一頭（「ダグア」）は五歳九カ月で初産した。もう一頭（「カケタ」）は四歳半のときに、群れが分裂してキャンプに来ない方の群れ（分裂群、MC-0群）に加わったので不明である。ただ分裂群はそのメスが五歳八カ月のとき、一年二カ月ぶりに突然キャンプにやって来て餌台からバナナを食べていったが、かの女はアカンボウを持っていなかった。

餌づけ時にまだ年少のコドモで、生まれた年がおよそ推定できていた二頭のメスについては、一頭は七歳半前後に初産、もう一頭は五歳半過ぎに初産した。アカンボウだったあの薄汚れた孤児は、以後無事に育って七歳で初産した。

これだけの記録しかないが、初産年齢は個体差が大きいように思われる。それでも、早くて五歳半過ぎ、遅くても七歳半頃までには初産するといえるだろう。

なお、メスの乳首は他の新世界ザルと同じく、毛がまばらにしか生えていない脇の下に寄った所にある（図3－40）

コドモの面倒を見る期間が長い

メスが出産してから再び出産するまでの期間（出産間隔）を観察群で見ると、アカンボウが順調に育った一五例のうち、出産間隔の最短は一年八カ月、最長が三年一カ月、平均すると二年四カ月になる。一方、死産や出産後の早期にアカンボウを死なせたあと再び出産したケースは五例あって、アカンボウの死亡日から次のアカンボウの出産日までは最短が八カ月半、最長が二年、平均で一年三カ月だった（図3－38参照）。

このように、正常な場合で出産間隔が平均で二年半近くあることからは、フサオマキザルはそれほど繁殖率の高いサルでないことがわかる。また、出産間隔が長いということは、それだけ長期間、我が子の世話をしていることになる。母親がいつまでコドモに授乳し続けるかは、詳しい調査はできていないが、長い場合で二歳ちょうどと二歳三カ月のコドモが母親の乳首を口にくわえているのは見ている。

一頭のメスが一生のうち何頭産むかは、仮に初産が六歳半で、以後二年半に一頭産み、寿命がオスの「マルティン」の例からメスも三〇歳とした場合には、一〇頭ないし一一頭になる。ただ、毎日バナナをたらふく食べることで、一年を通して栄養状態がよくなり、それで出産間隔が自然な状態より短くなっているという可能性は、考慮に入れなければいけないだろう。

ところで、死産したり出産後まもなく死亡したアカンボウに限って、母親が数日から一〇日ほど、死体を手放さずに持ち運ぶという行動は、移動や採食を地上ですることの多いサル類、とくにニホンザルなどではよく知られている。かれらは移動の際には片手に持って運ぶ。しかし、もっぱら樹上で生活する新世界ザルが死んだアカンボウを片手に持ちながら、木から木へ移動し続けるのは不可能だと私は思っていた。だからある朝、一週間前に産んで前日まで生きていたアカンボウの死体を片手に持って、母親が餌台に来たときには目を見張ったものだ。

母親はその日一日、移動時には片手で持ち、採食時には横枝の上に置き、休息時には胸に抱えたり両足で押え持って毛づくろいしたりを続けた。二日目もそうした。そして、三日目の朝にキャンプに来たときには、手に持っていなかった。同様の観察を研究仲間もしていて、違う母親だが、そのときも二日間だった。

図 3-41　生後半年のアカンボウ。血縁関係にないオトナ・メスが来ても知らん顔で、餌台でバナナを食べ続ける。

幼子の特権

餌づけした直後のしばらくは、餌台へのサルの出入りは目もくらむばかりの速さだった。その速さに馴染むまでは、誰がバナナを取って行ったか識別できないこともよくあった。

すでに述べたように、餌台に下りて来る順番は、基本的には、オスは力量の差による優劣で、メスは家系ごとの優劣で決まっている。とはいっても、それほどすんなりいかないところがフサオマキザルである。皆が一刻も早くバナナを口にしたいから、瞬間、瞬間の個体の空間配置を、弱いサルほど的確に読んでいて、ほんのわずかな隙を見つけては、弾丸のように餌台を走り抜ける。右から一頭、左から別の一頭、奥からさらに一頭。その度に、かれらより強いサルが追いかける。追いかけるからまた、餌台を取り巻く個体の空間配置に隙ができる。その瞬間にまた誰かが餌台へ走る。

こんな具合なのだ。

優劣関係がはっきりしているというのに、なぜこのような状況になるのか。それは、追われても捕まって咬まれたりするサルがほとんどいないからである。弱いサルが捕まらないのは、ひとつには、どこから餌台に駆け込み、どの方向へ、どの木の枝伝いに逃げたら大丈夫かを、かれらが的確に読んでいること。もうひとつは、追う方も、深追いすればするほど自分の食い扶持の減ることがわかっていて、すぐに餌台に引き返すからである。そんな喧騒の渦巻く餌台だが、ごく慎重に枝や蔦を伝いながらのそりとやって来て、餌台の真ん中で悠々とバナナを食べ続けるサルがいる。生後二〜三カ月から一歳半までのアカンボウやまだ幼いコドモだ。かれらは群れの全員から、餌台で気の向くまま自由にバナナを食べる特権を与えられている。この年齢のアカンボウとコドモを、ここでは「幼子」と呼ぶ（図3-41）。

母親は生まれてから二カ月ほどまでのアカンボウなら、背中におぶって餌台に現れるが、それより大きくなると、近くの茂みの中に置いてくる。そうするから、手持ち無沙汰になった幼子は、たどたどしいが、なんとか自力で、かなり遅れて餌台にやって来る。たとえ母親に背負われて来ても、餌台に着くやさっさと母親の背中から降りて、バナナを食べ始める幼子もいる。

餌づけ当初、孤児だったアカンボウがずっと餌台に座り続けられたのは、体が衰弱して動くのが億劫だったからではなく、この特権を孤児なりにわかっていたからだ。それは、中心オスの交代のたびに、無残にも殺されてしまうホエザルの幼子と比べたら天と地の差である。

図 3-42　中心オスは移動時でもアカンボウを背負うことがよくある。写真は一番オス当時の「マルティン」と生後 **1** カ月半のアカンボウ。

茂みの中の保育園

餌台での幼子の特権は、日常生活の中ではどのような場面に反映されているのだろう。それは、群れの移動に半日もついて歩けば、すぐにわかる。

フサオマキザルは雑食性のサルだが、果実や若葉は通りすがりに口にするだけで、虫や小動物を藪の中で探し回る時間の方が長い。そのときは一カ所に留まらず、いそうな場所を求めて、皆が藪の中を先へ先へと急ぐ。そして、群れの移動が速いと、母親は自分の幼子を背負っているから、ついていくのが大変だ。一歳半前後のコドモだと、体の大きさ（頭胴長）は母親の三分の二ほどに成長しているし、おそらく体重は母親の三分の一近くにまで達しているのではないだろうか。

そのため母親は動きが鈍く、虫のいそうな場所は先に行くサルに探されてしまうから、少ししか虫を捕まえられない。一時間ほど集中して虫探しをすると、群れは葉の生い茂りの中で休息に入る。すると、幼子を背負った母親は、中心オスのすぐ近くまで小走りに向かい、背中の幼子を下ろして、さっさと姿を消す。そうすると中心オスは、抱きかかえたり、懇ろな毛づくろいをしてやったり、手や尾を巧みに使って遊ばせてやったりと、休息時間中ずっと幼子の面倒を見続ける。とくに一番オスのまわりには、四頭、五頭と幼子や年少のコドモが集まることがあるから、そこは託児所ないし保育園のような様相を呈する。私は中心オスのこの行動を「保父さん行動」と呼んで、実習や卒業研究でロスアンデス大学の学生が初めてキャンプに来ると、その現場を必ず見せてやるのだが、男子学生も女子学生も中心オスのその行動に目を輝かせる。この間、身軽になった母親は近くの藪を駆けずり回って虫や小動物探しに余念がない。

このように、中心オスは幼子の面倒見がいいが（図3-42）、特異な例を研究仲間が見ている。それは、先に述べた母親が死んだアカンボウを持ち運んだ観察時のことだ。前日のひどく衰弱しているときから、一番オス（当時は「チャムサ」）はアカンボウを背負って移動することが多かったが、朝八時に死亡したあとも、一二時までは手で持ち運んでいたという。母親が持ち運ぶようになったのはその直後からである。

コドモの好奇心

ホエザルと違って、幼子は母親だけでなく中心オスにも手厚く育てられるが、その後のオトナ・オスとの関係はどうなるのか。

コドモは二歳を過ぎると完全に独り立ちし、群れの急速な移動にも自力でついて行けるし、虫探しも自分でやる。しかし、たとえばヤシの実割りなどは、腕力もないし技術もないからとうていできないし、ネズミなど小動物を捕まえる際の読みや機敏さもない。

このような独り立ちしたコドモに対しても、中心オスや周辺オスの寛容さは変わらないし、コドモもそれを認識している。ヤシの実割りではコン・コン・コンと大きな音がするから、どこで誰が割っているかがすぐわかる。ネズミを捕まえたときや、鳥の巣の中に卵や雛を見つけたとき、タケの中にカエルのいることがわかってタケの引っぱがしにとりかかったとき、すなわち、かれらにとって希少価値の高い食物を発見したり手に入れると、喜びのあまりか興奮してか、中心オスも周辺オスも、キケキケキケとかなり大きな声を発するから、どこにいるかわかる。

これらの音や声を耳にしたコドモは、大急ぎでそこへ直行する。そして、オスにくっつくほど近づいて、オスのする行動に真剣な眼差しを送り続ける。そうされても、オスはコドモを邪険に扱うことはない。コドモがあまりに身を乗り出し過ぎて、オスの行動が妨害されたときだけ、手でそっと払い除けるくらいだ。観察している私には、コドモの行動は好奇心のかたまりのように見える。

おそらくコドモは、好物を発見したり手に入れたオスにつきまとうことで、ヤシの実の割り方やカエルの捕らえ方など、群れに伝承されているさまざまなことを着実に学習していくのだろう。また、オスが好物を実際に食べる段になると、コドモはちょっとだけ口の両脇を引きつらせて泣きっ面を浮かべながら、そおっと手を伸ばす。そうされてもオスは積極的にコドモに好物を与えはしないが、コドモが手を伸ばして、割られたヤシの実の一片やカエルの片足をつかみ、口に持っていっても、たいていは好きなようにさせている。これは、ヒトに特徴的といわれる食物分配行動の一歩手前の行動といっていいように、私には思える。

コドモの成長にも個体差があるが、四歳か五歳の年長のコドモになると、オトナ・オスのコドモへの許容度は薄らいでいく。コドモもそれまでのようにオスにまとわりつかなくなる。割れないとわかっていながら固いヤシの実を懸命にタケの節にたたきつけるし、トカゲやカエルをなんとか見つけて捕まえようと、目つきにも獲物を狙う鋭さが宿り始める。

コドモが六歳前後になると、顔は大人びてくる。オトナ・オスのかれらに対する寛容さもなくなる。力量の差による強い弱いの関係にもしっかり組み込まれる。そろそろ群れを出るときが近づいてきたのだ。

メスは保守的

メスはオスに比べると、ずっと用心深く保守的である。

先にカエルやネズミの玩具を使った実験について述べたが、そういった不自然なものがバナナの輪切りと一緒に餌台に置かれていても、オスやコドモは平気で近づくし、においを嗅いだり、ちょっと手で触れてみたりする。一方オトナ・メスは、近くで凝視するとかにおいを嗅ぐといったことは金輪際せず、玩具からもっとも遠い所にある輪切りバナナの一片か二片を、それもおっかなびっくりのへっぴり腰で、腕を伸ばせるだけ伸ばして取っていくのが精一杯である。その際きまって、尾の変わった使い方をする。どのメスも、板張りの餌台の後方の縁や、板がそこだけ反って隙間ができている所に尾の先を引っ掛けているのだ。その体勢だと、万が一の場合でも、尾と後肢両方の力で瞬時に逃げ出せるからだろう。

助手が留守中のある朝、餌のバナナが底をついてしまったので、私は一時しのぎに、間食用に大量に買い込んである菓子のサンドクッキーを餌台に置いてみた。そのときは、年少のコドモ二頭がクッキーを割って中の甘いサンドをちょっと舐めただけだったが、夕方ホエザルの調査から戻って餌台を見ると、少し前に群れが再び来ていて、残っていたサンドクッキーのほとんどが割られ、餌台の下の地面にもクッキーのかけらが散在していた。

翌朝と翌々朝は群れが来なかったので、サンドクッキーを少だけ餌台に置いてホエザル調査に出かけた。そして両日とも、夕方に戻って来て餌台を見ると、残されたクッキーのかけらはずっと少なかった。かれらは甘いサンドの部分だけでなく、外側のクッキーの部分も食べるようになったのだ。その日遅くに助手がキャンプに戻って来たし、バナナも手に入ったので、次の日からはいつも通りバナナの輪切りを与えた。

それから一週間がたち、早朝、群れは南東側からキャンプに来る。私は今回、マカレナ調査地に来てから、この群れの遊動域について北西側の境界が最近どうなっているかと、この季節に森で何を主に食べているかを調べたいと思い、その機会をうかがっていた。ホエザルの群れはこのところ安定しているから、一日ぐらい見に行かなくてもいいだろう。群れは南東側から来たから北西へ向かうはずだ。決めた。今日一日群れの動きについていこう。

自然の食物を知りたいから、今朝はバナナを与えるのは止める。一五分ほど餌台の周囲にいて、群れは移動を開始する。二時間余りして、群れは休息に入る。私も倒木に腰を下ろし、朝食抜きだったのでナップザックからサンドクッキーを入れたビニール袋を取り出す。ひとつを口にする。と、どこで私の行動を見ていたのか、二歳半のコドモが木を駆け下りて来て、私にそれをねだるではないか。かじりかけのクッキーを手渡す。かれはひったくるようにそれを受け取って、木に登り、全部を食べた。入れ替わりに二頭のコドモがもう私のすぐ近くに来ていて、私が手に持つ透明なビニール袋を凝視しながら、先のコドモと同じようにねだる。ひとつずつやる。二頭はサンドクッキーを口にくわえ、藪の中へ走り去る。残りは二つしかない。それは私が食べる。ビニール袋がこれで空になったことがわかってか、それ以上ねだりに来るサルはいなかった。

群れはこれまで通り、キャンプから北西四〇〇メートルほどの所にある、調査地を流れる小川の下流に着いたところで引き返す。そこで川幅は約四メートルある。これまでの遊動域に変化はない。そして、午後三時半に一緒にキャンプに戻ったところで、私はかれらにとって初めて口にするクッキーを誰と誰が食べるようになったかを知りたくて、餌台にクッキーを置く。すると、周辺オス全員とコドモ全員がそれを食べ、中心オス三頭のうち二頭も食べた。ところが、オトナ・メスは最後までクッキーを食べに餌台に下りて来ることはなかった。メスには申しわけないので、あとからバナナを別途与えた。

このサンドクッキー食いからは、保守的なメスと違い、オスは年をとっても若いうちの好奇心を失っていないことがわかる。それは、日常生活の中でオスに頼ることの多いメスに比べ、危険が多く食物も多様なきたない森で活発に動き回るオスは、そのような環境のさまざまな状況に瞬時に対応できる観察力（洞察力や直観力を含む）を、死ぬまで持ち続ける必要があるからなのだろうか。

群れが二つに分裂する

群れは、一九八六年に餌づけしてから五年間は、一番オス「チャムサ」を中心によくまとまり、安定した状態が続いた。それが一九九一年一〇月の三日間、キャンプに姿を見せず、四日目の昼に来たときは驚くほど静かで、数も少なかった。

とりあえず餌台にバナナの輪切りを置き、正確な頭数を調べる。一一頭しかいない。四日前に確認した二二頭の半分だ。群れが二つに分かれて別々に行動するようなことは今まで一度もなかった。しかも、餌台に来た一一頭の中に「チャムサ」も二番オス「ジェリス」もいない。やって来た集団の一番オスは、餌づけ当初から周辺オスとしてずっと群れにいる「マルティン」だ。それから五日間、朝に夕に、餌台に来る一頭一頭を確認するも、一一頭の集団の構成員は全く変わらなかった。

六日目は朝から、助手と手分けして残りのサルの捜索を行い、キャンプの南側や南東側の広域を歩

図 3–43　分裂群の中心オス「ミトゥ」は、額の左側にある古傷の跡で簡単に識別できた。

く。北西側には四〇〇メートルほどの所に小川があり、群れは小川を越えてさらに先へはめったに行かないからだ。途中のどこかで残りのサルに出会えれば、数と個体を確かめる必要があるから、熟れたバナナを一〇本ずつ持っていく。

午後三時を過ぎ、歩き疲れて、今日はもうだめだと思いつつ倒木に腰を掛け、タバコをくゆらせ始めたときだ。一〇〇メートルほど先から、人の口笛そっくりの円やかな声を聞く。キャンプに来たときかれらを餌台に呼ぶ、いつものホーイという大声を私は二度、三度と繰り返す。餌づけしたサルなら必ず答えてくれるに違いない。

すぐに前方の茂みが揺れ、キケキケキケというバナナをねだる声が聞かれる。次々にサルが私のまわりに集まる。持参のバナナをナイフで輪切りにして見せ、周囲の低木や草をマチェテで切り払って見通しをよくしてから、名前を確認した順に与える。コドモはペニスやクリトリスを立てて興奮気味だ。やはりキャンプに姿を見せない残りの連中である。しかも、大柄でいかついこの集団の一番オスの顔には、左目の上から額にかけて縦に太い古傷の跡がある。餌づけ当時中心オスの三番オスで、半年後に群れを出て、その後しばらく隣りの群れに加入していた「ミトゥ」と名付けたオスである（図3-43）。まだバナナの味をしっかり覚えている。メスとコドモ七頭に、「ミトゥ」を含めオトナ・オスが四頭いて、計一一頭だ。私はこの集団のまとまりのよさから、観察群はこの集団と目下餌場に来ている「マルティン」を中心とするメスとコドモ七頭、オトナ・オス四頭の計一一頭の集団に分裂したことを確信する。

先にキャンプに戻っていた助手は、餌づけ群と遊動域を大幅に重複させている隣接する二群（MC-2群と3群）に出会い、バナナを見せて呼ぶが、取りに来たのは観察群から出たオスだけだったという。

以後も、「マルティン」のいる一一頭の餌台を占有する集団、すなわち群れが分裂した際の「主群」（MN-1群の名を踏襲）は毎日餌台に顔を見せ、もう一方の集団、すなわち「分裂群」（MN-0群と命名）は餌場に顔を出すことはなかった。

なお、分裂直後のMN-1群のオトナ・オス四頭については、「マルティン」を含む三頭が分裂前に周辺オスとしてすでに群れにいて、残りの一頭は新加入。一方MN-0群の四頭については、「ミトゥ」以外は私の知らないオスだった。

群れの分裂は家系を単位として

餌づけ当初の群れには五つの家系があり、家系単位で餌台のバナナを巡っての強い弱いの関係があることは先に述べた。これら五つの家系のうち、姉妹と推定された二頭ともう一頭のオトナ・メス計三頭が、昨年から今年にかけて相次いで消失したが、消失時にかの女らのコドモのいずれもが観察群に残っていたから、三頭は死亡したものと推定される。

この五つの家系と群れの分裂との関係を見ると、キャンプに来る主群が三つの家系のサルたち、来ない分裂群が姉妹の家系ともうひとつの家系のサルたちで、しかも両群の家系のうちのひとつずつは、まだ餌づけ当時のオトナ・メスが生きていた。すなわち、群れは家系を単位として分裂したことが明らかになった（図3-44）。

例外的に、主群の家系に属する三歳のオス一頭が分裂群に入っている。おそらくそれは、分裂群には四歳と三歳のオス一頭ずつと二歳のオス二頭がいて、分裂前かれら四頭のオスとは仲の良い遊び友達であり、休息時にはほとんどの時間をかれらとの遊びに費やすほどだったから、家系より遊び友達を選んだのだと思われる。それに、この三歳のオスの母親は分裂の半年ほど前に死亡しているから、なおのこと分裂群と行動を共にしやすかったのだろう。

分裂以降、主群と分裂群とで個体の入れ替わりは全くない。そして、分裂群は主群や隣接する二群と遊動域を大幅に重複させせながらも、ドゥダ川右岸のキャンプより下流に広がる低地林（キャンプの

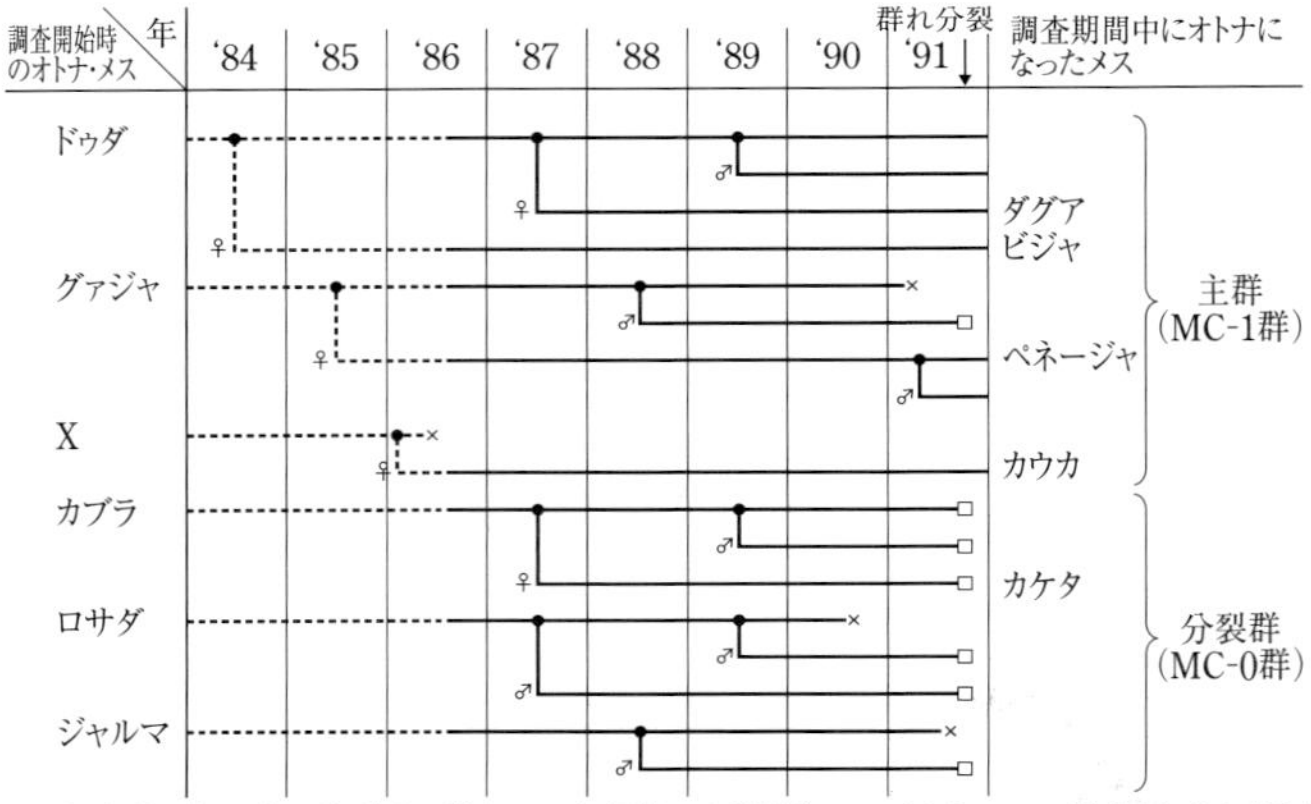

●：出産（'91年10月の分裂時に群れにいた個体のみ記載）　×：オトナ・メスの消失（おそらく死亡）
□：分裂群（MC-0群）へ　----：推定
注1：「ロサダ」と「ジャルマ」は姉妹の可能性大.
注2：若メスだった「ジャルマ」は調査開始翌年に出産しているので（図には記載なし），ここでは左欄のオトナ・メスの中に入れた.

図 3–44　観察群の分裂と家系との関係。

調査期間中に観察群は分裂した。分裂する前に3頭のオトナ・メス「グァジャ」、「ロサダ」、「ジャルマ」が相次いで消失（死亡と推定）したが、この3頭は、群れのオトナ・メス間ではもっとも疎遠で強弱関係もはっきりしていた「ドゥダ」と「カブラ」との仲を取りもつような存在だったから、3頭の消失が群れの分裂の引き金のひとつになったと思われる。しかも分裂は、仲の良くなかった「ドゥダ」の家系と「カブラ」の家系に分かれるという、ニホンザルなど母系の社会を持つ群れで普通に見られると同様に、メスの家系が核となって起きている。なお図には、主群（MC–1群）と分裂群（MC–0群）両方について、新しい中心オスや周辺オスは載せていないが、主群については図3–36（350頁）に示してある。

南東側）を中心に遊動域を確立した。ところで、分裂前まで群れの中心オスだった「チャムサ」と「ジェリス」はいったいどうしたのだろう。分裂後の主群にも分裂群にもこの二頭の姿はなかった。

分裂の直接の原因

数日後のことだ。分裂前の二番オス「ジェリス」が、上唇の右側と側頭部、腰の左側から大腿部にかけて、歯や骨が見えるほどの深い裂傷を負い、移動さえままならぬ無残な姿を晒して、よろけながら一頭だけでキャンプにやって来た。これだけの重傷を負っていれば、生き延びるのはとうてい無理だろう。情けないほど弱々しい泣きっ面をして、バナナ乞いをする（図3-45）。泣きっ面の際は口の両脇を引きつらせるが、そのとき右側上下の犬歯が折れているのがわかる。また、分裂前は周辺オスで、分裂後主群の一番オスになった「マルティン」にも、最初に餌台に戻って来たとき、太い尾の中央に尾がちぎれてしまいそうな深い裂傷と、上唇の左側に鼻孔に達する裂傷、ほかに右肩と左頬にも傷があって、鮮血が滴っていた。

かれら二頭のオスは、いずれも気性が激しく、喧嘩っ早い性格で、それでいて不思議と気が合うのか、これまでは餌台でも森でも一緒に行動することがしばしばだった。一方、分裂前の一番オス「チャムサ」はおっとりしたところもあるが、寛容で包容力の豊かなサルだった。この三頭のほか、分裂直前までの群れには、二年前とその年に加入した二頭の周辺オスがいた。キャンプに来ないサルを捜し回って二つの隣接群に出会った助手は、両方の群れで深手を負ったオトナ・オス（中心オスや周辺

図 3–45　大怪我を負い、よれよれの状態でキャンプに現れた「ジェリス」。

オス）を一頭も見なかったという。

　以上のことからの推理だが、群れが餌場から引き上げた日の午後か、キャンプに来なかった三日間のうちの最初の日かに、一番オス「チャムサ」と二番オス「ジェリス」か周辺オス「マルティン」との間で何か争いが起き、それに残りのどちらかが加わったことで、三者が興奮して大喧嘩に発展した。そして大喧嘩は「チャムサ」対二頭になり、三頭間で体格はそれほど違わないのに、「ジェリス」と「マルティン」の二頭は先に述べたほどの大怪我を負った。したがって、二頭を相手にした「チャムサ」はもっと深刻な痛手を負ったとしても不思議ではない。

　この大喧嘩で三頭ともが動けなくなり、一番回復の早かった「マルティン」が、四日目にキャンプを目指した。それに追随したのが三つの家系のサルである。残り二つの家系のサルは「チャムサ」のもとに留まったが、「チャムサ」はやがて息絶える。そこに、餌づけ当時観察群の三番オスでそのときはハナレザルの「ミトゥ」が現れ、残る二つの家系のうち今も生きている一頭のオトナ・メスが、当然「ミトゥ」と顔見知りのはずだからかれに追随し、かの女の家系と残りの家系のサルも行動を共にした。その結果、群れが分裂するにいたったのではないか。

一方、大喧嘩で瀕死の重傷を負った「ジェリス」は、主群の「マルティン」と分裂群の「ミトゥ」を注意深く避けて、よろけながらなんとかキャンプにたどり着いたということだろう。もし「チャムサ」が生きていれば、主群の「マルティン」や分裂群の「ミトゥ」よりはるかにキャンプや餌台に馴染み、メスやコドモからも頼りにされていたかれが、キャンプに姿を現さないはずはない。

大喧嘩の引き金

主群の一番オスになった「マルティン」は、餌づけ当初からの周辺オスで、三頭いた周辺オスのうち力量の差で二番目だった。そして、一番目の周辺オスとの優劣関係は分裂の五カ月ほど前に入れ替わった。そして、その頃から、「マルティン」の体格は目を見張るほど急速に大きく立派になっていき、中心オスと変わらないまでになった。それまで一番目の周辺オスだったオスは、優劣関係が入れ替わった一カ月余り後に群れを出た。

ところで、当時キャンプでニワトリを八羽放し飼いにしていたが、与える餌を巡って一番強いオスを食用に捕獲したとたん、それまでは痩せてとさかの色も白っぽかった二番目のオスが、数日のうちにみるみる体が大きくいかつくなり、とさかの色も深紅に変わって、立居振舞いも堂々としてきた。

このニワトリのオスの急速な変化を驚きをもって目撃した直後だったから、「マルティン」の体つきや行動の急激な変化を、私はサルもニワトリに似たところがあるのだと、ひとり合点したものだ。

周辺オスの一番目になった「マルティン」は気性の激しい性格だから、中心オスとよく小競り合いをしていたが、群れが分裂する五カ月前には、当時三頭いた中心オスの三番オスと大喧嘩し、ひるむことなく渡り合ったことがある。この三番オスは餌づけ当初から、一番オス「チャムサ」とは非常に親密な関係を保っていたが、「マルティン」との大喧嘩が原因か、その一カ月後には群れを出てしまった。先に推理した「チャムサ」対二頭のオス「ジェリス」と「マルティン」との死闘で、このオスがいなかったことが、「チャムサ」には決定的に不利に働いたと思われる。このオスがいれば、かれは「チャムサ」側に立ったに違いないからだ。

一方、メスの家系の強弱関係については、餌づけ当初からの生き残りのオトナ・メス二頭のうち、主群のオトナ・メスの家系の方が分裂群のオトナ・メスの家系より優位であり、分裂直前まで、このメスの家系や主群の残り二つの家系の全員がバナナを腹一杯食べ終わるまで、残りの弱い二家系のサルは餌台に下りることができなかった。家系間のこのような強弱関係の中で、残りの少ししかバナナを口にできない弱い二家系が分裂群を形成したのは、当然の成り行きだったかもしれない。

さらに、「マルティン」が「チャムサ」のような人望ならぬ〝猿望〟のあるサルではなく、分裂以前からメスとのトラブルも多く、両者の間に頼る頼られる関係が十分築き上げられていなかったということもまた、分裂の引き金になったのではないか。

群れの分裂にはいたらなかった事例

分裂後の主群の一番オス「マルティン」は、二年後には二番オスとなったが、それでも以後ずっと中心オスとして留まり続けた。その「マルティン」が分裂してから七年半後に群れを出た。相前後して、当時三頭いたオトナ・メスのうち、バナナを食べに一番最後にしか餌台に下りられないメスがかれに追随するようになった。かの女の一歳と四歳、六歳のオスのコドモ三頭も行動を共にした。そして翌年、このメスは新生児を連れ、先のコドモ三頭のうち年少の一頭と共に主群に戻ったが、もし「マルティン」がどこかに固有の遊動域を構えることができていれば、群れは再び分裂していたのかもしれない。なお、年長の二頭のコドモ、四歳と六歳のオスは、母親が群れに戻ったときはすでに親元を離れてハナレザルになっていた。

この分裂にいたらなかった事例と先の分裂した事例とから、群れの分裂は、家系間（オトナ・メス間）の強弱関係が群れの日常生活の中であからさまになることがまずあって、弱い家系のオトナ・メスが群れを出た中心オスや周辺オス、ないし顔見知りの屈強のハナレザルに追随するようになること、そして、そのオスとの間に頼る頼られる関係が成立すること、そのオスが固有の遊動域を確立することなどを通して成立するものと考えられる。また、家系間の強弱関係は、餌づけをすると餌のバナナを巡って顕在化するから、餌づけ群ではそうでない群れより分裂が起こりやすいといえるだろう。事実、隣接する2群（MC-2群、3群）では、一五年間で群れの分裂は観察されていない。なお「マ

図 3-46 ハナレザルとして森で出会った「マルティン」。古傷の跡が体じゅうにある。

ルティン」には、移出後もハナレザルとして出会っている（図3-46）。

余談だが、キャンプに放し飼いのニワトリで、ある乾季に一羽ずつ、みるみる顔やとさかから血の気が引いていき、痩せて、数日後には死んでしまうという珍事が続いた。悪いことに、当時助手がキャンプに不在で、私はニワトリに何が起こっているのか理解できないでいた。三羽目が死んだ直後に助手が戻ってきたのでその話をしたら、チスイコウモリが毎晩忍び寄っては血を吸っているからで、牧場のウシもよくやられると教えてくれた。蚊帳を吊らずにハンモックだけで森の中で寝ていると、人も吸われることがあるという。ということは、大喧嘩で深手を負い、弱り切って鮮血を滴らせていれば、たとえフサオマキザルの屈強のオスといえども、チスイコウモリの餌食になることだってあるのかもしれない。

負傷ザルはキャンプで傷を癒す

群れが分裂した数日後、当時まで二番オスだった「ジェリス」が瀕死の重傷を負い、よろけながらキャンプに来たことはすでに述べた。衰弱し、傷もあまりに痛々しかったので、私は念のためキャンプの周囲をぐるっと回って群れが近くにいないことを確かめてから、皮が黒く変色して柔らかいバナナを二本、手に持って差し出した。かれはこれまで、人の手から餌を受け取るのを頑に拒否してきたサルである。それが、なんの抵抗もためらいも見せず、すうっと近づいてきて左手を突き出し、二本を一緒にわしづかみした。体力だけでなく、私を威嚇するだけの気力すら残っていないのだ。それからのそりと危なっかしく動き、そこだけうす暗い近くの藪に潜り込む。私がバナナをやる前にキャンプの周囲を見回ったのは、バナナをもらうかれを群れのサルが目敏く見つけ、一方的に攻撃してくる可能性があるからだ。

「ジェリス」はその日から、キャンプのすぐ近くの藪のどこかに一日中ひっそりと身を隠していた。というのは、いつ私がホエザルの調査から戻っても、群れが来ていないときは、食堂脇の同じ木にどこからともなくすうっとやって来ては、私を淋しげで哀しげな眼差しで見続けるからだ。

そして五日が経過する。自然の治癒力とは本当に恐ろしいものだ。私はこれまでにも多くの野生動物で具体例を見てきたが、このオスのあれほどだった傷も、今は、上唇の傷は大きく裂けたままで縁取りが完了し、側頭部の傷は剝がされた皮膚が落ちて大きな黒いかさぶたができている。腰から大腿部にかけての裂傷は塞がり、もう左足を引きずって歩くようなこともない。その後さらに二日続けてやって来たのを最後に、かれはキャンプから姿を消した。

「ジェリス」にはそれからしばらくして、ハナレザルとして元気にしているのを森で一度見かけている。分裂群がキャンプに初めてやって来たのは、分裂してから一年二カ月後のことだ。群れの構員に変化がないかを確認したくて、私はバナナを輪切りにして餌台に置く。真っ先に、たくましい大柄なオスが脇の木から駆け下りて来る。えっ、お前か。私の心に驚きと懐かしさが交錯する。瀕死の重傷を負ったあの「ジェリス」が、いつの間にか分裂群の一番オスになっていたのだ。

「ジェリス」と同じように、キャンプを傷を癒す〝療養所〟のように使ったオトナ・オスが、例の「マルティン」ともう一頭いる。合計三頭のいずれも、一週間前後で普段の生活に戻っていった。

私はかれらの観察を通して、改めて野生動物の持つ治癒力のすごさを、まざまざと見せつけられた思いがした。と同時に、ヒトはいったい進化のいつの段階で、この力を失ったのかを考えざるをえなかった。私たち人間は知力と経験とで、病気を治すさまざまな工夫を積み重ねてきた。そして、現在見るような信じがたいほどの医薬品や医療技術にたどり着くのだが、本当にそれは人間にとって良かったことなのだろうか。

もう一方で私は、キャンプが傷ついたかれらに、信用のおける〝療養所〟として認識されていることに、まんざらでもない気持にもなったものだ。

図 3–47　コドモは 2 歳を過ぎても母親に甘えて、移動時に背負ってもらうことがよくある。

メスは群れを出るか

一五年間の継続調査中に、餌づけ当初オトナ・メスだった四頭と、翌年出産してオトナ・メスになった姉妹と推定された妹の方の一頭を合わせ、五頭全員が群れから消失した。うち一頭は消失する少し前から病気を患っていたと思われるが、痩せ細って動きも緩慢になっていたから、死亡したに違いない。もう一頭は分裂群に入ったので、その後の追跡調査は十分でないが、森で二年後に出会ったときにはかの女はおらず、かの女の幼子が残っていたことから死亡したものと推定される。

残りの三頭のいずれもは、消失時に幼子や三歳までの年少のコドモを一頭か二頭持っていて、それら幼個体は母親が消失したあとも群れに残った。森での日常生活でも、餌台のバナナを巡っても観察される母子の絆の強さからは、幼個体を残して母親だけが群れを出て、ハナレザルになったり他群へ加入するなどということはとうてい考えられない（図3―47）。また、隣接する二群では、観察群を出たオスの加入を六頭確認できた。しかし、その二群は観察群の分裂後から、ときにキャンプに来て餌台からバナナを食べるようになったが、その中に一度も観察群のメスの姿はなかった。これらのことから、残りの三頭もやはり死亡したものと推定される。

餌づけ前に生まれたメスのコドモ三頭と餌づけの翌年生まれたメスのコドモ二頭の計五頭のメスのうち三頭は、群れの中で性成熟し、交尾し、それぞれ四頭ないし五頭出産して、調査終了時点でも健在だった。一頭は母親と共に分裂群に入ったが、そこで最低二頭は出産し、調査終了時点でも分裂群にいた。残り一頭は先に述べた餌づけ当初の孤児で、二頭を出産したあと消失したが、ほかの四頭と比べて体がひとまわりは小さく弱々しいサルだったから、このメスの群れからの消失も死亡と推測される（図3―38参照。三五八頁）。

逆の、メスの群れ加入に関しては、一五年間で、群れに接近したり、追随したり、一時的でも加入する見知らぬメスはただの一頭もいなかった。メスのハナレザルも見たことがない。次に述べるが、群れの遊動域も一五年間ほとんど変化なく継承されている。すなわち、フサオマキザルは複雄群であり、オスが群れを移出入し、メスは群れを出ない母系の社会を持つことは明白である。

これまで新世界ザルには、アジア・アフリカに棲む狭鼻猿類のうちでも、ニホンザルなどオナガザル科の多くのサルに共通する母系の社会を持つ種はいないとされてきたし、伊谷博士も新世界ザルに母系の社会の存在を認めていない。しかし、フサオマキザルの継続調査でやっと、かれらが母系の社会を持つことが確かめられたわけだ。ホエザルについてもそうだが、たった一種でも通時的社会構造を明らかにするのに非常に長い年月を必要とするのは、サル類が一般に長生きする動物である以上、当然のことだろう。

群れ間の関係

観察群（MC-1群）の遊動域は、隣接する二群（MC-2群、3群）と大幅に重複していたし（図3-48）、観察群が分裂してからは、分裂群（MC-0群）の遊動域もそれらと大幅に重なった。また、餌づけ当初からしばらくは、キャンプ周辺とキャンプの北西側にある小さい川までの〇・〇三平方キロメートルほどは、観察群のみが利用する地域（占有域）だったが、隣接する二群や分裂群が餌台にバナナを求めてやって来るようになった一九九二年以降は、どの群れもが利用する地域になった。

これら分裂群を含めて四群のうち二群が森で出会うことがある。そのとき、両群の間で激しく闘うような場面は一度も観察されていない。争うどころか、二群のサルたちが一帯に広がって、見通しの悪いきたない森ということもあったが、どこに群れの境目があるのか判然としないことが多かった。そのような状態のままで二時間、三時間と採食しながら移動を共にすることすらあった。

キャンプの餌台に、初めて二群がひと続きの行列をなしてやって来たときには、餌台の脇で観察していた私は、そのようなことを全く予期していなかったから、完全に混乱をきたしてしまった。まず、観察群の弱い家系のサルたちが食べ終わるか終わらないうちに、三頭もの大柄な見知らぬオスが交代

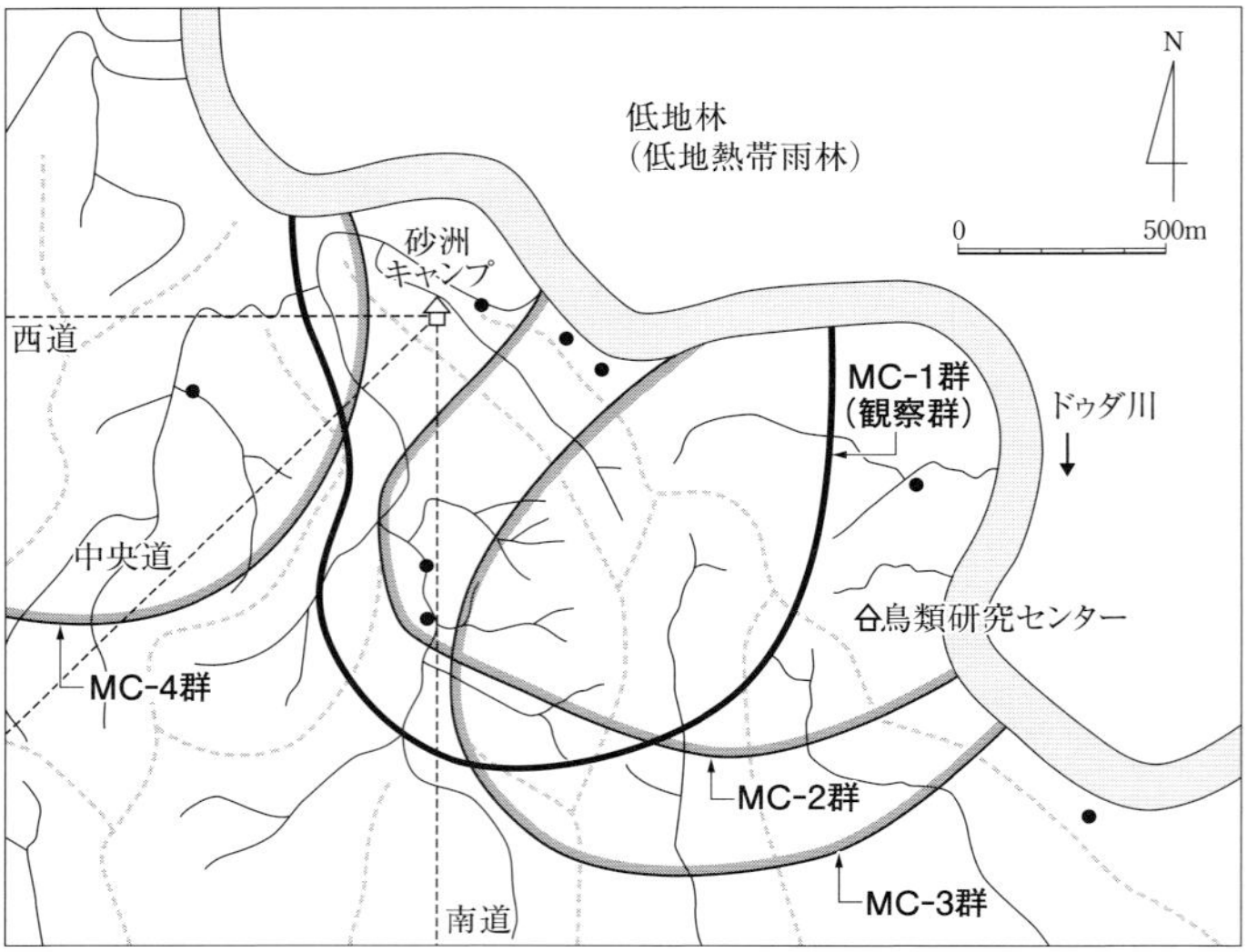

図 3–48　キャンプ一円に生息するフサオマキザルの群れの遊動域（1986–1988）。

で餌台に下りて来た。私は観察群の追随オスかハナレザルと思い、三頭も一緒にバナナを食べに来るとは珍しいなと思いつつ、記録をとっていた。そうしたら、続いてメスやコドモが大慌てで餌台へ駆け下り、バナナを取って行った。一瞬のことで誰と誰かはわからなかったが、つい先ほどまでとうって変わって緊張しているのは、見知らぬオスが三頭も餌台に来ているからだと、また誤って判断した。そうこうしているうちにアカンボウもやって来る。餌台の中央にちょこなんと座って、私に顔の正面を見せてくれる。えっ、誰だこいつは、といった具合に混乱をきたしたのである。実際は、大柄なオス三頭が来た以降に餌台を利用したのはすべて隣接群のサルで、大柄なオス三頭はその群れの中心オスだったのだ。

二群がこのような形で餌台にやって来たのを、私はその後何回か観察した。それらの観察で、群れ間に餌台のバナナを巡る優劣が辛うじて見られはしたが、むしろ、サルたちが連続して、まるでひとつの群れのように、優劣関係が顕在化しがちな餌台にやって来ること自体の方に、フサオマキザルの群間関係が如実に現れているといえる。また、四群の遊動域の重複程度は調査を終了した二〇〇一年の時点では九〇パーセントを超えていた。

ところがそうでない群間関係もある。キャノピーの葉の生い茂りで空からは見えない小川やその支流が、調査地の中央を南や南西から東や北東方向へと流れている。キャンプから北西に四〇〇メートルほど歩くとこの小川の最下流部にぶつかる。そこでの川幅は四メートルほどだ。そして、観察群を含む三群（分裂してからは四群）は、この小川を越えてさらに西や北西へはめったに移動していかない。一方、小川の向こう側には、別の二群ないし三群がいて、どの群れも私と遭遇するやいなや、ヒヒヒヒッと警戒の鋭い音声を発し、一目散に逃げ去ってしまうのが常だった。この二〜三群と、小川のこちら側にいる四群の遊動域との重複は少なく、小川のもっとも下流に棲むこちら側の観察群と向こう側の群れの遊動域の重複程度は、それぞれの遊動域のほんの数パーセントである。

小川のこちら側の四群と向こう側の二〜三群とは、たがいが見えるほどの位置まで近づくのはまれではないかと思われる。私は向こう側の群れに出会ったとき、観察群を出たオスが加入しているかもしれないと思って、ホーイといくら呼んでも、群れの逃げ足が速いせいもあって、私の方へやって来るオスは一頭もいなかった。このようなことから、調査地には小川をおおよその境にして、複数の群れが遊動域を大幅に重複させながら集中して存在している実態（「群れの集中」と呼ぶ）のあることがわかる。

私が一五年間追ったフサオマキザルの社会のあり方は、以上述べた通りである。この調査と、同時進行で行った前章のホエザルの調査は、私の長いフィールドワークの中でも非常に感慨深く、心身ともに燃えた調査だった。

4　フサオマキザルの周辺

フサオマキザルの仲間

フサオマキザルは一般的な分類ではオマキザル亜科オマキザル属の一種であり、ほかに三種がいる（表3-1）。そしてこれまで、分布や生態や行動について、これら四種の一種ずつが対等に扱われてきた。しかし私は、フサオマキザルと、ほかの三種をひとまとめにしたものとが対等に扱われるべきだと考えている。

まず体つきからして、フサオマキザルは筋肉質でいかついのに対し、ほかの三種は共通して細身で胴が長く、体の大きさも幾分小さい。それに、フサオマキザルではオスとメスで体の大きさに性差が

表 3–1 オマキザルの仲間の一般的な分類と分布域（北から順に配列）。

亜科	属	種	分布域
オマキザル亜科	オマキザル属	ノドジロオマキザル	中米ホンジュラスから、コロンビアとエクアドルの太平洋に面した地域
		シロガオオマキザル	ベネズエラ、コロンビア、エクアドル、ペルー北部、ブラジル北西部、トリニダード
		ナキガオオマキザル	ガイアナ、スリナム、ブラジル北部、ベネズエラ、コロンビア北部
		フサオマキザル	アマゾン川全流域を含むアンデス山脈の東側からブラジル南東部の森林地帯

著しいのに、ほかの三種ではそれほどでもない。

分布域を見ても、ほかの三種は生息域を異にしていて、三種のどれをとっても、ほかの二種と同所的に生息している地域はない。一方フサオマキザルは、中米に分布するノドジロオマキザルを別にして、ほかの二種とは南米北部や西部で同所的に生息するし、その二種の分布域をはるかに超えてブラジル南東部の森林地帯や高原地帯、パラグアイ川上流域までのきわめて広域に分布し、分布域の広さは、ホエザル属のすべてのサルを合わせた広さにほぼ匹敵する。

オマキザル四種の生態とすみわけ

私が一九七〇年代に集中調査したペネージャ調査地には、フサオマキザルとシロガオオマキザルの二種が同所的に生息していた。しかし、両者は川沿いのきたない森と内陸部のきれいな森にすみわけていて、同じ場所で両者を同時に見たことは一度もない。一方、マカレナ調査地にはフサオマキザルしかいなかったが、流域住民の誰に聞いても、シロガオオマキザルは内陸部のきれいな森に棲むといった。

両者は雑食性で、熟れた果実を食べるのは同じだが、果実より好む

図 3-49　パナマのバロコロラド島で観察したノドジロオマキザル。きれいな森の住人で、体つきや行動はシロガオオマキザルとよく似ていた。

昆虫や小動物を探す場所を異にしている。フサオマキザルがカエルや昆虫など、タケ林や藪で多種類の動物を食べていることはすでに述べたが、シロガオオマキザルは主に地上に下りてそれらを物色する。私はペネージャ調査地の、川から三キロメートルも奥に入ったきれいな森で、一九七三年の乾季に、シロガオオマキザルの何頭もが地上でしきりに何かを探す、新世界ザルではそれまで見たことのなかった光景に目を奪われた経験がある。その後、中米パナマのバロコロラド島で、私は地上で昆虫などを採食するノドジロオマキザルを観察した（図3-49）。また、中米コスタリカに棲むノドジロオマキザルは、しばしばアカハナグマのコドモや地上性のトカゲ類を捕まえて食べるという報告もある。おそらくきれいな森では、樹上で昆虫や小動物を発見したり捕まえるのが困難だからだろう。

一九七〇年代にアマゾン川上流域で広域調査を繰

り返していたとき、カヌーから川岸の樹々で見かけるのはきまってフサオマキザルで、シロガオオマキザルを目撃したことは一度もない。また、マカレナ調査地ではフサオマキザルの群れがいくつも遊動域を重複させて高密度に生息していたが、ペネージャ調査地でそうでなかったのは、そこが起伏の乏しい低地熱帯雨林であり、マカレナ調査地ほどきたない森が広面積に見られないからだろう。

さらに、両者では群れサイズも異なる。ペネージャ調査地のシロガオオマキザルの一群は、オトナのオスとメスが複数頭いる二八頭だった。中米パナマのバロコロラド島に棲むノドジロオマキザル二群も複雄複雌群で、個体数は二六頭と三三頭だった。一方、ペネージャ調査地やマカレナ調査地のフサオマキザルは一〇頭から二〇頭までの群れサイズで、他のオマキザルよりは小さく、マカレナ調査地で餌づけして長期調査した観察群は、一五年間で一一頭から二二頭の間で個体数の増減を繰り返し、最大の二二頭になった直後に分裂した。

賢さの違い

フサオマキザルの賢さについてはすでに述べたが、ほかの三種も、地上ですばしこい小動物を捕獲するには、小動物の生態や行動を読み切る、それ相当の知的能力を必要とするだろう。しかし、マカレナ調査地で観察されたヤシの実を割る道具使用と呼びうる行動や、ブラジル高原でヤシの実を石を道具に使って割る行動のような知的行動は、ほかの三種では知られていない。

このように、フサオマキザルとほかの三種では、生態や行動がずいぶん異なることがわかる。だから私は、四種を対等にでなく、ほかの三種をひとまとめにして、それとフサオマキザルとを対置させる方がオマキザル属のサルについての正しい認識だとずっと考えてきたし、そうすることで、この属の熱帯雨林での進化の道筋もおのずから見えてくるはずである。両者のすみわけを通した系統進化に関しては最終章で考察する。

それにしても、同じ祖先を持つフサオマキザルとほかの三種で、知的行動にこれほどまでの差がついたのはどうしてだろう。それは、フサオマキザルがきたない森を好んで利用することと密接に関係しているように、私には思えてならない。きれいな森に比べ、きたない森の方が植物相から見てはるかに多様性に富んでいる。そうであれば、動物相もまた多様性に富むことになる。比喩的にいえば、東日本の奥山に見られるブナ林やナラ林などのきれいな天然林と、放置されたまま、手入れのされていないきたない里山の雑木林との違いだ。このように、生息環境が多種多様であれば、それだけ知的にも刺激を多く受けることになるから、すみわけを通してそこに生きる道を定めたフサオマキザルにとって、ほかの三種より知的能力が磨かれていったのは自然のなりゆきではなかっただろうか。

フサオマキザルの分類について

ところで、最近の分子生物学的研究によって、フサオマキザルの遺伝的変異がかなり詳しく調べられ、地域ごとの変異（遺伝的距離）が大きいことから、いくつかの種に新しく分類し直した方がいいとか、亜種をもっと増やすべきだとかが議論されている。しかし、私のように野生状態での生態や行

表 3–2　リスザルの仲間の一般的な分類と分布域（分布域の北から順に配列）。

亜科	属	種	分布域
リスザル亜科	リスザル属	セアカリスザル	中米コスタリカとパナマの国境地帯のごく狭い地域
		コモンリスザル	アマゾン本流左岸の上流域から下流域までの広域、および本流右岸の下流域
		ボリビアリスザル	アマゾン本流右岸の上〜中流域
		マデイラリスザル	アマゾン本流右岸の中〜下流域

動や社会構造、すなわちかれらの「生きざま」を、かれらの生まれ故郷の森へ分け入ってつぶさに研究する者にとっては、フサオマキザルがいくつもの亜種に細かく分類されようと、新たにいくつかの種に独立させようと、そのような議論をことさら重要視する気にはなれない。遺伝的変異の大きさでたとえ分類学上の変更が生じても、それは単なる地理的隔離の結果であり、これまでフサオマキザルとして述べてきた、ほかの三種とすみわけを通して種分化した際に獲得した生きざまは、基本的には何も変わることがないからである。

リスザルの調査

新世界ザルの中で、オマキザル属に系統的に一番近いといわれているのがリスザル属のサルたちである（表3-2）。そのうち、私が主に調査したアマゾン川上流域一帯に、フサオマキザルの分布域と重なるように広域に生息するのがコモンリスザルである。コモンリスザルは、人工衛星に乗って人類より先に宇宙空間を旅しているし、日本では動物園で見られるだけでなくペットショップでも普通に売られているから、フサオマキザルに比べたらずっと私たちには馴染みのあるサルだ

図 3–50　葉を一枚一枚ひっくり返しては丹念に昆虫の幼虫や蛹を探すコモンリスザル。

(図3–50)。

一九七一年の最初のアマゾン調査では、プトマヨ川流域で簡単には良好な調査地が見つからず、たまたま住民が放棄して間もない、まだ使える廃屋があったので、そこに寝泊りしてコモンリスザル（以下、リスザルと略す）を調査したことがある。人に対する警戒心がそれほど強くなく、一週間滞在して、うち三日は数時間ついて歩けた。頭上の枝をチッチッチッチッとせわしげに鳴き交わしながら一列で移動するときを狙って繰り返し数え、二一頭の群れであることもわかった。

リスザルは体つきがほっそりした胴長のサルで、体重は一キログラムに満たないほど小さい。体毛は短く、色は背中側が灰色がかり四肢は明るい黄色をしているからよく目立つ。また、顔が白い毛で覆われていて口と目のまわりだけが丸く黒いから、愛嬌のある顔に見える。しかし、いざ森で追う段になると大変だ。動きがじつに速いし、めったなことでは立ち止まらない。

しかも、性別は外部性器の違いでわかるが、年齢は体の大きさで大、中、小に辛うじて分けられるくらいだ。ほかにはどこにも個体ごとの違いが見出せない。私はこの群れを追いながら、たった二一頭でも個体識別するのはとうてい無理だと思った。それに、藪くぐりの連続なのも、まだ観察路のない森歩きに慣れていない当時は辛かった。ただ、アマゾンに来て最初に追ったサルとして、私にとっては愛着がある。

このサルは、その後の広域調査では、大河の岸辺で、ほかのどのサルよりも頻繁に見かけた。それも、民家が近くにある蔦の絡みついた藪状の森が多かった。走るカヌーからの観察だから十分とはいえないが、それでもひとつの群れで三〇頭、四〇頭と数えられた。民家から離れるにつれ目撃する頻度はかなり減るが、それに反比例するように、群れサイズは大きくなり、一度は荒っぽい数え方だったが、おそらく一〇〇頭を超えていたと思われる大きな群れにも出会っている。そのときは、川岸の緑の壁一面に、鮮やかな無数の黄色い点が踊っているようで、単調な大河の旅の風景の中では鮮烈な一コマだった。

また、川旅での度重なる出会いで、私はリスザルの群れにフサオマキザルの何頭かが混じっているのをよく見かけた。両者の関係はどうなっているのか。岸辺には現地でグアモと呼ばれるマメ科インガ属の低木が密生していることが多いが、グアモが実をつける季節に両者が一緒にいるのをよく見かけるから、これら二種の混群は、新世界ザルと旧世界ザルとを問わず樹上性のサル類で普通に見られる、単に採食樹に集まるだけの混群と同じなのだろうか。

餌台を巡るフサオマキザルとリスザルの関係

マカレナ調査地にもリスザルはいた。捕まえて体のどこかに印でも付けないかぎり、このサルの個体識別は無理だとわかっていたから、継続して調査する対象に選ぶつもりは初めからなかった。だが幸いなことにフサオマキザルが餌づいてくれたので、フサオマキザルを通してリスザルを見ることはできるだろう。そうすることはとりもなおさず、両者が混群を作っているときの状況を観察することにもなるわけだ。

キャンプ脇の餌台に輪切りバナナを置き始めてから少しして、リスザルもフサオマキザルと一緒にキャンプに現れるようになった。最初は群れのほぼ全員と思われる四〇~五〇頭のリスザルが、餌台を取り囲む樹々で立ち止まり、しばらくフサオマキザルのバナナ食いの様子をうかがってから、フサオマキザルが食べ終わる前に、さらに先へと移動していった。二回目は群れの半数ぐらいのサルがそうして、残りの半数は立ち止まらずに先へ行った。三回目は半数より少ない数のサルが立ち止まり、先の二回と同様に餌台を眺めていたが、一頭のオスが餌台の脇の木伝いに餌台に下り始めた。そして餌台まであと三メートルほどの所まで来たとき、フサオマキザルの中心オス一頭と周辺オス二頭に猛然と追われた。それをきっかけに、周囲にいたリスザルも餌台の周囲から引き上げた。

このことがあって以降、相変わらずキャンプまでは一緒に来るのだが、リルザルは餌台の近くで立ち止まることがなくなった。それだけでなく、その後リスザルだけがキャンプの脇を通過して行くことがあって、餌台にバナナが少々残っていても、餌台に下りようとするサルは一頭も現れなかった。

おそらくかれらは、熟れたバナナの味をまだ知らないのだろう。また、森では見たことのない建造物の餌台が、フサオマキザルにとってきわめて特殊な場所であることを、たった一頭が一回攻撃されただけで理解したに違いない。ということは、リスザルは混群を作っているとき、フサオマキザルからこのような激しい攻撃を受けることがないから、かれらにとって強烈な印象として脳裏に深く刻み込まれたということなのだろうか。のちに、一頭のオトナ・オスが三日間観察群と行動を共にし続け、一緒にキャンプに五回来たが、フサオマキザルの全員が食べ終わっても、かれは餌台に下りる気配を全く示さなかった。

マカレナ調査地のリスザル

私はリスザルの群れの頭数が知りたくて、かれらの移動ルートになっている餌台の裏手の藪を、二メートルほどの幅で真っすぐに切り払い、そこを横切るかれらを数えることにした。一〇日ほどしてリスザルだけがやって来た。横切ったのは五三頭で、オスもメスもいた。そのとき、私の唯一の識別個体、左目が白内障か何かで白濁した人馴れしたオスがいたから、これまでキャンプに来ていた群れと同一なことが確かめられた（図3–51）。以後の調査で、森でリスザルの群れに出会ったとき、このオスを群れの中に見つけることでキャンプに来る群れかどうかが判定でき、ずいぶんと助けられた。キャンプに来る群れの個体数は調査期間中に四一頭から五六頭の間で増減した。

図 3–51　キャンプに来るリスザルの群れで唯一個体識別できた左目の白濁したオトナ・オス。

リスザルの群れの社会構造はフサオマキザルの調査ついでの観察だから詳細はわからなかったが、左目が白濁したオスに助けられてわかったことがある。ひとつは、先に述べたフサオマキザルの、小川のこちら側にある群れが集中して存在している地域とちょうど遊動域が重なるように、リスザルの二群が生息していること。もうひとつは、その地域のフサオマキザル四群のどれとも、二群のリスザルのどちらもが混群を作ること。さらにリスザル二群の遊動域は、フサオマキザルの群れと同様たがいに大幅に重複していることである。

一方で、生後間もないアカンボウを背中にしがみつかせたオトナ・メスにコドモが加わった二〇〜三〇頭の集団がキャンプに来たり、先に述べたように一頭のオトナ・オスだけがフサオマキザルに混じって三日間キャンプに来たりもした。

リスザルには、フサオマキザルよりはっきりした出産期があって、それは乾季の終わりの二月から三月にかけてだった。そして、出産期には一時的にアカンボウを持ったメスだけの集団が形成されるのかもしれないし、オスは群れを出てハナレザルになるのかもしれない。詳しく調べれば、ホエザルやフサオマキザルの基本的単位集団（群れ）で見た、それぞれの種に固有の通時的社会構造がリスザルでも明らかになるに違いないが、個体識別がとても無理で、そこまでやる気力はついにわかなかった。

採食時の混群

キャンプにリスザルとフサオマキザルが一緒に来ると、リスザルはバナナを食べないのに、その日の朝だけでなく夕方も、次の朝も続けてフサオマキザルと一緒に来ることがある。二日半、早朝と夕方に五回連続してキャンプに来たこともあった（図3-52）。両者の混群はこれくらいは長続きするということだ。

両者が日常どのように一緒に過ごしているか、何回か調査したことがある。その結果は、二日以上混群の状態でいたのは、川沿いのきたない森に集中して生育するマメ科インガ属のグアモやクワ科セクロピア属のジャルモ、同じクワ科ポウロウマ属のウボなどが、果実を稔らせる時期と重なり、リスザルはフサオマキザルがいてもいなくても、決まったルートを、凝集したかたまりを作って、それらの熟れた実を採食しながら移動していた。一方フサオマキザルは、熟れた果実を食べたり、急速な移動をするときは一緒だが、虫探しを始めると群れは広がり、一頭一頭が勝手に行動し始める。そして、

図 3–52　フサオマキザル（左）とリスザル（右寄りの下方）の混群。

リスザルが移動した後を追いかけることが多い。その際、昆虫や小動物探しでフサオマキザルがリスザルから遠く離れてしまわないのは、果実がいっぱいに稔ると、そこへフサオマキザルが狙う獲物も集まって来ていて、遠くへ行かなくても、それらの木の近くで簡単に捕まえられるからだろう。

こうした観察からは、一緒に行動することに積極的なのはフサオマキザルで、リスザルはかれらがいてもいなくても関係ないという感じを受ける。まれに、リスザルの一頭のハナレザルが積極的にフサオマキザルについて移動することがありはしたが。

なお、両者が求める前述の果実は、それらが稔る時期には無限といっていいほど川沿いのきたない森にあるから、両者間に厳しい競合関係など生まれようがない。果実食いの哺乳類や鳥類もそこに沢山集まって来る。

熟れた果実のある所から離れた藪で、両者が一緒にいて、同時に虫探しをしているのを観察すると、両者で狙っている虫が異なることがわかる。フサオマキザルは明らかに大物狙いで、一匹でも捕まえられれば満足というか上出来という探し方であり、リスザルは葉の裏にひっそり隠れている小さな虫や、葉の裏に付いている虫の卵や幼虫や蛹を専門に探している。飛び立ったり跳ねた虫を、思い切りよく跳躍して捕まえることもある。フサオマキザルは幼子を除いて、小さい葉の裏側などをいちいちひっくり返して調べるようなことはしないし、飛んでいる虫を跳びついて捕まえることもしない。このように、藪での虫探しで、狙う虫を異にするというすみわけの一種の食いわけが、両者の間でしっかりできているのだ。

ここでひとつ断っておきたいのは、マメ科インガ属のグアモの〝果実〟と述べたが、インガ属の実は、外見上は日本のフジの実や食用の枝豆などと同じで、細長い莢《さや》の中に種子が横一列に数個並んで収まっている。フサオマキザルやリスザルはこの種子（豆）を食べるのではない。実が熟れると、莢の中に種子を取り囲んで白くてふわふわした綿菓子のようなものがびっしりと付く。この部分が、普通の植物の実では果肉にあたり、人が食べても甘い。それをかれらは食べるのである。種類が多いインガ属の中には、莢の長さが三〇センチメートル以上になるものもあり果肉も実入りがいいので、それはアマゾンの片田舎の店先で売られている。

休息時の混群

両者は採食や移動のときに混群を作っていると、そのあとの休息時も混群のままでいる。

休息する際には、両者は、葉がよく茂り蔦が縦横に絡みついた木の中へ一緒に潜り込む。潜り込んでからは、リスザルは数は多いが、不思議に一頭一頭が別々に、フサオマキザルは数頭ずつがかたまって休む。そのようなとき、フサオマキザルの二～三歳のコドモがリスザルと、尾だけで枝にぶら下がってじゃれ合ったり、枝から落としっこのようなことをしてよく遊ぶ。とくにフサオマキザルの群れに同じ年頃の仲間がいないときは、コドモはリスザルと一緒にいるのが楽しくて仕方ないといった風情で、誰彼となくリスザルを遊びに誘う。

乾季も終盤になると、湿気の多いきたない森の林床もすっかり乾く。そうすると、フサオマキザルのコドモはリスザルを誘うようにして地面に下り、リスザルがついて来ると、両者は、ニホンザルなど地上性のサルでは普通に見られる取っ組み合いのじゃれ合いや追いかけっこを、落葉を踏み鳴らしながら夢中になってやる。

このような遊びは別にして、休息時でひとつ、私が気になったのは、フサオマキザルのオトナが、まだ小さいリスザルのアカンボウやコドモを捕らえて食べることはないかという点である。中心オスが腕を伸ばせば届くほど近くで、アカンボウを持ったリスザルが休息しているのを、私は何回も見ているからだ。ネズミや、コドモのアグーチやアマゾンオオアカリス、独り立ちした地上性の若鳥でも捕まえられるかれらの能力をもってすれば、しかも、肉を好む味覚を持ったかれらにすれば、頃合いを見計らって母親の背中にしがみつく幼子をわしづかみして捕らえるなど、ごくたやすいに違いない。しかし、そのような行動をフサオマキザルがとったことはないし、アカンボウを持ったリスザルも、フサオマキザルの大柄なオスが近くにいても、警戒する素振りなど見せたことがない。

きっとフサオマキザルは、餌台へ下りようとしたリスザルや藪にいたオリンゴに対してのように、気に食わないと威したり追いかけ回すことはあっても、捕まえて食べようとしない小型の哺乳類と、ネズミやアマゾンオオアカリスのような小型の哺乳類や鳥の雛や若鳥のように好物にしている動物とを、はっきり区別して認識しているに違いない。

混群を作るわけ

森では、両者が最長三日間連続して一緒に行動するのを観察している。ではどうして、サル類ではほかに例を見ない、全体でひとつの群れといっていいほどよくまとまった混群を、かれらは作るのだろう。

雑食性のサルである両者が、熟れた果実を求めて、きたない森の採食樹を共にするのはわかる。採食樹で混群の状態になるのは、他の新世界ザルでも樹上性の狭鼻猿類でもけっして珍しいことではない。しかし、フサオマキザルとリスザルの両者はそれだけでなく、移動も休息も夜の泊まりもすべて一緒に行い、それを長いと三日も継続させるのだ。そのうえ、採食樹での混群は、普通は体の大きさがそれほどには違わない二種とか三種の間で見られるものなのだが、フサオマキザルとリスザルとではオトナで三倍ほどの違いがあり、腕力を比べたら一〇倍以上違うだろう。

混群を作る理由は、一般には次のように説明される。すなわち、アフリカのサバンナに見られるシマウマやレイヨウ類など複数の種による大集団を例に、あたりに注意を払う目の数が多ければ多いほど捕食者の接近をいち早く察知でき、襲われる危険を減らすことができるし、沢山の数でいることで捕食者の狙いを一頭に絞り難くもでき、数が多いから実際襲われるにしても自分が襲われる確率はずっと減少する。このように、混群になるのは混群を作っているどの種のどの個体にとっても生存上有利だからという説明である。

ここで捕食者という観点から見てみると、フサオマキザルとリスザルでは、日常生活の中で危険が多いのはリスザルの方である。私は一回はオオギワシが、一回はカンムリオオギワシが、一回はアカエリクマタカがリスザルを襲い、わしづかみにして飛び去るのを目撃している。このような空からの襲撃に対し、より多くの目が必要なら、リスザルの方がむしろ積極的にフサオマキザルと混群を作ろうとしなければおかしい。一方フサオマキザルにとっては、体色が目立つ明るい灰色と黄色で、樹々の枝先を激しく動き回るリスザルと一緒にいれば、それだけ空から発見される危険が増すわけで、できるだけ混群を作らず、空からは見えない藪の中で食物を漁っている方が得策だろう。実際、リスザルは空からの襲撃を度々受けているからだろうが、鳥の種類を問わず、どんな小さな羽音に対してもフサオマキザルよりはるかに過敏な反応をする。

捕食者として、オセロットやマーゲィなど木登り上手な小型のネコ科の動物を想定すると、日中かれらは藪の茂みに身を潜めていることが多い。そのような捕食者をいち早く発見するのに、リスザルはフサオマキザルの並外れた眼力に頼れば少しは有利になるかもしれないが、フサオマキザルにとっては、リスザルと一緒にいてもいなくてもほとんど関係ないはずだ。

リスザルとフサオマキザルが混群を作るのは、たがいに相手からなんらかの利益を得るためといった、そんな世知辛い話ではどうもなさそうだ。混群を観察していると、どちらもが自由気ままに振舞いながらも、相手の生態や行動などをたがいに十分わきまえたうえで、相手の存在を認め合い、しかも同所的に生息するほかのサル類とは明確に区別して、たがいを仲間と認識しているのではないかとさえ私には思える。

リスザルは表情に変化が乏しいから、かれらの感情はよくわからないが、少なくともフサオマキザルは、藪での虫探しも、リスザルと一緒にいるときの方が、リスザルのせわしない動きにつられて動くという側面もあるかもしれないが、フサオマキザルだけのときと比べ、より活発に動き回っているように私には見えるし、フサオマキザルのコドモのリスザルとの遊びを除いても、フサオマキザルがリスザルと一緒にいることを楽しんでいる雰囲気が私には伝わってくる。

混群について、やれ有利だ不利だと、わかったような説明をつけて一件落着させてしまうのも勝手である。しかし、フサオマキザルとリスザルの仲間づき合いは、両者がきたない森を、食物を含め生きざまを異にしながらも、共に利用し共に生きてきた長い地質年代学的な時間幅を通して培われた、損得をかけ離れたかれらだけに特別な結びつきだと、私は考えている。多様性に富んだ熱帯雨林では、生物の二種が特別な関係を結び、楽をして悠々と生きている例を、この両者にかぎらず、調べればいくつも見つかるはずだ。

フサオマキザルとリスザルの混群が形成されるとき、両者間には相手の様子をうかがったり、緊張したり、そわそわするといった、それまでと変わった行動は何も見られない。たとえていえば、浸水林で普通に見られる、二つの水の流れが波や泡や音ひとつ立てずに合流するかのように、ごくすんなりと混り合う。同様に、混群が解消されるときも、浸水林の水の流れが、気づけばいつの間にかまた二つに分かれているように、目立ったことは何も起こらないままに、別々の方向へ移動して行くのである。

なお、ペネージャ調査地にはフサオマキザルのほかにシロガオオマキザルも同所的に生息していたが、リスザルがシロガオオマキザルと混群を作っているのは一度も見ていない。

地上で草本の種子を食べる

乾季の深まった一月末のある日、私はリスザルとフサオマキザルの混群が、草の茂った林床を走っては止まり、それぞれが手足の毛を舐め、また走っては止まりを繰り返しているのを目撃した。見た瞬間は、これまでに何度も観察した、両者のコドモの追いかけっこ遊びではないかと思ったが、それにしては数が多すぎる。よく見ると、フサオマキザルのオトナもいる。しかもそこは、タケの仲間の草本で、現地でバルバ・ティグレ（ジャガーの髭）と呼ばれるイネ科のファルス・ヴィレッセンスが密生している場所だ（図3-53）。

背丈が六〇～七〇センチメートルまで伸びるこのバルバ・ティグレは、私にとっては五年に一度、

図 3–53　一斉開花・枯死直前の、伸び切った状態のバルバ・ティグレの群落。

図 3–54　結実したバルバ・ティグレ。

じつに厄介な植物になる。五年周期で一斉開花して結実し、地上部分がすっかり枯れてなくなるが、結実すると、一・五〜二センチメートルの細長い実は、表面がざらざらして強力な粘液を持ち、先端部には刺のような剛毛状の突起（芒《のぎ》）があるから、日本の〝ひっつき虫〟（センダングサやササクサなどの実）よりはるかにたちが悪い。

バルバ・ティグレは、一本の穂に小穂が何本もあって、それぞれに実をいくつもつけている（図3-54）。だから、その群落を二〜三歩歩いただけで、ズボン一面に実がひっつく。そして、付着した実を手で取り除こうとすると、先端の尖った刺が指に刺さるし、粘液で手はべたべたになる。いちいち取り除くのは面倒だし苛立たしいのでそのままにして進むと、さらにズボンに重なるように付着し、それがくっつき合って、一歩ごとに抵抗感が増し、なんとも歩き難くなる。しかも、マカレナ調査地の林床植物では優占種であり、乾燥した尾根筋を中心にどこにでもある。

それはともかく、眼前のリスザルとフサオマキザルは、バルバ・ティグレが密生している中を歩いたり跳びはねては、体じゅうにこの実をくっつけ、立ち止まっては腕や足や腹の毛に付着した実を、直接口を持っていって舐め取ったり、手の指でつまみ取って食べていたのだ。ほかにホエザルとクモザルも、サラオに下りるのでこの実を体につけているのを見ているが、かれらがそれを食べることはなかった。

樹上の果実（フルーツ）や堅果（ナッツ）ではなく、林床にあるイネ科の穀物（種子）をフサオマキザルとリスザルが夢中で食べている事実は、私にとっては驚きだった。というのは、そうすると、下生えがイネ科の植物がほとんどの疎開林やサバンナでも、その結実期には、かれらは少々の身の危険さえいとわなければ、食物を大量に得ることができることになるからだ。すべてが樹上性の新世界ザルで、地上の草本類の、それもイネ科の穀物（種子）を大量に食べるサルがいるなどとは想像もできなかったし、そのような報告もこれまで皆無である。

ところで、日本のブナ林では、林床を覆うタケの仲間のササ（イネ科）が三〇年に一度、一斉開花して枯れるといわれている。私はその現場をぜひ見たいとずっと思っていたが、その願いがアマゾンで実現したのだ。同じタケの仲間のバルバ・ティグレが五年周期でじつに規則的に開花し枯死するのを発見し、その見事な周期性を五回も目の当たりにできたことは、長いアマゾン調査における私の〝宝物〟のひとつである。

バルバ・ティグレは調査地のみならずマカレナ地域一帯に広く分布する。バルバ・ティグレという名の由来は、細長い小さな実のざらざらして、べたべたした感触が、ジャガーの髭を触ったときの感触によく似ているからだと助手は教えてくれた。

調査地域の付図と対応	主な調査対象のサル
f、d	ウーリーモンキー、フサオマキザル、リスザル
b、A	ホエザル、サキ
d、e	フサオマキザル、エリマキティティ
A	ウーリーモンキー、クモザル、サキ
d、c	ウーリーモンキー、ホエザル、クモザル
A、B	セマダラタマリン、フサオマキザル
B、i	フサオマキザル、ピグミーマーモセット
A、B	セマダラタマリン、フサオマキザル
j、a	アカウアカリ、マントホエザル
m	ゲルディモンキー、セマダラタマリン
m、n	ゲルディモンキー、エンペラータマリン
C、i	ムネアカタマリン、クチヒゲタマリン
h、a	リスザル、ノドジロオマキザル、ワタボウシタマリン
o、p	シルバーマーモセット、クモザル、フサオマキザル
B	ホエザル、フサオマキザル
B、A	ホエザル、フサオマキザル、セマダラタマリン
a、s	ノドジロオマキザル、ワタボウシタマリン
B、p	ホエザル、フサオマキザル、シルバーマーモセット
q、r	ウーリークモザル、ライオンタマリン
B	ホエザル、フサオマキザル
B	ホエザル、フサオマキザル
B、s	ホエザル、フサオマキザル、クモザル
—	(熱気球によるキャノピー調査)
B	ホエザル、フサオマキザル
B	ホエザル、フサオマキザル
B	ホエザル、フサオマキザル
B	ホエザル、フサオマキザル
B	ホエザル、フサオマキザル
B	ホエザル、フサオマキザル、ヨザル
B	ホエザル、フサオマキザル、ヨザル
B	ホエザル、フサオマキザル、ヨザル
B	ホエザル、フサオマキザル
B	ホエザル、フサオマキザル
B	ホエザル、フサオマキザル
B	ホエザル、フサオマキザル
B	ホエザル、フサオマキザル
B	ホエザル、フサオマキザル
B	ホエザル、フサオマキザル
B	ホエザル、フサオマキザル
B	ホエザル、フサオマキザル、ダスキーティティ
B	ホエザル、フサオマキザル、ダスキーティティ
B	ホエザル、フサオマキザル
B	ホエザル、フサオマキザル
B	ホエザル、フサオマキザル
B	クモザル、フサオマキザル、ホエザル
B	クモザル、フサオマキザル、ホエザル
B	クモザル、フサオマキザル
B、m	クモザル、フサオマキザル、ゲルディモンキー
B	クモザル、フサオマキザル
B	クモザル、フサオマキザル
B	クモザル、フサオマキザル
B	クモザル、フサオマキザル、ホエザル
s、g、k、l	ズクロウアカリ、シロアカウアカリ、シロウアカリ

があることと、両頁の照合を容易にするため)。

付表　アマゾン調査の記録(期間、国、主な調査地域、主な調査対象のサル)。

年度・期間（月）	調査国	主な調査地域
1971.6～3	コロンビア	プトマヨ川とカケタ川流域
		マグダレナ川下流域、ペネージャ調査地
1973.6～3	コロンビア	カケタ川流域、ジャリ川流域
		ペネージャ調査地
1975.7～3	コロンビア	カケタ川流域、マカレナ山脈一帯
		ペネージャ調査地、マカレナ調査地
1976.10～3	コロンビア、ペルー	マカレナ調査地、イキトス一円
1977.10～3	コロンビア	ペネージャ調査地、マカレナ調査地
	ペルー、パナマ	タピチェ川流域、バロコロラド島
1978.8～9	ボリビア	アクレ川流域
1979.5～2	ボリビア、ペルー	アクレ川流域、タウァマヌ川とマヌリピ川流域
		ムクデン調査地、イキトス一円
1984.7～8	コロンビア、パナマ	レティシア一円、バロコロラド島
1985.7～8	ブラジル	マットグロッソ地域、パンタナール湿原
1986.8～11	コロンビア	マカレナ調査地
1987.5～2	コロンビア	マカレナ調査地、ペネージャ調査地
	パナマ、ブラジル	バロコロラド島、ネグロ川下流域
1988.6～10	コロンビア、ブラジル	マカレナ調査地、パンタナール湿原
		モンテスクラロス農園、ライオンタマリン保護区
1988.12～1	コロンビア	マカレナ調査地
1989.3～4	コロンビア	マカレナ調査地
1989.6～9	コロンビア、ブラジル	マカレナ調査地、ネグロ川下流域
1989.10	仏領ギアナ	カイエンヌ奥地の森
1989.12～1	コロンビア	マカレナ調査地
1990.3～4	コロンビア	マカレナ調査地
1990.11～1	コロンビア	マカレナ調査地
1991.3～4	コロンビア	マカレナ調査地
1991.7～9	コロンビア	マカレナ調査地
1991.12～1	コロンビア	マカレナ調査地
1992.3～4	コロンビア	マカレナ調査地
1992.7～9	コロンビア	マカレナ調査地
1992.12～1	コロンビア	マカレナ調査地
1993.3～4	コロンビア	マカレナ調査地
1993.8～9	コロンビア	マカレナ調査地
1993.12～1	コロンビア	マカレナ調査地
1994.7～9	コロンビア	マカレナ調査地
1994.11	コロンビア	マカレナ調査地
1995.3～4	コロンビア	マカレナ調査地
1995.7～9	コロンビア	マカレナ調査地
1995.11～1	コロンビア	マカレナ調査地
1996.3～4	コロンビア	マカレナ調査地
1996.8～9	コロンビア	マカレナ調査地
1996.12～1	コロンビア	マカレナ調査地
1997.8～9	コロンビア	マカレナ調査地
1997.12～1	コロンビア	マカレナ調査地
1998.8～9	コロンビア	マカレナ調査地
1998.12～1	コロンビア	マカレナ調査地
1999.8～9	コロンビア、ボリビア	マカレナ調査地、アクレ川流域
1999.12～1	コロンビア	マカレナ調査地
2000.7～9	コロンビア	マカレナ調査地
2000.12～1	コロンビア	マカレナ調査地
2001.8～10	コロンビア	マカレナ調査地
2002.2～3	ブラジル	ネグロ川下流域、イカ川流域、ジャプラ川流域

期間は出入国の月。細い横線は5年ごとの区切り（私の調査がおおよそ5年ごとにひと区切り

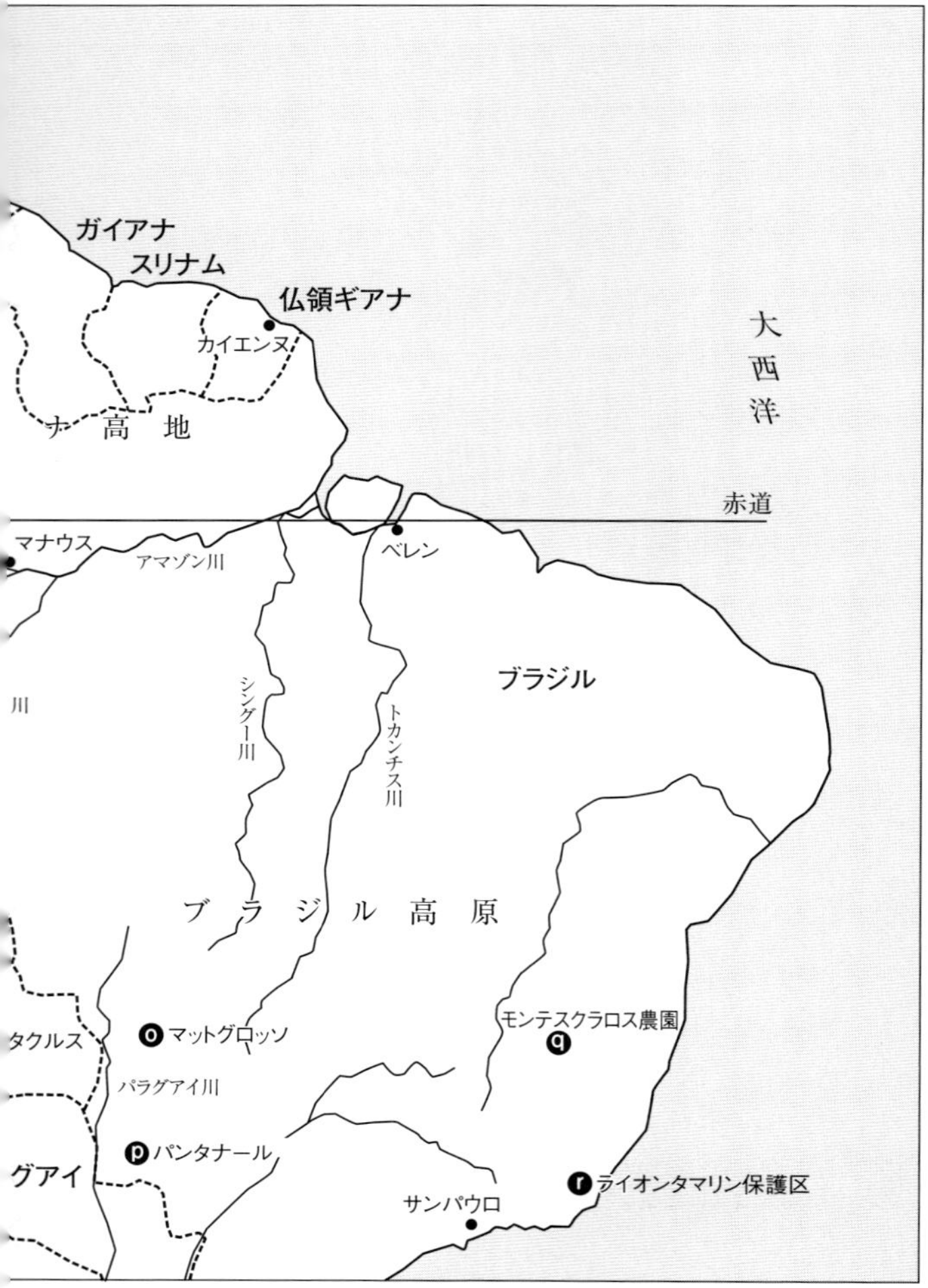

C：ムクデン調査地　a～s:広域調査地域（記号はすべて付表と対応）

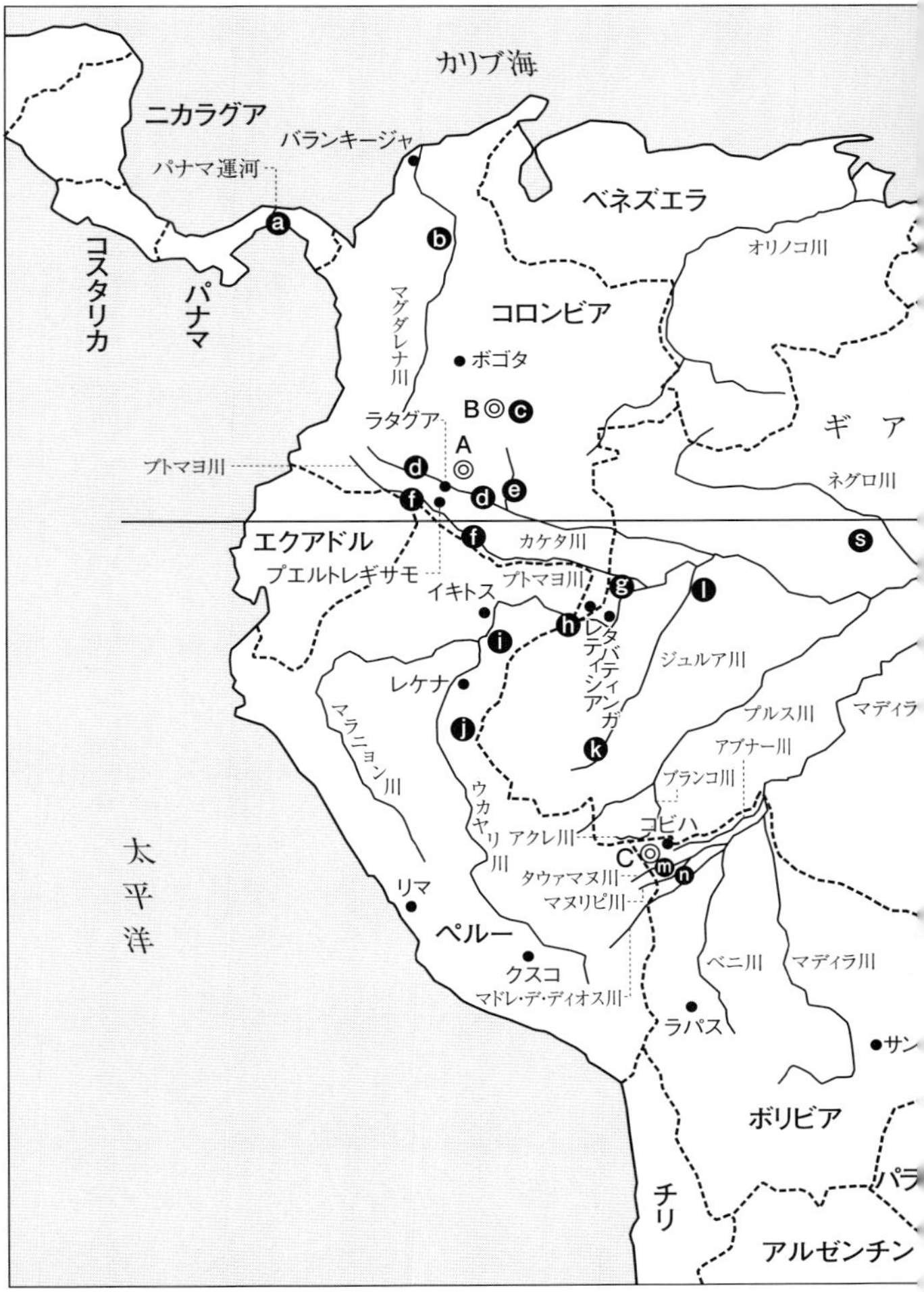

付図　調査地域概略図。A：ペネージャ調査地　B：マカレナ調査地

【著者略歴】

一九三九年　東京都に生まれる
一九六三年　京都大学理学部動物学科卒業
一九六八年　京都大学大学院理学研究科博士課程修了
財団法人日本モンキーセンター専任研究員、宮城教育大学教育学部教授、宮城教育大学環境教育実践研究センター教授、帝京科学大学生命環境学部教授などを経て、
現　在　宮城教育大学名誉教授、NPO法人ニホンザルフィールドステーション理事長、NGO宮城のサル調査会会長、理学博士
専　門　霊長類学・自然人類学・環境教育学

【主要著書】

『さよならブルーシ』（一九七五年、日本放送出版協会）、『森と水のくにの動物たち』（一九七九年、どうぶつ社）、『ニホンザルの生態——豪雪の白山に野生を問う』（一九八二年、どうぶつ社）、『アマゾン探検記』（一九八三年、どうぶつ社）、『アマゾン動物記』（一九八五年、どうぶつ社）、『野生に聴く——サルと自然と人間と』（一九八六年、径書房）、『ニホンザルの山』（一九九七年、フレーベル館）、『野生ニホンザルの研究』（二〇〇九年、どうぶつ社）（以上、主な単著のみ記載）ほか編著など多数

新世界ザル（上）
アマゾンの熱帯雨林に野生の生きざまを追う

二〇一四年一一月二五日　初　版

検印廃止

著　者　伊《い》沢《ざわ》紘《こう》生《せい》
発行所　一般財団法人　東京大学出版会
代表者　渡辺　浩
一五三-〇〇四一　東京都目黒区駒場四―五―二九
電話：〇三―六四〇七―一〇六九
振替〇〇一六〇―六―五九九六四
印刷所　株式会社　精興社
製本所　牧製本印刷株式会社

ISBN 978-4-13-063339-0 Printed in Japan